本书的出版受到广东外语外贸大学校级精品翻译项目和广东外语外贸大学西方语言文化学院的支持

世界的人类学足迹

〔法〕多米尼克·戴泽 著
彭郁 胡深 译

九州出版社
JIUZHOUPRESS

图书在版编目（CIP）数据

世界的人类学足迹 /（法）多米尼克·戴泽著；彭郁，胡深译. -- 北京：九州出版社，2024.1
ISBN 978-7-5225-2243-2

Ⅰ.①世… Ⅱ.①多… ②彭… ③胡… Ⅲ.①人类学—普及读物 Ⅳ.①Q98-49

中国国家版本馆 CIP 数据核字（2023）第 190447 号

著作权合同登记号：图字：01-2022-5616

世界的人类学足迹

作　　者　[法] 多米尼克·戴泽　著　彭郁　胡深　译
责任编辑　周弘博
出版发行　九州出版社
地　　址　北京市西城区阜外大街甲 35 号（100037）
发行电话　（010）68992190/3/5/6
网　　址　www.jiuzhoupress.com
印　　刷　唐山才智印刷有限公司
开　　本　710 毫米×1000 毫米　16 开
印　　张　18
字　　数　332 千字
版　　次　2024 年 1 月第 1 版
印　　次　2024 年 1 月第 1 次印刷
书　　号　ISBN 978-7-5225-2243-2
定　　价　98.00 元

序：被动中的社会能动

这部优秀的作品出自一位非常专业和敏锐的人类学家之手，他叫多米尼克·戴泽。但这本书究竟是属于历史学、经济学、地缘政治学、组织社会学、消费与创新研究、农学、政治学、战争学、生态学，还是方法论研究呢？答案是，这是一部涉及以上所有领域的人类学著作。作者通过二十五个实地研究，用人类学的方式解读了欧洲、非洲、中国以及美洲这些不同社会之间的多样性和关联性。如果要比喻的话，这本书更像是一盘什锦，而不是一块儿编织规则的马耶讷布匹。

本书作者的研究方式建立在学术界常说的“定性”（qualitatif）分析的传统基础之上，并且运用了一些被证实为十分有效的调查研究手段（比如摄影和录像）。作者最早在马达加斯加和刚果开始尝试使用这些定性调研手段，之后他又将其运用到关于消费变迁问题的研究当中，作者现如今的有关消费研究主要集中在欧洲和中国。他所采用的研究方式和调研手段并不完全遵循学院式的“采证”准则（当然，“采证”准则也因学科而异），但它们是十分严谨和合理有据的。

多米尼克·戴泽同时也是归纳（inductif）研究法的拥护者，并借助不同的观察尺度来进行社会学分析。这也是他为什么竭力强调学者们在分析和理解社会现实以及社会使用行为（usages sociaux）的时候必须面对知识的非连贯性的原因。作者在本书中这样说道：“我所提出的社会学研究方案是要求人们放弃寻找一个能够解释所有社会现象的解读模式，从而能够根据不同的社会问题采取不同的解读模式进行研究。在我看来，我们需要承认并接受认知过程中的知识分割现象，以及差异所带来的矛盾。”

从这个角度来讲，作者认为在书中介绍自己完成过的各种定性研究，但又不刻意寻找这些研究之间的共通性的做法是合理的。这里需要补充的一点是，作者绝大多数的调查研究都是受企业或者机构所托进行的。就读者而言，通过本书所呈现的学术多样性，读者可以充分理解所有社会实践当中所固有的断点性质（discontinuité）——既然社会实践是具备这一性质的，那么对社会实践的诠释和分析也同样会具备这一性质。多米尼克·戴泽在本书中所表明的是，我们在研究社会行为人（acteurs sociaux）的使用行为以及其行为动机的时候，是无法既通过某种连贯统一的理论视角、历史视角及宏观系统视角（例如地缘战略、宏观经济以及比较统计分析等等），同时又通过我们所说的“微观社会”视角来对其进行分析的。本书所要介绍的社会学研究的主要研究对象是社会行为人的使用行为，更具体一点来讲，就是人们在消费品使用和日常活动过程中所经历的各种行动路线（itinéraire）以及所处的各种情境（situation）。

我们在阅读本书的过程中会有一种飘忽不定的感觉，可能还会觉得书中的内容是分散的，但这又如何呢？重要的是我们应该阅读这本书！书中的每一个组成部分都有其特定的空间点和时间点，从而让我们得以看到某个特定的时空节点上特有的解释框架。但在多样化的同时，本书的分析内容又都全部涉及家庭生活空间，或者说是日常生活空间，比如短信使用、家用能源消费，以及70年代作者在刚果研究的巫术“理性”。所有这些内容都会让我们看到，行为和“决策”的决定性因素并不存在于人们在行为和“决策”时所用到的说辞（比如人们常说的某种文化或者是本质化的信条）。

通过自己在巴西和中国所进行的人类学研究，多米尼克·戴泽在21世纪初的时候开始关注到一个全新的，同时也是让人有些意想不到的国际现象，那就是中产阶层在全球范围的扩展。尽管“中产阶层”在当下已经是一个耳熟能详的概念，但在当时，它还是一个相对小众的概念。我们需要知道的是，在判断一个人是否属于中产阶层的时候，我们并不能只看这个人的收入水平，我们还需要通过观察他的消费行为来更全方位地判断他是否具备中产阶层特点。而本书作者便是中产阶层消费行为的最早分析者之一。然而，对中产阶层的定义问题在今天依旧是一个难题，而对全球中产阶层的定义更是如此，因为它牵扯到了其他一些我们无法轻易回答的问题。比如说，中产阶层在社会等级里面到底处于一个什么样的位置？中产阶层人群是否有着共同的政治诉求？哪一点是最能体现他们中产阶层属性的——生活行为、价值观、所参与的社会活动，抑或是其他？

对于阶层问题，传统研究者会更倾向于关注于收入、社会分层和社会不公等现象，也就是多米尼克·戴泽所说的“宏观社会”现象。尽管本书并不回避这些宏观社会现象，但与传统研究相比，本书的特点在于，它是作者四十年间在全球各个角落所开展的人类学实地调研的结晶，而这些实地调研更多的是从微观社会层面来剖析中产阶层问题。

像许多研究使用行为的当代学者和分析家那样，多米尼克·戴泽的研究让我们看到，社会现象是无法用单纯的因果联系和线性相关来解释的。我们更多需要使用的是一种“态式”（configurationnel）研究模式。通过这一视角所呈现出来的社会行为人在行为过程中以及在价值观问题上是受到各种制约的，他们要遵循许多限制性条件，特别是经济层面上的。

通过作者的论述以及引用，我们可以明显地感受到这种“态式”研究模式十分符合作者特别了解的一种“中式思维”。这种思维注重力量制衡以及事物的多重性。这便让作者在察觉到大众消费阶层（即现在的全球中产阶层）形成与巩固过程中所流露出来的“微弱信号”的同时，能够很好地看到大众消费阶级的萌芽与宏观社会因素（比如能源获取，这一人类社会无法忽视的目标）之间所存在的复杂与复合的关系。而作者在宏观分析（例如彭慕兰对工业革命和中西差异所做的分析）与他的定性研究结果之间所搭建的桥梁，则是本书最令人信服的内容之一。

多米尼克·戴泽的研究方向和方法论叙述、独特的认识论视角以及他通过各种调查研究和整合分析所得出的经验知识，所有这些，不仅是翔实可靠和令人信服的，同时也是极其值得我们重视的。作者研究方向的重要性尤其体现在诸多机构与企业对其研究的需求上。当然，作者绝没有在书中炫耀自己在机构和企业界中的地位，但这的确是他研究可靠性的一个有力证据。作者研究方向的重要性同时也体现在过去几十年作者在其主持过的研究课题和领导过的研究团队当中所传播的知识上。要知道，作者已有数十位曾执导过的博士生如今已成为消费应用领域的专业社会学人才；另外，他还主讲过近百场讲座、参与社会学传播日活动以及知识推广活动。

在阅读过程中我们会发现，多米尼克·戴泽这部著作的一个显著特点其实就是反“著作”。作者的这种低调姿态和对社会现实及社会分析多元性的认同正是本书不可替代的价值所在。在我看来，本书价值的重要性完全继承了米歇尔·克罗齐耶（Michel Crozier）理论价值的重要性。这位我与作者共同的导师曾致力于推进社会学在人类行为学（praxéologie）方面的飞跃进展，而这正是包括社会工程师在内的所有工程师为了理论能够联系实际而需要实现的飞跃。

就像杰里·雅各布（Jerry Jacobs）在其近期发表的《捍卫学科》一书中描绘的那样，大学以及学科内部广泛存在着等级制度，这种等级制度是建立在众多的划分标准和地位维系基础之上的。而多米尼克·戴泽在其职业初期便选择远离大学以及学科内部的等级制度。从70年代开始，多米尼克·戴泽就先是在非洲工作了近十年，其后又频繁地到许多不同地区进行实地研究。当然，在致力于理解各种不同意识形态地区的不同知识体系的同时，作者丝毫没有放弃对“中心”的关注。这一点，我们通过作者用到的形式多样的参考资料便能明显感受到。可以说，是作者多样的生活经历让他选择了这种“内外结合”的研究姿态［作者在关于“他自己”的五月风暴（Mai 68）的自传体章节中回顾了此事，这段叙述让人印象特别深刻］，而这种研究姿态有利于研究者保持清醒。

值得强调的一点是，多米尼克·戴泽的人生轨迹正如他在研究中一贯使用的“归纳法”一样，是一个特别能够帮助人们思考的工具。这个工具并不是学术界所谓的“概念框架”，而是一系列的技巧，其中包括作者在定性研究方法论方面的思考，对各种特定知识的借鉴，在各种解释层面中的穿梭，以及针对某些学科经常使用的“本质主义”理论所持的怀疑态度，等等。

作者所使用的归纳研究法特别适用于研究消费活动和消费行为路线。通过一定的改变和调整，这种研究方式又会特别适用于受合同“限制”的由企业或机构资助的调查研究。多米尼克·戴泽的归纳研究法源自他在其漫长的学术生涯中所积累的民族志研究经验，这让他在研究社会行为人的动机和手段的时候能够避免预设所造成的偏见。与此同时，作者又将归纳研究法与用来研究社会组织的制度学理论（或者说策略分析）相结合，并十分注重分析限制性系统，尤其是限制性经济系统对社会行为人产生的影响。

通过对归纳法的长期运用，多米尼克·戴泽对知识理论统一性这一假设持反对态度（更不用说作者对所谓的真理的态度）。对于这一问题，作者进行了一系列在今日看来十分重要的关于知识创建方面的思考分析（即从认识论到针对创建博学知识、学校知识、政治知识和大众知识等等问题的分析）。事实上，作者并非是唯一从事这方面研究的学者。在他之外，我们还可以列举来自其他一些社会学分支的研究成果，这其中包括科学知识社会学①、价值社会学②，以及关于知识模式和专业类型的科学技术研究学（sciences and technologies studies）③，等等。

读者可能会认为，现如今关于知识论述和知识实践方面的研究已经较为自

① 参见多米尼克·佩斯特（Dominique Pestre）（主编），《科学知识史》（*Histoire des sciences et des savoirs*）；伊夫·金拉斯（Yves Gingras），《科学社会学》（*Sociologie des sciences*）。

② 参见娜塔莉·海尼希（Nathalie Heinich），《价值，一个社会学课题》（*Les valeurs, une sociologie*）。

③ 参见哈里·柯林斯（Harry Collins），《默认知识》（*Tacit Knowledge*）；韦博·比克（Wiebe Bijker），罗兰·保尔（Roland Bal），鲁德·亨瑞克斯（Ruud Hendriks），《科学权威的矛盾性》。

由，因而学者们也就不会纠结于社会理论的统一性问题……如果读者真的这样想的话，那他可能就多少有一些低估“科学研究学”所关心的正统知识的统治性创建系统的现实情况了。就这一点，我们需要强调的是，当今社会，知识的生产规模十分巨大（每年都会有成百上千的科学文章和科技专利诞生），但绝大多数都集中在自然科学和工程学范围内。因此，关于研究视角和方法论问题在自然科学和工程学范围内的讨论，和其在社会学、科学的社会人类史，以及特定学科的认识论范围内的讨论是有所不同的。

在社会科学界讨论中，构建主义“范式”的重要性如今已被广泛接受，学者有时甚至已经将其视为一种必然（当然，这是最近才有的一种情形）。而在自然科学和工程学领域中，学者们对待知识创建采取的是一种不同的态度。从反身性（réflexif）角度来讲，这种态度所借用的是一种十分幼稚的整体方法论。在高校工作和生活过的人们应该都知道，科学主义关于统一解释理论的假设在科学讨论中被用作为一种“集体规范”，这一点至少在制度环境下是这样的。支持这种假设的人们心照不宣地认为世界上只有一种观点是正确的，并且社会所有的组织层面都可以用一种单一理论来研究。另外，由于社会科学内部统治结构的存在和学者们为获取稀有资源所展开的内部竞争的不断进行，即便是学科“大拿”也会在接受同僚评价或评审的关键时刻暗暗地维护一种已经预设好了的统一观点。也正是这个时候，我们可以间接地了解到人们对于现实和现实组织模式默认使用的定义。

多米尼克·戴泽很明智地避免将自己的观点塑造成学术争论或者学术争斗的话题，因为这样做的话正和他的研究理念相违背。这里需要重提一下的是，对于作者来说，我们是无法寻找到一个能够用来解释所有社会结构和社会行为的、单一的和统一的理论体系。尽管如此，多米尼克·戴泽的理论还是十分有分量的，并且特别能够让读者进行反身性思考。作者这样说道：“一个社会运动的成功并不取决于运动背后的暗箱操作和幕后操纵，即便在运动中总是有一小部分人希望通过阴谋来控制整个局面。”本书所提供的其实就是证明这一观点合理性的有力证据，对此作者还说道：“从普遍意义上来讲，我是不太相信大理论、全方位研究，以及强调人的想法和价值观而忽视情境的限制作用的各种理论解释的。”“……以上这些让我慢慢地发现，社会是结构效应的产物，是一个各种力量相互作用的平台，也是各种事物发展的运行轨道。社会更是中国人常说的‘势’，因为人们总是会通过对‘势’的把握来进行联合、寻找行动及未来从行动中抽身时所需要的行动余地（marges de manœuvre）。”

本书最终要强调的是思想本身也是具备情境性特点的，因为它是人们根据自己的生存之"势"而进行的活动。这种"势"包括人们的思维倾向、生活历程、情感"曲线"（发展心理学对该现象重要性的研究已有一段时日）、学习和接收到的认知体系、已有的以及新建的制度性和物质性机制、冲突过程中所使用的策略和人们所采取的行动，等等。

对于人类而言，生存的本源在于付诸行动，思想的本质在于审时度势。

让-克劳德·鲁阿诺-博尔巴兰（Jean-Claude Ruano-Borbalan）
法国国立工艺学院社会科技研究院教授
社会科技研究所（HT2S-Cnam）主任
索邦高等工艺学院米榭·塞荷中心创新发展研究主任
英国皇家艺术学院（伦敦）院士
欧洲教育与社会政治学院院长

目　录

导　论

本书无始亦无终。它所记录的是一段故事，一段建立在日常基础上的故事。在穿越了撒哈拉以南的非洲、北非、马达加斯加之后，这段故事也穿越了法国、中国的海峡两岸、美国、巴西、丹麦、南北欧部分地区、以色列、泰国和新加坡。这段故事是由一个又一个近距离观察社会行为人的人类学调查组成的。这些调查中的很大一部分研究的是在世界范围内日益扩大的城市中产阶层的生活点滴。而研究的主题则包含了饮食、购物、大型超市、身体保健、汽车、新型农业技术、数字化产品应用、游戏、家庭修补、居住、医药、“民族”消费、流浪人群、电力能源以及节约型消费。这里要指出的是，所有这些研究很少探讨社会学特别关心的劳动者问题。当然，鉴于消费全球化和数字化应用给劳动领域带来的革命性影响，本书中的这些研究也会从侧面涉及劳动者问题。

这段故事同时也是由许多的微弱信号组成的。这些微弱信号的社会意义通常要等到数年之后才能够显现。当它们显现的时候，通过微观社会视角观察到的事物和宏观社会数据会有短暂的相交。这一时刻的画面就像是无边际视野中的消失线，但在短暂相交之后，微观事物与宏观事物便会各行其道，从而等待新意义、新危机、新动荡和新平静的出现。所以说，本书所记录的故事是具有即时性和归纳性的。它所探查的是新生事物，因而它在第一时间所要提供的绝非是一部长篇巨构，一套高深理论，或者是一个成熟的思想体系。社会人类学能够做到的仅仅是在历史旋涡中探测人类社会可能的发展方向。总而言之，这是笔者在踏寻世界人类学足迹时所经历的故事。

通过在时空与文化间的穿梭，本书所要回顾的是新世纪全球中产阶层在发展过程中所经历的重要阶段。其中，我们既会看到处于社会上升阶段并且前途一片光明的那部分中产，也会看到另一部分处于下降期，并且感受到威胁甚至被遗弃的中产。而对于后面这一部分人来说，他们所寻求的是一个强硬的有保护力的国家权力。

要想体会这段历史的深刻含义，我们需要的不是依靠先验，而是一些能够帮助我们通过不同的视角来解读社会现实的工具。这也就需要我们能够在微观视角下对社会行为进行观察与描述。同时我们也需要耐心阅读，无论是让人兴奋的宏观历史读物、发人深思的政治领域读物，还是较为复杂的宏观经济读物。这里要提到是，本人对于宏观经济的兴趣要得益于70年代我在马达加斯加工作时，经济学家菲利普·修根（Philippe Hugon）对我的指导。对社会现实的解读在某种程度上是一种苦行，这与对其的赞美、抨击或者魅化（enchanteur）所带来的快感是截然不同的。解读时所需要的观察和描述，为的是在社会行为人所经历的生活情形中找到与该情形相对应的（也就是并非完整的）社会学意义，同时又要尽可能地从中提炼出超越个人感知的宏观社会学意义。事实上，观察与描述的作用并不是让研究做到客观（objectif），而是让研究客观化（objectiver），也就是让研究者能够将目光放远，以便更好地体会主观感受之外的社会现实。

意大利小说家亚利桑德罗·巴里克（Alessandro Baricco）在其成名作《愤怒的城堡》（*Chaâteau de la colère*）（1991）中曾十分优美地形容命运："所有的一切都已被写好，但没有人能够读到。"社会学所探寻的意义在某种程度上亦是如此，因为这种意义所体现的是一个运行轨迹已被写好但又超越我们感知的时间箭头。同时，这种意义又包含了鼓励人们随机应变的机遇。中国人常说："谋事在人，成事在天。"这其实便是命运与社会生活所具有的两面性：一面是无法绕过的决定型条件，一面是可供博弈的机遇型条件。

社会行动也因此是矛盾的。它既是被决定的，同时又是不确定的，既是在稳定状态中的，同时又是在运动状态中的，既是负面的，同时又是正面的。早在两千两百年前的《旧约圣经》（*Bible de Jérusalem*）中，传道者就曾这样教诲教众："在我虚无的人生中，我既看到过正义的人在他的正义中死去，亦看到过邪恶的人在他的邪恶中幸存。"（1956，p852）社会行动的双面性和不可捉摸的特点同时也体现在古希腊哲学家巴门尼德和赫拉克利特的争论之中：前者认为真实是一个恒定不变的统一体，后者则认为"一切皆流"，因此"人不能两次踏进同一条河流"。而事实上，即使的确有一些隐蔽的社会逻辑在背后支配着社会行为人之间的互动，这种互动依然是开放的和难以预测的。未来会让该发生的发生，但却又为人们提供机遇，这也是为什么人们能够展望未来、规划未来。

本书中要探讨的人类行为是具有集体属性的，也就是说它是一种受社会制约的自由行为。在中观社会（mésosocial）视角和微观社会视角下，制约人类行为的集体力量主要来自政治机构、经济机构（尤其是市场机构）、社会机构、"前数字时代"以及"数字时代"社交圈。这两种观察视角所呈现的是一些具体社会行动系统的运行机制。此类机制既牵扯到公共领域中集体行为的参与者，也牵扯到规模相对较小的家庭行为的参与者。需要指出的是，这里所说的家庭是一个广义概念，毕竟不同的文化和不同的历史阶段对家庭都有着不同的定义。总之，不是所有的社会事物都可以通过人类个体来观察。的确，人类个体是可以通过微观个体（microindividuel）视角，尤其是心理学常用的微观视角来进行观察研究的，但这绝不意味着人类个体可以生存于社会之外。人类个体的生存事实上是受社会从属影响的。社会从属影响在宏观社会（macrosocial）视角下尤为明显，这其中包括阶级从属、性别从属、代际从属和文化从属（文化又包括民族文化、宗教文化和政治文化）。上述四种宏观社会界限也是绝大多数社会矛盾的结构基础。

在我职业初期，也就是1969年，与米歇尔·克罗齐耶（Michel Crozier），埃哈尔·费埃德伯格（Erhard Friedberg）以及让-皮埃尔·沃尔姆斯（Jean-Pierre Worms）在法国所做的调查当中，我还并未意识到社会学研究中非常重要的一点，那就是：社会现实的不同层面是无法同时呈现在研究者的研究视域当中的，与这些不同层面的社会现实相对应的，应当是不同的因果关系分析、不同的科学研究模式、不同的看待理性与真实的方式、不同的获取严谨科学知识的途径。对于这一点，本书将会逐步进行论述。

而这或许也是我研究生涯中最为意外的收获。它对我而言，是一种认识论颠覆，让我学会在归纳法和实践研究的基础上进行实地定性调查（enquête qualitative en situation）。与实验科学截然不同的是，在实地定性调查的初期，人类社会学家对他的研究对象没有任何了解。只有随着研究的不断深入，研究对象的各种特征才会慢慢显现。这就好比印象派画作，只有在画作完成之后人们才能体会它所要表达的意义。而实验科学则需要研究者借助自己对研究事物一定程度上的了解来提前扫除所有可能干扰实验结果的不确定因素。

从因果关系角度来讲，我们可以把宏观社会从属所对应的因果关系视为第一类因果关系。这类因果关系与实验科学使用的因果关系是一致的，因为它建立在变量相关性的基础之上，即使变量相关性并不等同于变量之间的因果关系，而仅仅是后者的一个指示性因素。然而，宏观因果关系只能为我们呈现一种统计学意义上的规律，比如社会出身与学习成绩之间的相关性，宗教信仰与饮食行为之间的相关性，音乐爱好与代际从属之间的相关性，等等；至于情境、集体博弈（jeu collectif）和个体主观意识对社会行为产生的影响，宏观因果关系是无法涉及的。可以说，在宏观因果关系的领域内，不管研究者是在研究对象外部还是在其内部寻找因果关系，找到的通常仅仅是一个客观存在的规律性事实，并不具有解释力。

而个体运行机制则属于第二类因果关系。与此相对应的是个人对其行为所赋予的主观意义。这种主观意义可以建立在情绪基础上，也可以建立在有意识或是无意识的心理动机基础上，但最终都会上溯到无意识的心理动机基础上。它包括对自我身份的追求，也包括人们系统性感知和判断社会情境时所需要的认知体系。一个人对其某种行为意义的主观寻求可以用来解释这个人如何看待自己的这种行为，以及他为何有这种看法。认知偏误，比如导致人们选择性相信的验证偏误（biais de confirmation），便是其中一个很好的例子。认知心理学是研究这些认知偏误的主要学科，但热拉尔德·布罗内（Gérald Bronner）在他的许多社会学研究当中，比如在他于2013年出版的《天真者的民主》（*La démocratie des crédules*）一书中，也运用了认知偏误的解释功能。事实上，这种主观因果关系是人类生存的一个必要条件，所有选择自杀的人们也是因为无法对生活赋予意义。当然，现代社会学之父埃米尔·杜尔凯姆（Émile Durkheim）的一个重要社会学贡献，便是通过宏观社会角度来证明自杀行为并非仅仅源自个人的痛苦和主观意图，它同时也受到社会与文化从属的影响。尽管如此，我们还是要承认，从微观个人视角出发，自杀行为的的确确要用自杀者的个人痛苦来解释。观察角度这一方法论概念所展现的是，个体的主观视角永远都不可能涵盖社会的全部。

与中观社会角度所呈现的行动系统相对应的则是第三类因果关系，我们也可以称之为"动态因果关系"。这类因果关系的基础是情境性约束力以及影响社会行为人相互博弈的不确定因素。在与这类因果关系相对应的那部分社会现实（也就是集体博弈）当中，个人的意图与心计只能用来解释其中的一部分内容。这一方面是因为集体博弈的参与者在很大程度上是在遵循一些不为人见的社会逻辑，另一方面则是因为他们之间的互动具有很多不确定性。社会行为人，无论是个体的还是集体的，都会考虑到能够组织他们行为的社会结构性约束力（或者说是机会），尽管在这一过程中，不是所有人都能够保持清醒和判断准确，也不是所有人都具备同样的社会优势并且能够同样地运用或专业或一般的社会技能。探索这类因果关系，需要人类学家或者社会学家对两类信息进行归纳。第一类是关于行动系统的约束力，这里所说的行动系统可以是一个家庭住宅、一个村庄、一个城市区域、一个组织、一个市场或者是一个工作领域。第二类信息则是关于个人意图与实际行为之间存在的差距。作为商品或者服务消费的解释系统，"情境性约束力（contrainte de situation）"是第三类因果关系中最为反直观的、最难把握的，也就是说最违背人们日常思维的解释因素。这一点，我们在本书关于消费问题的分析中会再次提到。

本书所要探讨的社会行为人均是本人在为企业、行政机构以及非政府组织所做的定性调查中接触到的社会行为人。他们在偶然、必然以及各自的行动余地之间管理自己的家庭生活空间。他们用各种方式布置自己的厨房、卧室、洗浴间、花园。如果是中国人，他们会在家乐福的肉柜旁通过肉散发出的味道来决定自己是否会买这里的肉。而如果是美国的佛罗里达人，他们则会更执着于美国大众超级市场给出的鲜肉保质期和兽医许可。当然，所有这些社会行为人也有着一些共同点。比如，他们的家里都拥有洗衣机，好让女主人的生活更为轻松，也都有电冰箱，以便减少来回购物所带来的疲劳。消费便是在人类行为的这种规律性和多样性之间左右摇摆。

对于一个走出村落封闭空间，进入到城市开放空间来研究现代生活的人类学家来说，家庭生活空间是他在研究日常消费时的首选观测点。在这里，我们可以看到人们如何在消费品使用方面、生活行为方面、权力关系方面和集体协作方面对自己的日常消费进行社会构建。在这里，我们也可以看到家庭成员，比如兄弟姐妹之间的社会互动。当然，在中国，我们更多看到的会是独生子女与父母和祖父母之间的社会互动。家庭生活空间同时还汇集了伴侣间的社会互动，以及朋友间的社会互动。所有这些互动都会遵循一定的社交逻辑，不管这种逻辑针对的是我们如今所说的数字社交时代，还是三十年前我们依然还经历着的“前数字”社交生活。对于90年代的美国来说，家庭生活空间还是居家办公（télétravail）和SOHO办公的发祥地。

尽管社会学家亨利·孟德拉斯（Henri Mendras）在1967年针对60年代的法国撰写了《农民的终结》（*La fin des paysans*）一书，但家庭居所却并没有从那时起与经济生产完全分离。就像美国历史学家让·德弗里斯（Jan de Vries）在其2008年发表的《灵巧革命》（*The industrious revolution*）一书中描述的那样，家庭经济在最近的三百年间一直处在生产与消费之间的争夺战之中。展现早期荷兰资产阶级家庭生活的弗拉芒画派作品便是这段历史的一个有力证据。关于这一点，我们可以参考茨维坦·托多洛夫（Tzvetan Todorov）于1998年发表的《赞日常——试论十七世纪的荷兰绘》（*Éloge du quotidien：Essai sur la peinture hollandaise du XVIIe siècle*）一书，以及卜正民（Timothy Brook）于2010年发表的《维梅尔的帽子——从一幅画看全球化贸易的兴起》（*Le chapeau de Vermeer：Le XVIIe siècle à l'aube de la mondialisation.*）一书。

家庭经济的重要性更是体现在低工资群体和非雇佣劳动者的经济生活中，这在今天依然如此。而这也是为什么，随着底层中产阶级由于购买力下降而更倾向于DIY（而不是购买）家居设施和用品的现象越来越普遍，家庭经济的重要性将会重新获得认可。另外，工作的数字化以及电商的发展也会为家庭经济的重要性增加砝码。在中国，我们已经可以看到，一些足不出户，只在家里办公、购物和消费的人群。当今全球中产阶级正处在生活数字化、购买力下降和世界观改变的十字路口。他们对工作、企业、家庭、消费、国际局势、政治以及宗教等等问题持一种矛盾的态度。这是战后出生并且享受了七十年和平繁荣的“婴儿潮”一代——或者在当代语境中更应该说是“爷爷潮”的一代——很难理解的。与“爷爷潮”一代相比，当今的全球中产阶级所面临的是一个变幻莫测的世界所带来的更为艰巨的挑战。在这一背景下，家庭空间可以说是研究现代化生活和中产消费主义的社会学战略要地。

在一些学术传统中，中产阶级常常被视为一个落后的阶级和一个贬义的概念。而在当今的消费社会，中产阶级的生活方式对城市社会生活、社会身份构建、经济增长、生态环境以及社会矛盾等方面都有着结构性影响。因此，研究中产阶级对于理解现代社会的政治、宗教、社会和环境问题来说是具有战略性作用的。要知道，消费并不是崇尚“我的生活我做主”的享乐主义，也不仅仅局限于市场学所关注的品牌问题。它是一个以全球中产阶级多样化生活为棱镜，呈现社会变革与社会矛盾的分析工具。

尽管笔者所参与的各种社会学调查涉及世界不同地区，我们却能够从中看到具有一定普遍性的规律。这其中既包括健康、入学、人口流动等问题，也包括国家、团体、性别、家庭，尤其是“传统”家庭与“现代”家庭对立问题方面的一般规律。从更为具体的角度出发，我们还可以看到诸如现代饮食，与化妆品消费是如何挑战传统性别观并冲击父权社会结构的，等等。

事实上，化妆品消费问题所产生的代际矛盾可以是十分尖锐的。这种矛盾在不同的历史时期会呈现出不同的形式、观念和内容，但它同时也会在不同的社会里呈现出一定的相似性。比如说，在19世纪的法国，女人出门时如果不佩戴礼帽或是露出手臂，便会被视为不守妇道。类似的情况也发生在20世纪20年代的美国。对此，人类学家埃里森·J·克拉克（Alison J. Clark）在其1999年发表的《特百惠：五十年代美国塑料工业的允诺》（*Tupperware*：*The promise of plastic in 1950's America*）一书中就曾写道：“使用化妆品的女人会被当成妓女，并划入到社会贱民行列。”（p. 64）值得指出的是，特百惠的创始人特百（Tupper）先生属于我在开玩笑时所说的“兰杜式”男人。兰杜（Landru）是20世纪初的一个法国连环杀手。他专门杀害妇女并将尸体置入火炉中。“兰杜式”

男人因此可以用来指代希望女人做家庭主妇的男人。① 而在中国，化妆在今天依然可以被视为生活不检点的标志。对于这一点，我们可以在王蕾于 2015 年发表的《中国人在身体保养方面的行为与》（*Pratiques et sens des soins du corps en Chine*）一书中了解到。身体与容貌是情感问题里面最核心的部分，它们同时也是社会控制和反社会控制运动中的焦点。

笔者参与的所有这些社会学调查都指向一个让人感到意外的现象。那就是普遍性并不存在于价值观当中，因为价值观是社会特定的历史产物，并且每个社会或者每个集体都可以自行决定自己在道德和身份认同方面的价值体系，而无须考虑现实生活中的约束条件和成员的实际行为；而真正具备普遍性特点的是代与代之间、阶级之间、性别之间以及文化之间的种种矛盾。价值观只在极少数情况下可以成为普世价值。不仅如此，价值观更多情况下呈现的是与普世价值相反的一面，也就是极易引发社会冲突的特殊价值。人类行为的一个重要特点就是它的多样性，但这并不影响行为比价值观更具有普遍性这一判断。这便有一个矛盾的现象出现，那就是多样性本身是社会学当中的一个普遍性，而定性调查所能够做到的概括（généralisation）便是对社会行为的多样性进行概括。总而言之，在绝大多数的人类社会里，最具备普遍性的事情其实是社会成员行为的多样性。只不过，根据不同的文化和不同的历史时期，每一“样”行为所占的比重会有所变化。

不管人们是不是认同消费社会，消费都是社会行为“普遍多样性”（diversité universelle）的强大的分析工具。在消费多样性视角下，我们既可以看到执着于绿色消费的人们，也可以看到对绿色消费毫无兴趣的人们；既可以看到担心孩子因为玩游戏而影响学业的家长，又可以看到鼓励孩子通过玩游戏提高创造力的家长。在我们 2004 年为乐高公司和 2015 年为艾赐魔袋（Asmodée）公司所做的调查中，这种家长行为的多样性便体现得非常明显。行为多样性的“普遍特点”实际上是说，我们针对一个研究对象所能观察到的各种行为不仅仅存在于某一个文化，而是在大多数文化里都能够观察得到。与定量研究在行为频率基础上进行概括的做法截然不同的是，在定性研究里，我们只能够对行为的多样性进行概括。换句话说，定性概括是一种局限于总结观察数据多样性的概括，而且每一个新的定性调查都可以对之前所做的概括进行证实、否定或完善。

---

① 译者注：家庭主妇的法语表达形式为 femme au foyer，即“火炉旁的女人”。“火炉”在法语中也用来指代“家庭”。

如果说社会意义不是自然存在而是人为构建出来的，那么这也意味着人类社会既没有绝对意义上的“好”，也没有绝对意义上的“坏”。以最让主张社会纯洁的人担心的四个领域为例，社会意义的构建性质意味着，我们无法对市场交易、资本主义、宗教信仰和科学技术的好与坏做出客观评价。一个社会所认同的好与坏实际上取决于社会成员的利益。而从价值观角度来讲，这一点无论对“左派”还是对“右派”，无论对“自由主义”者还是对“国家主义”者来说都是很难接受的。

但是，只是承认社会的构建性质是远远不够的。不管是为了建立社会公正，扫除社会运转障碍，还是为了建立能够创造价值的企业，社会的构建性质都要求我们像阿尔贝·加缪（Albert Camus）笔下的西西弗斯那样，不停地向上推着石头，不停地探索。在这条探索道路上，既没有先入为主的观念，也没有线性的发展方向；既没有纯粹的事物，也没有类似“上帝”“市场”“科学”“资本主义”“金融”“西方”“伊斯兰”“真理”“命运”等绝对化的解释概念。人文学科的学者们所面对的是一个先于科学存在并因此具有真实规律的世界，他们的工作便是不断地验证、寻找以及还原社会事实。这常常是一项辛苦的工作，但它更多的时候是会给人以力量的。

当然，信仰也有它的作用，那就是给人们改变或者抵御改变的力量。相信真理，坚持原则，这同时也是给自己的生活提供方向和前进的动力。而对现实所进行的科学研究往往给人一种悲观的感觉，因为人文学科的学者们之于现实绝非“救世主”之于未来的关系，他们无法向世人保证“旧世界将一去不复返”，“洪福将要降临”。也就是说，在人文学科的范畴里，信仰是一种功能，而非真理。是信仰让人们拥有生活的动力，为此我们已经可以感到庆幸。

本书的目的首先是要描述处于构建过程中的社会现实。通过聚焦人们在具体社会情境中的行为，我们在本书中会了解到，社会行为人是如何在物质性限制条件、社会性限制条件和象征性限制条件基础之上组织和决定自己的行为的。这也是为什么本书看起来像是一个巨大的拼图，而其中的碎片并非一定能够组成一幅宏大的、结构完整的画卷；但同时，这些碎片却可以组成许多小的、完整的结构，也就是那些相互分离并只能通过贸易、战争和现代通信才能建立联系的、相互独立而自成体系的社会。本书的所有分析均来自或是我参与过，或是我独自完成，或是我执导过的社会学调查。这其中包括 60 年代末我与埃哈尔·费埃德伯格（Erhard Friedberg）为法国工业部做的关于法国矿业团和工业政策的调查，与埃曼纽尔·恩迪奥内（Emmanuel Ndione）和尚达尔·德·巴克（Chantal De Baecque）在塞内加尔做的调查，与罗贝塔·迪亚斯·冈博斯

(Roberta Dias Campos)、莱蒂希娅·卡佐迪（Letitia Casotti)、玛里伯·苏亚雷(Maribel Suarez）在巴西做的调查，与道格拉斯·哈珀（Douglas Harper)、马克·纳曼（Mark Neumann)、詹娜·琼斯（Janna Jones)、肯·艾瑞克森（Ken Erickson)、帕特里希亚·桑德兰（Patricia Sunderland)、瑞塔·德尼（Rita Deny）在美国做的调查，与多米尼克·布歇（Dominique Bouchet）和（Tine François）在丹麦做的调查，与（Annie Cattan）在瓜德罗普做的调查，以及在中国与郑立华、安娜·索菲·布瓦萨（Anne Sophie Boisard)、杨晓敏、王蕾、马菁菁、胡深和肯·艾瑞克森（Ken Erickson）分别为橘子电信、欧莱雅、香奈儿、达能、艾赐魔袋和保乐力加做的调查。

因此，可以说本书是一部集体著作。在第一人称和第一人称复数的不停转换间，本书的所有贡献者都会一一登场。在这些贡献者中尤为特别的是索菲·阿拉米（Sophie Alami)、伊莎贝尔·加拉比奥-马撒维（Isabelle Garabuau-Moussaoui）和曾经陪伴过我十年的亡妻索菲·塔玻尼尔（Sophie Taponier)。在2001年，她选择了结束对她来说已经失去意义的人生。

本书也是一部游记。它记录了不同的文化和不同的人，以及使我思想转变的“迂回（détours）”之路。所有这些都是我通过上千次采访和实地观察获得的。在这里，还要加上我的合作团队和朋友们所收集到的采访和观察资料。在书中，我会时常提到我个人的一些经历，还有过去的调查研究对我今日的启发，以及我在研究过程和在平日生活中对科学知识的认识论思考。比如，本书其中的一个章节摘自我于2008年在美国的一个杂志上所刊登的关于1968年“五月风暴”的文章。在这篇文章中，我做了一些自我分析，因为作为行为主体，我本身也是社会人类学定性研究的一部分内容。可以说，本书所要介绍的是一个建立在我的研究经验基础之上的认识论。

本书的另外一个目的是要证明，新理论并非学者们能够凭空想象出来的，而是通过对现实的深入观察获得的。与知识史给人的直观印象截然不同的是，只有实地调查才可以真正推动知识的发展。实地调查永远是在一定的社会背景下进行的，它从来都不会有完结，即使那些标有“某某概论”的书名会给人相反的感觉。实地调查是用来回答一些实际问题的，而这些问题会产生一些跟其他已有的理念相左的知识，在这种知识碰撞中，新的解释理论便会诞生。知识的产生或者过滤是有它的社会历史背景的，这一点是知识史经常回避的一点，而我对此却非常看重。这与我在人文科学领域三十年的出版经验是分不开的。在这三十年当中，我先是在德尼斯·普里恩（Denis Pryen）主管的阿尔马丹(Harmattan）出版社担任编辑，之后又在米歇尔·普里根（Michel Prigent）主管的法国大学出版社（PUF）担任编辑。因此，本书所要探讨的另外一部分内容便是人文科学研究背后的人文社会背景。

总之，本书的最终目的绝非告诉人们应该思考什么，而是阐述如何思考才能在经济效率、可持续发展和社会公正的三角关系中辨析社会新生事物。

然而，作为人类学学者，我还是希望能够做到将这种思考方式客观化，也就是将它以观察和描述工具的形式推荐给大家。这种工具的作用是让大家能够尽可能地了解自己所生活的世界，从而尽可能有效地组织自己的生活。在任何时候，它的作用都不是净化世界，因为就我知道的而言，净化世界是战争犯们最喜欢使用的说辞。本书同时也是一个推崇政治改革但又摒弃理想主义的学术工具。大家在阅读它的时候既可以选择阅读全文，也可以只挑选其中的某些章节。这本书没有让人们特别着迷的预言性，这或许是本书的一个缺陷。它所推崇的精神可以用哲学家佳玥（Christine Cayol）在2003年出版的一本书的书名来形容，那就是“感知智慧（intelligence sensible）”。这或许是本书的一个闪光点。

第一章

本书的核心内容——归纳法

小　序

这一章是我在2017年5月已经初步完稿两个月之后才添加进来的，我当时十分犹豫是否要这样做。给这本书定调对我来说是一件非常难的事情，但是我又担心书中所要介绍的社会学研究涉及的题材面太过广泛，而导致读者理不清头绪。于是我便考虑该如何向读者展示社会现实既限定又不定的双重属性，如何在社会学研究当中既能避免相对主义，又能避免使用信仰或者说绝对化的价值判断来衡量事物，即便我们在各自的社会生活当中难免会有意识形态方面的偏好。

我并不确定是否能够真正做到以上这些，但不管怎样，我至少会用类推的（analogique）方式让自己接近这些目标。我个人很喜欢类推思维中强大的启发功能，它就像是几何里所说的"渐近线"，即使永远无法到达终点，但又总是会向终点靠近。本书的主要目的是要为大家提供一种方法论。这一方法论特别适用于对现代社会的探索性研究。它的基本特征：一是研究时的自由性，二是对真实（vrai）和真理（vérité）的区别对待性。事实上，社会科学只能够让我们触摸到真实，而非高大上的真理，尽管在宗教真理之外我们也会听到"科学真理"这样的说法。我虽然不能百分百地确定杰拉德·哈达德（Gérard Haddad）在一本2015年出版的书中所说的话是否正确，但我本人是十分认同的：在这本名为《在上帝的右手边：对崇拜的精神分析》（*Dans la main droite de Dieu*：*Psychanalyse du fanatisme*）的书中，杰拉德·哈达德这样说道："真理只有一个……，但我们必须要知道，没有人掌握，也没有人能够掌握这唯一的真理。观察的角度不同，真理所呈现出来的形式就会不同。所以真理就像是一块多面的水晶石。"（p. 19）换句话说，"真理"只能通过观察梯度（échelles d'observation）以“真实”的形式呈现在人们面前。本书所要介绍的人类学方法论就是建立在这一观点基础之上的。

如何还原社会组织当中的无序成分并且避免生成崇尚绝对真理的伪科学规律

我不认为哪个研究者的科学理论可以是恒定和严密的。与大写的真理相比，科学只能研究小写的真实，而这已然需要大量的工作和长期的学习。在这本书中，我希望为读者讲述我所经历过的一些人类学摸索，对社会现实所做过的各种取景，以及通过各种相互之间没有什么联系的社会学调查所获得的关于人类行为方面的发现。为此，我曾思考如何在呈现人类社会中的规律性和可预测性的同时，展现社会发展的不确定性；如何能够表明人文科学的主要作用是研究既拥有稳定结构又具备变化动力的社会新生事物；如何让人们更清楚地看到世界无序的那一面，同时又能提供可以帮助人们从容面对多变世界的认识工具。

观察梯度是我在1987年进行的一些研究当中逐步总结出来的。对于解决刚刚提到的那些矛盾体所带来的问题，观察梯度是我遇到过的最好的一种研究工具。一方面，它让人们不会因为自己的喜好而去否定一项实地研究（enquête de terrain）的成果，而是会让人们看到每一项实地研究里面对知识的形成有建设性的部分；另一方面，如果有一项理论被说成是万能的，我们又可以根据这项理论所依据的观察梯度来证明它并非万能。不同的行为系统所针对的是不同的行为解释模式、不同的科学解释标准，以及不同的利益出发点。在我们观察一个企业、一个政治系统、一个学术圈，或是其他的行为系统的时候，观察梯度也可以帮助我们更清楚地看到系统成员相互协作时所需要的条件和遇到的障碍。在人文学科的下游，也就是知识应用方面，观察梯度还可以让我们明白，不管是在工业、商贸、军事还是科学领域，任何知识都不是独立存在的，而是与社会行为人的地位及其活动紧密相连的。

在中观社会视角下，从产生想法到付诸行动所经历的路线表明人们对事物的接受与使用既不是恒定不变的，也不是千篇一律的。关于使用（usage）的人类学研究对于企业研究与发展部的工程师或是功效学家抑或是设计师来说，都是相对比较受用的，因为人类学家所能获取的知识可以为他们提供解决问题时所需要的数据。相反地，对于市场部的负责人来说，使用人类学研究没有什么太大的作用，因为市场学更多时候是在关注个人动机以及广告的魅化作用。然而，不管是在前一种情况，还是在后一种情况，人类学家所创造的知识，客观上都是同一种知识。社会行为人的互动从研究开展到产品推广，再到最终消费，一直都在进行，也就是说，当一项科学知识进入到这种连续性互动当中的时候，每个社会行为人都会根据自己需要解决的问题来使用这项知识。不管这种使用是实事求是的，还是具有魅化性质的，科学研究的真实性都会被知识的社会使用所稀释。它的性质会因为人，因为物，因为政治或历史情势而发生变化。

通过长期实践，我发现，人类社会学研究的一个重要价值是它的前端探索作用。这其中包括为企业在其产品创新之前所进行的探索，以及为行政管理部门在其公共政策出台之前所进行的探索。不管是针对商业消费者，还是针对政治公民，这种探索性研究的主要目的，都是通过社会行为人自身的视角来观察他们在实际生活中所遇到的问题、受到的约束以及采取的行动。人类社会学研究的另外一个价值是它的线性研究作用。通过它在研究社会博弈和社会关系网方面的优势，人类社会学可以贯穿企业产品创新的整个过程，它既可以观察处于这一过程前端的研究与发展部，亦可以观察处于末端位置的市场部，而处于中间环节的生产者、司法者以及管理者等等也都在它的观察范围之内。最后，人类社会学最重要的一个应用价值是用于研究消费家庭对新产品或新服务的接收状况。它将家庭视为一种行动系统，一个微型企业，一个可以在厨房、客厅、卧室、卫生间之间以及在现代家族（lignage moderne）不同成员之间实现信息、物品和情感流通的枢纽站（Desjeux，2017）。

在这本书当中，我决定首先通过时间的先后顺序来介绍我所做过的各种人类社会学调查。通过上述内容大家应该可以知道，我这样做的目的是为了还原我研究生涯中的偶然性、机会性，或者说是“杂乱性”（désordre）。这种杂乱性同时也表现在我的调研成果的接收层面，因为我的大多数社会学调查都是在商业背景下进行的。在我所参与的一部名为《人类学商业应用手册》（*Handbook of anthropology in business*）的英文合辑中，我把这类研究叫作 ROD（research on demand），即需求性研究（Desjeux，2014）。

在我绝大多数研究当中所使用的归纳法便是源自这种杂乱。它既是伴随社会新事物出现的一个学术产物，又是用来研究这些新事物的观察工具。在尊重人类未来的不确定性的同时，它可以给人类社会的无序性赋予一种形式上的秩序。但是，如果说归纳法的原则是在不确立命题和研究对象以及在不提出明确假设的条件下对事物进行观察，那么这也并不意味着归纳法摒弃一切先验——因为任何一个知识的形成都必然伴随着观察者针对观察对象所做的预见。通过归纳法所形成的知识是建立在研究积累的基础之上的。本书所要展现的便是这种不断进行的研究积累。

不同的科学实践，甚至是不同的科学学科之间的主要区别，在于它们各自对客观事实进行预见分析时所采用的模式，以及它们各自在创造知识的过程中所处的位置。有些科学手段是用来前期探索的，有些则是用来看权重的，还有些是用来验证的。然而，所有这些目的在现实当中都不是那么明确的。大多数研究者都希望自己的研究能够对人们的常识以及信仰进行批判解构。但很多人并没有意识到，在创造知识过程中所处的位置不同，研究时的物质与社会条件就会有所不同，因而科学标准也会有所不同。科学并不是独立存在的，它与社会、研究环境、技术条件以及关系网等因素是紧密相连的。所谓科学，就是在这种背景下寻找真实。

第一人称“我”：一个能够还原研究者实际行为的有效工具

在撰写本章内容的时候，我最终决定使用第一人称“我”。我开始是在一个很偶然的情况下发现生物学家克洛德·贝尔纳（Claude Bernard）在法兰西公学院时是用第一人称授课的。他在1855年曾教授过一套名为“实验生物学”的课程。这套课程收录在1938年出版并由让·罗斯丹（Jean Rostand）作序的《克洛德·贝尔纳文选》（*Claude Bernard*，*morceaux choisis*）一书中。贝尔纳在课上讲述自己发现非自然糖尿病的过程时是这样开场的：“在这里我要为大家讲述一下我是如何……”（p. 34）之后，他便开始详细讲述自己曲折的研究过程，并多次使用类似如下的表达方式：“我之前已经观察到”，“于是我便想要尝试”，“我记得”，“我想到”，等等。

也就是说，第一人称“我”自很早以来便是描述科学方法的一项工具。它可以帮助研究者更有效地阐述自己的研究思路、自己在研究过程中所遇到的问题、社会学内部博弈中同行针对自己的研究会做出的一些批判、自己所使用的研究技术和研究工具，以及在获得一定的研究成果之前自己所经历的那些踌躇不决的时刻。

第一人称“我”是一种后验（a posteriori）性质的描述工具。它可以帮助研究者用一种写实主义的手法来描述自己探索社会现实时所经历的具体过程。与具有先验（a priori）性质的方法论、模式化的方法论描述不同，用第一人称“我”所实现的方法论描述有助于还原实地研究时实际使用过的研究手段。在人文社会科学领域，许多论文在介绍方法论的时候都将研究方法描绘成一种纯粹的、严格的研究模式。在这种情况下，我们无法了解到实地研究中的实际困难，无法看到数据采集过程中的“杂质”，也无法体会到研究者在整个研究过程中与同行、委托人以及出版商之间所进行的互动。总之，这种先验的模式化方法论无法还原上文所提到的那些偏误。偏误在实验科学当中的确是一种需要清除的阻碍因素，但在人文学当中，对研究偏误的还原恰恰是研究的一个重要组成部分。因而，本书的一个重要目的便是要帮助读者熟悉具有后验性质的方法论描述。

当研究者人为地将自己置于研究范围之外，用一种表面上显得很客观的方式来介绍自己的方法的时候，这实际上已经是在魅化人文科学研究了。也就是说，通过这种方式所制造出来的科学性更像是一种宗教真理。与之相反，本书所要介绍的具有归纳性质的实地研究方法，则旨在表现人文科学研究中的“非纯粹性”。事实上，对于这种“非纯粹性”的承认，要比对人文学科“纯粹性”的信仰重要许多（参见 N. Diasio，1999）。我的立场可以说是间于缥缈的纯粹性认识论和布鲁诺·拉图尔（Bruno Latour）的科学社会学（sociologie des sciences）方法论之间。对于我来说，拉图尔对社会学实地研究有着非常重要的贡献，这一点尤其体现在他与史蒂夫·伍尔加（Steve Woolgar）合著的《实验室生活》（*La vie de laboratoire*）一书，以及其题为《行动中的科学》（*La science en action*）的专著中。然而，拉图尔将物件转化为行动者（actant）的这种无限度的理论概括（généralisation théorique），在我看来像是一种泛灵论和广告学所推崇的“圣餐变体”（transsubstantiation，详见本书第七章）。我的经验告诉我，作者们通常都是在描述自己的实地研究时很有说服力，但其理论概括所得出的结论在许多时候则会不那么站得住脚。当然，这条规律也同样适用于我自己。

在人文学科中，观察的主体和被观察的“客体”实际上都是主体，具体一点可以说是两个处在互动关系中的主体。如果人文学科的这一特征的确值得强调的话，那么第一人称“我”的使用则可以帮助我们牢记这一点。第一人称“我”的使用可以更好地展现实地研究者——也就是我们所说的观察主体——在观察人们日常生活时与被观察者——也就所谓的被观察客体——之间所展开的微妙的社会互动。这也是为什么我会觉得自己的性格通过我所做过的几千个访谈和实地观察而发生了很大的变化：我经常会觉得，自己像是某些非洲民族所说的 nganga。我们把这个词通常翻译成“巫师”，但它事实上指的是那些能够看到别人所看不到的事物的人，比方说我常常能看到一些大多数人文学者所不太关注的日常家庭生活中的摩擦。Nganga 这种既在观察事物内又在观察事物外的特点，使其注定游离在社会的边缘，但人类学家又何尝不是呢……

在研究社会现实时如何摆脱大量阅读带来的表面严谨和实际闭塞？

在2017年3月26日的《周日报》（*Le journal du dimanche*）中，记者朱丽叶特·德玫（Juliette Demay）采访了数学家伊夫斯·梅尔（Yves Meyer，法国仅有的四位获得过阿贝尔奖的数学家之一）过去的几位学生。通过这篇采访，我感觉伊夫斯·梅尔的科学观与人文学定性研究有一些相同之处。其中一位被访者的回忆让我印象尤为深刻："刚刚接触梅尔老师的时候，我以为我需要在图书馆花上好几个月的时间去阅读大量有关方程式方面的研究，结果梅尔老师告诉我这是大错特错的，他说如果这样做的话，我是不会有任何新发现的。梅尔老师鼓励我自主探索。两年之后的结果是，我们三分之一的研究的确是在重复别人已经做过的东西，但其余的三分之二都是前所未有的新发现（p. 17）!"

这段采访之所以令我感同身受，是因为我之前跟一位年轻学者往一家杂志投了一篇稿，而就在前几天我们收到了这家杂志的婉拒。杂志的盲审这样写道："这篇文章应该缩小涉及的范围，从而更多地将分析建立在已有知识的基础上，这样文章才会更加深入。"这位盲审所建议的其实就是与人类学常用的归纳法相反的研究原则。

当然，我并不是在质疑这位盲审的建议，因为在科学方法论问题上，我是一个不可知论者：一个研究方法并不会因为我不熟悉所以就是错的。相反地，我认为一个我不熟悉的研究方法很有可能让我看到一些不同的事物。我所不能认同的是这位盲审的一个信念，那就是一项研究的质量是由研究者的阅读量决定的。对于我而言，我更看重研究数据本身。

如果我们接受观察梯度的存在，那么我们就需要同样接受这样一个事实：我们永远不能以科学的名义去批判别人在我们的观察梯度之外所做出的别样的分析。比如说，如果一个研究者习惯通过微观个人或中观社会视角进行研究，那他就不能去批判社会阶层或社会统治对社会行为的影响；但这并不意味着这种影响是不存在的：科学方法领域中的不可知论，实际上就是在强调看不到绝不等同于不存在。

在我开启一项调研的时候，我是不知道我要寻找什么的，当然这也是归纳法比较麻烦的一个方面。因为企业在提供调研合同的同时，往往会在调研开始之前就希望知道调研大体会有什么样的结果。然而，通过归纳法进行调研，我是无法在调研的开始阶段便了解研究的大致范围和真正的问题所在的。我所寻求的是思维最大限度地开放，并以此为起点收集所有让我意想不到的信息。也可以说，归纳法使我对微小信息和多样性信息更为敏感。

这里要指出的是，定性研究是无法分析频率的。因为定性研究的样本人群通常只有二十到四十个人左右，这种样本是没有任何统计学意义的。也就是说，即使有三十九个人有着同样一种行为，而只有另外一个人有另外一种行为，我们也没法说前者比后者更有代表性。频率并不是用来证明一个现象的存在与否的，它只是用来表明这个现象作为一个统计变量所占到的比重，尽管这也是一个很重要的作用。而定性研究所强调的证据（preuve）是事发（occurrence），也就是说，一个现象一旦发生，便可以作为定性研究的证据来使用。

如果说定性研究无法获得具有理论概括作用的频率方面的数据，那么我们是否可以认为定性研究是无法进行理论概括的？事实上，定性研究的理论概括是完全可行的。要知道，即使人类行为具有多样性，但在一般情况下，一个行为的变量最多也就只有三到五个。定性研究的理论概括首先便是建立在这种有限的多样性的基础之上，也就是说，定性研究是可以概括描述某种行为的所有变量的。除此之外，社会运行和互动机制方面的理论概括也是定性研究能够胜任的（参见本书第二十章关于短信使用行为多样性的论述）。

举个例子：对于许多研究中国的学者来说，“面子”这个概念是中国文化里独有的。然而，在其于1974年发表的《互动仪式》（*Les rites d'interaction*）一书中，美国社会学家文·戈夫曼（Ervin Goffman）为人们展现了美国人之间的互动也充满了面子方面的考虑。这里值得指出的是，戈夫曼之所以要研究美国人的面子游戏，是受了华裔人类学家胡先晋在1944年发表的一篇文章的启发。“面子”这个概念有点类似于西方社会更熟悉的“荣辱”概念，所以说面子并不是中国文化独有的，而是人类共有的社会机制，虽然这种社会机制在不同的文化里面有着不同的具体表现形式。比方说，在传统法国资产阶级圈里面，没面子的一种表现形式是你没法在宴会的时候坐到女主人的右手边。而在中国，一种很有面子的情况则是别人送了你一瓶叫茅台的高粱酒。

但需要特别注意的是，定性研究的理论概括是有局限性的。一个情境下的行为变量的确是可以概括描述出来的，但当这个情境发生很大变化时，之前的概括理论就不再适用于新的情境。而这同样也意味着，每当我们进行一项新的调研的时候，我们可以修改或补充之前调研得出的关于行为多样性的概括性理论。这也是社会研究与大多数物理研究的一个不同之处：社会学中的概括理论是一种随机应变的、非绝对的理论。

要充分理解这一点，就需要我们从自然科学所奉行的决定论里脱离出来，因为决定论是不适用于人文科学的。借用卡尔·波普尔（Karl Popper）所举的那个著名的天鹅的例子，我们需要明白，当十只天鹅里有九只是白的时候，第十只可以是黑的；同时，对于人文科学而言，当我们发现一只黑天鹅的时候，我们还需要告诫自己它很有可能不是我们唯一能找到的黑天鹅，但只要这只黑天鹅不是唯一的，我们对这只黑天鹅的描述就可以形成一个具有概括功能的理论，也就是说它也可以用于描述其他的黑天鹅。但这种概括只是一种有限的概括，它只能告诉我们这个世界上大概只有黑天鹅和白天鹅，黑天鹅是什么样，白天鹅是什么样，与此同时我们也不能否认其他人观察到绿天鹅的可能性。

在定性研究中，我最为重视的是人们如何在集体互动和社会博弈的限制性条件下有策略地行事。在这类研究当中，我是无法获得任何有规律性解释功能的变量，也就是我们所说的自变量的。自变量是属于实验性科学的，尽管人文科学中的某些领域也会涉及自变量，比如管理学研究中常用的定量问卷的设计等。但当下非常盛行的大数据分析倒是比较类似于定性探索式研究，因为对于大数据时代下的很大一部分数据，我们是无法用基于先验的演绎法来分析的，只能用后验的方法“摸着石头过河”。

在马达加斯加的时候（详见本书第四章），我曾观察过那里的一些农学研究。其中有一项是要测量氮气对大米产量的影响，其方式是在其他条件保持基本不变的情况下记录试验田里氮气和大米产量的变化情况。但在人文学科的微观社会和中观社会视角下，社会人的生活条件很难像农作物的种植条件那样可控。社会学无法拥有能够支配和解释社会情境的自变量，因为社会情境本身就是一个支配社会博弈的自变量，而且社会情境的特点之一就是，不管是在长时间内还是在短时间内，它都在不停地变化。定性社会学研究是无法在脱离社会情境的情况下研究社会现象的；它总是扎根于实际的，而实际条件不具备实验室条件的稳定性和可控性。这也就注定了定性社会学与自然科学在解释方法上的根本差异。

正是因为社会情境的这种瞬息万变的特点，我才对研究前进行大量阅读的必要性有所怀疑。我上一次为启动研究而进行的系统性阅读还要追溯到 1974 年（详见书本第五章）。当时我在刚果普尔省萨卡麦所市的一个离布拉柴维尔不太远的村庄里调研。那个时候，我对家族式生产模式（mode de production lignager，类似于当今城市消费研究较为重视的家庭经济的概念）以及家族长辈对家族晚辈的剩余价值榨取方面的书本知识掌握得还不错，但在实地考察当中，这些书本知识却并没有什么用武之地。我在那个村庄所观察到的社会博弈，比我通过阅读所了解到的社会统治现象有着更强的游戏般的开放性。我所看到的不是一个阶级对另一个阶级的压迫统治，而是男女村民们的生活：木薯、番茄、沙佛果等农作物的种植，村民之间的互助，还有建立在巫术系统基础上的遗产争夺[详见本书第五章关于非洲桑迪（Sundi）社会和第六章关于巫术的论述]，等等。所以说，通过先验演绎获得的研究方向，即使再有理论支撑，也并不能保证在它指引下的实地考察能够顺利进行。当然，我绝对不是在说阅读没有意义，相反地，随着研究的深入，我们必须要阅读。我想说的只是，对于社会学研究者来说，最难能可贵的事情不是读书读文章，而是能够通过实地考察来还原真实的社会生活。

克洛德·贝尔纳（Claude Bernard）在1855年就曾说过："科学方法分为先验和后验两种。"（p. 31）先验方法，就是"对某些现象的运行机理先有一个理论假设，然后再去实验。实验的目的并不是要看这个假设是否站得住脚，而是要竭力证明它的确站得住脚……。这些利用实验来全力证明自己的假设是正确的实验家们，他们所做的好比是在逼大自然顺着自己"。"而后验方法则是要求人们先从事实入手，用一个临时的理论作为引导，其目的并不是要证明自己是对的，而是要引出更多的新的理论……。对现象规律的总结是在观察和描述了现象之后才去做的事情，换句话说，理论是在实验之后才产生的。相比于执着于概念、奉行先验方法的研究者，重视观察、支持后验的研究者会惬意许多，而且这种惬意是不会因为理论家的批判而消失的。"（p. 33）"惬意"这个词所对应的，其实是研究者在学术圈内时常都能感受到的紧张——因为再有科学性的著作也会流露出作者的私密，或者用心理分析师塞尔日·蒂斯罗（Serge Tisseron，2001）的话说就是，作者的"外密"（extimité）。

从1974年的那次研究经历开始，我体会到了社会学实地研究很像是拓荒，抑或是只凭着六分仪、指南针和测深器进行航海探险（参见本书第七章）。我们只能也必须随着研究的深入来一点一点地建立坐标，再在研究的最后像重新做一遍研究似的把整个研究路径再捋顺一遍。就像梅尔的学生在接受报纸记者采访时说的："当面对一个定理时，他（伊夫斯·梅尔 Yves Meyer）不会去看这个定理的演绎证明过程，而是会把导出这个定理的归纳过程再重新走一遍。"梅尔的这种做法套用在社会学研究上，其实就是要求我们在研究的起始阶段不要把精力浪费在掌握与我们研究主题相关的既存知识上来，而是要着重于细致描述我们所观察到的社会现实。

实验性研究方法的关键，是要从社会行为人的视角和他们的社会互动情境入手来还原他们生活中所遇到的实际问题。当然，在这之后，我们也可以将我们研究出来的结果与其他同类研究所得到的结果进行比较，目的是要看一下我们所获得的研究结果是否是一些全新的发现，或者是看它们是否可以验证其他同类型研究结果的真伪。很早以前，我从社会学家让-皮埃尔·达雷（Jean-Pierre Darré）那里明白了一个道理：在讨论会上，如果与会者一开始便能把需要讨论的问题的内容全部描述出来，他们最后肯定无法找到问题的解决办法，因为人们不可能一上来就知道问题所在，而是需要一个探索过程。在我看来，探索与再研究是人文科学在学术创新方面的两个基本要素。对于既存知识已经十分丰富甚至达到饱和的研究课题来说，再研究的学术创新功能尤其明显。

定性研究：一种可以防止道德标准干扰判断的研究方法

社会学定性研究的根本目的是通过描述社会现实来获取客观化的信息。当然，这些描述性信息并不影响我们之后对其进行模型化（modéliser）的处理——其实本书大多数时候所呈现的都是模型化处理后的描述性信息。所以说，这些信息既可以帮助学者们进行纯理论性的思考，也可以帮助社会行为人更好地判断他们所处的社会博弈情境，从而能够使其更加有效地进退、谈判以及协作。当这些信息用于指导实际社会行为的时候，其目的并不是要让社会行为人完全改变自己之前的想法，而是要让他们在社会博弈中做到知己知彼。

不管是对于理论研究还是对于实际应用，定性研究从根本上讲是一个判断行动余地的科学工具，也就是说，它不是一个用来宣扬真善美或者揭露假恶丑的道德工具。而作为一种科学工具，定性研究所表现的科学性恰恰就是科学的非万能性。承认定性研究科学性的人们同时也都会承认科学家的能力是有限的，他们也都明白，人们唯一能够清醒地认识到的，就是自己除此之外无法做到完全清醒地认识任何事情。人们对自己和对他人的百分百真诚都是不存在的。人的所想从来都不等同于人的所说，而人的所想所说也从来都不等同于人的所做。从这个角度上讲，人文科学实地定性研究的一大优势所在，便是它能够防止研究者混淆自我想法和客观现实。这是一部分哲学家们所犯的错误，他们不承认现实是独立于思维而存在的。哲学家克里斯多夫·艾尔-萨利赫（Christophe Al-Saleh）在评论艾蒂安·比姆贝内（Étienne Bimbenet）所著的《发明现实》（*L'invention du réalisme*, 2017）一书时，曾提到过这一点。

实地研究，尤其是应用性的实地研究，还可以帮助我们站到时代发展的前沿去思考问题。同时，由于应用性实地研究时常要求我们将已有的解释模板应用于不同的研究课题，我们的知识创造力也会在这一过程中不断提高。这一点与数学家梅尔的另外一个主张也是不谋而合的。据他的学生回忆，梅尔认为“纯数学和应用数学之间的界限是人们强加的”，这种界限是没有多大意义的，相反，科学家们所应该看重的是如何促进跨领域研究，从而加强科学的创造力。我的博士生们也跟我表达过类似的感受，因为他们的博士论文都是建立在他们为企业或其他组织所做的应用性调研基础之上的。这些博士生在我的社会学生涯中有着非常重要的角色。

举几个例子。我的老师米歇尔·克罗齐耶在研究法国塞塔（Seita）烟草公司的香烟生产时，曾建立了一个用不确定性范围（zone d'incertitudes）来解释权力的理论模型。而我则把这个理论模型套用在了我对非洲巫术的研究上面，这让我看到了非洲社会的家族首领和其他家族成员是如何围绕巫术，这个让人们对自己的生老病死感到不确定的象征机制（dispositif symbolique），而建立起权力关系并组织其行动的。还有一个例子是我在研究城市中产阶级的家庭生活空间的组织时，套用了我在研究刚果农业生产空间组织时所获得的分析结果。

我之所以能够实现这些跨领域的理论移植，是因为我的研究课题很多时候并不是我自己选择的，而是根据聘用我的公司、行政机构或非营利组织的具体问题而制定的，这让我不得不研究许多形式各异的社会问题：从先进农业生产办法在布基纳法索的推广到治理污水用的下水井在达喀尔的一个穷人区里的推广，从地理信息系统（SIG：Système d'Information Géographique）的农业应用到新型通信技术的家庭应用，从中国的桌游市场到美洲的化妆品市场，从摩洛哥的跨文化问题到欧洲“婴儿潮”一代退休后产生的“爷爷潮”问题，等等。正是这些考察区域和研究课题的多样性，让我逐渐拥有了借助归纳法来探索未知研究领域的能力，同时也让我建立了一套用于研究新兴事物的人类学。

人文科学中的归纳法：在细节中还原行动系统多样性的组成元素

在博士论文的答辩中，我经常会听到评审对归纳法的反对声音，因为他们会觉得归纳法结构松散，缺乏研究框架，但事实并非如此。当我开始一项实地考察的时候，我会有一套完全能够为我指引研究方向的研究框架，尽管我无须将这些研究框架明确表达出来。

我对研究框架重要性的认识要得益于1971年到1975年间跟我一起在马达加斯加做关于当地农业生产的跨学科研究的那帮朋友。简单点说，其中的一位土壤学家教会了我如何区分黏土地和铁铝土地，另一位草本学家教会了我如何区分草本植物和豆科植物，还有一位农学家教我如何通过观察土地、植物及其生长环境三者之间的关系来理解大米还有木薯的产量，最后还有一位经济学家，他在我试图理解农民与扶农工程师的社会关系时教我如何做市场分析。以上这些，没有研究框架是不可能做到的。

归纳法的应用需要我们长期向其他人学习如何观察、区分、辨别一个系统——比如农业系统、社会系统，抑或是象征系统——的不同组成部分。这些人可以是教师、同事或者专家，也可以是被分析的系统中的行为人。他们会为我们展现系统组成部分之间的结构组织关系，从而教会我们如何观察和描述系统。而我们在不断地观察和积累中总会形成一定的研究框架，这使得我们在描述一个系统的时候就已经是在解释这个系统。所以我们说，不管是有意还是无意，个人能够掌握和表现出来的阐释能力永远都是一个集体智慧的结果。

对现实的观察既需要研究方法，也需要信息采集手段，还需要一个或多个在不断观察中积累下来的研究框架。就我而言，我在研究时主要运用四种观察方法。在本书中，我会对这四种方法进行多次的介绍。

用于观察社会现实的四种归纳研究法：观察梯度、路线法、生命周期法、系统视角

全局观察的不可能性与观察梯度

人类视角没有可能全方位地观察社会现实，在这一前提下，我们只能局部地观察社会现实的各个组成部分，而这便是观察梯度存在的意义。如果人们认为全局观察是可能的，那是因为大多时候，社会学研究者混淆了全局视角和宏观视角。宏观视角的确是可行的，但它绝非是一种全局视角，因为在宏观视角下，我们还是看不到社会行为人之间的互动以及个体思维。在观察梯度的问题上，还有一种常犯的错误是将“中央”和“地方”分别视为“宏观社会”和“微观社会”，然而中央和地方，尤其是鉴于它们之间的联系，其实都属于同一个行动系统（système d'action）。简而言之，在**描述**社会现实时，任何整体的或

者说全局的描述都是不可能实现的。这一点，让-皮埃尔·沃尔姆斯（Jean-Pierre Worms）在其1966年发表的文章《省长和他的要员们》（*Le préfet et ses notables*），以及皮埃尔·格雷米翁（Pierre Grémion）在1976年发表的图书《中央周围的权力：法国政治系统中的官绅们》（*Le pouvoir périphérique*：*Bureaucrates et notables dans le système politique français*）中都有过论证。而我会在本书第三章关于工业政策的论述中对此加以详述。

在同一观察梯度下，我们同样也无法一下子看到这一梯度下的全貌。德国物理学家海森堡（Heisenberg）曾指出，在量子物理中，我们无法同时观察一颗粒子的位置和它的运动。人文科学的情况与之类似，因为在人文科学中，我们无法同时观察社会行为人的行动利益和他给自己的行动所赋予的象征意义。要想获得这两方面的信息，我们需要进行两次不同的观察，并运用两种不同的信息采集手段。概括说来就是，一种是具有现实性的，侧重实际行为，另一种是具有展望性的，侧重表征。

另外更为重要也是更容易被忽视的一点是，观察梯度的存在意味着对社会的定性研究中起码有三类不同的解释因素。一种是宏观社会范围内的统计相关性，一种是中观和微观社会范围内的社会情境，一种是微观个人范围内的象征意义。不过，象征意义的解释力相对弱一些（详见本书第七章）。正是由于因果关系的多样性，全局描述便成了一种不可能，因为全局描述的前提是因果关系的统一性。

打个比方，当我们轻轻拧开水龙头的时候，水在水盆里连续地、一条一条地往下流，但当我们继续旋转水龙头的时候，水开始在水盆里打转，并失去先前的连续性。同样的，当我们从一个观察梯度跳到另一个观察梯度的时候，这个跳动是非连续性的，所以之前观察到的那一类因果关系就变得不再适用。这个例子来自90年代初，我跟名叫阿兰·福克斯（Alain Fuchs）和安妮·布廷（Anne Boutin）的两位化学家进行的一次讨论。我本人是在1987年开始对观察梯度有了一个系统性的掌握（详见本书第七章），但我在这方面的进步很大程度上是得益于刚刚提到的这两位化学家和我的亡妻索菲·塔玻尼尔。

作为一种方法论，观察梯度是在实地考察中积累得出的，也就是说，它的出现源于我对中观和微观社会视角下的社会互动的观察。这也是为什么该方法论更为重视社会情境在社会博弈和学术研究方面的解释作用。

当然，对观察梯度的承认并非科学研究的必要条件。只不过，承认观察梯度的存在可以让我们的知识体系变得更为灵活机动，也更具探索功能，这同时也会让社会行为人在解决实际问题时能够更好地协作。也就是说，拒绝接受观察梯度这一理念，并不一定会导致研究结果出现偏差，但它会让研究者过高估计自己研究结果的适用范围。

但我们必须要注意的是，没有哪一个观察梯度是比其他观察梯度更有优势的，或者换句话说，每一个观察梯度都有别的观察梯度所不具备的优势。再者，一个变量在某一个观察梯度下可以是具有解释功能的自变量，但在另一个观察梯度下也许就变成了被解释的因变量。我们需要做的并不是把所有的观察梯度进行整合，因为在因果关系的多样性背景下，这是一件不可能完成的事情。我们需要做的，是根据不同的问题选取合适的观察梯度，来对社会整体做出局部的观察和描述。不过，虽然研究者无法对观察梯度进行整合，但当他一旦选定自己的观察梯度后，其他观察梯度得出的研究结果可以作为其研究的背景信息使用。

在宏观社会视角下，我们能够很容易地看到社会阶级对行为的影响力，而这种影响力在微观社会视角下是看不到的。同样，我们在中观社会视角下可以观察社会组织和机构间的互动情境，而这在宏观社会和微观个人视角下是看不到的。民粹主义者的一个错觉便是相信人和人之间唯一的社会关系应当是领袖与人民之间的关系，除此之外再无其他任何的组织关系。然而实际上，中观社会意义上的组织关系是社会问题出现的重要因素，但同时也是解决社会问题的必要条件，因为社会的“维持”靠的主要是各种社会团体、行动系统以及关系网。

路线法与生命周期法：动态与归纳性质的社会学观察法

第二种方法，也就是路线法（méthode des itinéraires，详见本书第十五和第十八章），是我从组织社会学（sociologie des organisations，详见本书第二和第三章）中提炼出来的一种描述性的解释模板。路线法表明了人的决定并不仅仅源自个体在某一个时间点所具有的心理动机，它更是一个集体互动过程的结果（参见 C. Grémion，1969）。比如，当我们研究消费行为时，线路法的应用方式是将一个消费品的购买过程分割为若干个步骤：先是促使消费者决定做出购买行动的启动事件，紧接着是购买渠道，然后是购买过程，接下来是所购消费品的储存，再然后是消费品的使用过程，最后，如果有可能的话，是消费品使用完后的循环利用。通过路线法的这种分析方式，我们会看到消费者的心理动机，或者说是市场学所说的“消费心理”便不再是解释消费行为的自变量，而是购买前期决定过程中的一个因变量，并且我们会看到，这个过程是该消费者与其他社会行为人之间的一个权力博弈和相互协商或协作的过程。

路线法同时也是一种归纳法，它首先要做的是寻找促使行动决定产生的启动事件（événement déclencheur）并对其进行描述。这里要指出的是，启动事件绝非行动的起始原因，因为启动事件的发生也是需要原因的，只不过，在解释行动的时候，启动事件是最为直接的原因。回到刚才的话题，我们之所以要寻找和描述启动事件，是因为我们在还原一个行动决定的产生过程的时候，最好不要凭空猜测这一过程的起因，而是要回归到一个具体的启动事件。这也可以说明为什么路线法是具有归纳性质的。任何一个行动决定的产生过程都不是一个线性过程，这在当今的消费社会尤其如此，今天的消费者只需要“轻点（click）”一下鼠标就可以获得“实体店（mortar）”的商品（“轻点”和“实体店”都是90年代末从美国流行起来的词汇）。路线法的一大优势便是，通过还原行动决策的动态和集体属性，它能够更好地展现人们行为背后具有多样性的，或物质层面，或社会层面，或象征层面的条件。

这也是为什么在社会人类学视角下消费者从来都是行动者。对消费者能动性的发觉要得益于观察梯度，尤其是微观社会观察梯度的使用。其实，以前的很多社会学家之所以没有意识到消费者的行动者属性，是因为，要么他们执着于宏观社会研究，而在宏观社会视角下他们无法看到行动者之间的社会互动；要么他们过于执着于微观个人层面，也就是关于个体心理动机层面的研究。在消费领域，市场营销专家最常用到的便是微观个人视角，他们非常关注广告对消费者心理的影响作用，这让他们误认为消费者是被动的，是完全受广告控制的，但其实广告能做的，只是使消费者在两个同类产品中选择广告做得好的那个。

当我们采用微观社会视角来观察消费者所处的社会情境，例如家庭情境中家庭成员之间的互动时，我们会明显地看到消费者的能动性，而这在其他观察梯度下是看不到的。观察梯度的运用可以让我们明白，很多现象我们之前没有观察到，并非是因为这些现象在之前并不存在，而是因为我们之前没有采用能够观察到这些现象的观察梯度。也就是说，我们头一次发现的事物并不一定是新事物。

避免这种偏误的方式之一是建立一套灵活机动的知识体系，也就是说我们要善于在不同的历史时间点、不同的地理区域、不同的观察梯度、不同的行为路径以及周期之间穿梭（参见 D. Desjeux，2004）。很多时候，一个研究难题的解决需要我们更多地关注事物的发展和演变过程，也就是说用一种动态的眼光将事物作为过程去分析。社会学研究的一个难点是找到两类条件之间的关系：一类是物质层面的，即实际行为、限制性因素、权力关系等方面的条件；另一类是情感意义层面的。而解决这一难点的关键之一便是用包含路线法在内的动态方法体系去观察社会现实。

在研究中，我时常会发现，在行为过程的某些步骤当中，社会行为人会比较感情用事，而在其他的步骤当中，他们会更多地进行理性思考，甚至表现得工于心计。一个比较典型的例子是人们的搬家行为。我与索菲·塔玻尼尔和安妮·蒙亚莱特（Anne Monjaret）在1998年发表了一部题目为《当法国人要搬家的时候》（*Quand les Français déménagent*）的合著。在这本书中，我们描述了人们在搬家过程中，有时非常注意理性计算，有时则被感性占领的经历。不管是日常生活领域，还是政治生活领域，不管是科学领域（参见 D. Desjeux 等，1992，1993，1996），还是艺术领域（参见 D. Desjeux，2008），人们都是在理性与感性之间徘徊的，而对这一现象的把握则是动态研究视角的主要优势所在。

第三种方法，生命周期法（méthode des cycle de vie），（参见第八章）同样也是一种动态的研究方法。还是拿消费为例，生命周期法是将人的一生从幼年到老年划分为不同的阶段，然后分析消费品如何展现每个人生阶段的生活特点。与路线法的归纳性质一样，生命周期法所分析的人生不同阶段并非自然而然地摆在研究者眼前，而是需要研究者根据时代和社会背景来对其进行还原。对生命周期法的总结，源自我与我的同事和朋友在包括中国、巴西、法国和美国在内的不同国家所做过的各种消费研究，研究主题包括化妆品、软饮、游戏、酒消费等等。与市场学重视市场细分一样，生命周期法也是对消费者的一种细分，但与市场学不同的是，市场学着重于对个体消费者的消费态度和消费动机进行细分，而生命周期法的细分则是将重点放在消费者的集体使用行为上。

系统视角：一套关于社会运转的阻力和坎坷性的方法体系

最后一种方法是系统视角（approche système）。人的社会行为永远都是嵌在一个行动系统当中的，比如家庭系统、集体组织系统、科研系统、市场系统、社会运动系统等等都是一种行动系统。因此，任何一项社会学研究都可以涉及行动系统。在开始一项研究之前，我都会给自己预设一个先验条件（没有预设条件的完全的归纳研究是不存在的）：虽然研究的一开始我很有可能获得不到什么有用的信息，但随着研究的推进，我会找到组成行动系统的各个元素之间的关系。与此同时，我还会预先认定，行动系统通常是无法独立自主地顺利运行的，系统中的人们会遇到诸多阻力和两难的时刻。也正因如此，即使研究最后的理论模式化过程可以大大简化我们认知中的被研究的行动系统的复杂性，但它的矛盾性会依然存在。

以上提到的所有方法都是我在组织我的社会人类学研究时所用到的方法。简单点说就是，当我在中观或者微观社会层面进行实地考察的时候，我会提前认定，我所要观察的现象在一定程度上是发生在一个结构相对稳定的行动系统当中的，但我另外还需要利用路线法和生命周期法去分析这一现象中那些不是特别稳定的、动态的部分。这里需要注意的一点，也是之前提到过的一点，那就是我们无法同时对事物的稳定部分和动态部分进行观察。

我时常会看到，当一名研究者认为自己的理论模型具有很强的通用性时，他往往是忽视了自己在研究前给自己预设的研究视角。他没有意识到，是研究角度的选取让他只看到了事物的或者稳定，或者动态的一面，抑或是人们或者感性，或者理性的一面。即便他分析出来的理论内容是正确的，但事实上他还是把自己的特殊理论当成了实际上无法实现的通用理论。

这里需要重申的一点是，以上的分析绝不是要鼓励大家整合所有的观察视角，从而建立一套完整的观察体系。相反地，我是希望大家能够接受局部观察的必要性，但同时也能够明白，不完整的结论绝非错误的结论，只要我们能够避免夸大该不完整的研究结论的通用性就可以了。事实上，无论我们怎么做，我们所能获得的真相都只是局部的、不完整的。但我觉得，不完整的真相要比完整的假象有意义得多。

我在社会人类学归纳研究中所采用的四个基本框架

本章最后，我打算将之前的一部分分析总结为四个基本研究框架。这四个基本框架是我结合了自己五十余年的研究经验得出的。当然，阅历并不一定代表能力，我不能保证这四个基本框架都是对的，我只是希望给大家提供一个参考。很多人应该都还记得伯特兰·罗素（Bertrand Russell）的“火鸡说”：火鸡觉得饲养员特别善良，因为一直以来饲养员都把它喂得很好，直到感恩节那天火鸡才意识到自己用多年经验得出的结论是大错特错的。所以说眼前的结论未必是最终的结论，相反，我们忽略的信息往往是最有用的信息，只不过，我们对此只能后知后觉……

归纳法的科学严谨性并非体现在研究者用了多么严谨的理论框架，而是体现在他所使用的方法论框架上。一个严谨的方法论框架指的是，在这一框架下，研究者能够用一种严谨的方式采集信息，从而发掘被研究现象背后的行动系统并对其进行描述。

要想有效地还原一个行动系统，我们需要走近参与到该系统运转的所有类型的行动者，因为我们只有通过交叉分析不同来源的信息才能够最大限度地保证描述内容的可靠性。信息的采集可以依靠多种手段，比如半开放式访谈（interview semi-directif）、小组座谈（animation de groupes），或者实地观察。当我们通过访谈来研究某种行为的时候，理想的状况是在与该行为相关的地点进行访谈，因为越是在跟该行为有关的地点，被访者用来描述该行为的参照物就越多，我们所获取的信息也就越可靠（参见本书第十四章关于电力能源的论述）。半开放式访谈常用到的一个工具是采访指南（guide d'entretien），但我现在已经不太使用这个工具，因为只要我能够选取理想的采访地点，我就可以直接就着这个地点里的参照物组织我的提问。比如说，如果我去到一个被访者的家里了解他的日常消费行为，我就可以问他屋子里的这些东西分别都是怎样买来和使用的。我跟我的博士生佐依·格朗日（Zoé Grange）在 2015 年给 InProcess 公司做调研的时候，就是用这种方式完成了所有访谈。

一个比较典型的例子是，2017 年 4 月，我在巴西圣保罗一户人家的厨房里同时进行观察和访谈。当时我的注意力被厨房里的电表吸引了，然后我就开始问房子女主人一些关于家庭开支的问题，通过这些即兴的问题我了解到，一般来说，家庭开支的多少不光取决于季节，还取决于家里是否有大儿子。因为如果有大儿子在家的话，家里的空调费用和肉食品消费就会大大增加；但如果家里没有大儿子或者大儿子不在家里住，那么至少肉食品消费就没有那么多，因为不管是出于饮食偏好角度，还是经济角度，做母亲的都很少会买特别多的肉。这种在消费或生活场所即兴提问的方式，可以让我们更快捷地了解到人们在做消费决定时所遇到的种种限制性条件。但至于如何就被访者的回答或者参照物进行即兴提问，这就得靠直觉和采访经验了，因为在这方面是没有什么标准化技巧的。

在介绍过最大限度地接近行为人和行为地点的方法论框架之后，下面要说的第二个方法论框架与被采集信息的分类整理有关。我会把采集到的信息“预设”为三种类型：第一类是物质（matériel）层面的，包含人们生活所需的物资条件、地理条件和资金条件等；第二类是社会（social）层面的，这里所说的社会，可以是通过社交软件建立起来的虚拟社会关系网，也可以是自古以来就有的实体社会关系网；第三类是象征（symbolique）层面的，比如表征、意义、价值观、身份认同等方面的信息。这里要指出的是，按照归纳法的研究原则，我们无法在研究之前便知道该如何套用这个分类，也没法说哪个类型的信息该在分析中占据主导地位。只有随着观察的不断深入，我们才能渐渐地知道该如何对采集到的信息进行整理分类。

第三个方法论框架与刚刚这一个是有直接联系的。在研究中，我时常会看到，人们的实际行动往往跟他们的价值观或者意愿是不相符的。我对这一现象的解释是，在意愿与行动之间，有许多限制性条件让人们很难按自己的意愿去行动。我同样把这些限制性条件分为三类：第一类是像价格、时间、空间及物资系统等物质型的；第二类是像心理压力、社会化、集体规范及关系网等社会型的；第三类是个人或职业身份以及危机感等象征型的。（参见 http：//bit. ly/201503DDESJEUX-INNOVATION-CONTRAINTES）

这个方法论框架可以用来解释人们在微观个人和微观社会视角下所呈现出的行为，同时它也可以帮助我们理解人和人之间为什么会有冲突，抑或是为什么能够合作。

最后一个，也是最具有解释功能的方法论框架，是系统视角下的策略分析。这套方法论框架源自米歇尔·克罗齐耶在 20 世纪 60 年代创立的组织社会学。策略分析还包含了一个预设条件，那就是所有的社会互动都体现了权力关系。这里所说的权力是一个中性词，指的是一个人能够让另一个人做一件事情的能力，而不是一个人对另一个人统治压迫。在行动系统中，没有人是无所不能的，他所擅长并且做得到的事情构成了他的优势，而他不擅长或者做不到的事情构成了他的短板。权力关系便是建立在这些优势与短板的碰撞上。因而，只要一个行动者的优势或者短板发生了变化，行动系统的权力关系也就会随之发生变化。但要注意的是，策略分析虽然很有解释力，但它远不足以解释所有的人类行为。也就是说，即使权力关系无处不在，但是建立在权力关系基础上的策略分析也绝非无所不能。事实上，人类有很多行为是需要靠象征层面的因素来解释的。

小 结

人文科学的科学性，在于研究者是否能够做到社会学所重视的，也是马克思·韦伯（Max Weber）最先提出的“道德中立”（neutralité axiologique）。“道德中立”要求研究者在研究时将自己的主观想法放到一边，从而最大限度地客观化自己的研究结果。这一点，娜塔莉·海因里希（Nathalie Heinich）在其 2017 发表的题目为《价值观：一种社会学研究视角》（*Des valeurs*：*Une approche sociologique*）的著作中（第 18 页）做了回顾。社会学的目的不是要寻求对错，更不是要控诉行动系统中某些给人感觉不太道德的行动者，它的目的是要理解行动系统参与者各自的行动目的，以及他们在实现各自目的时遇到的种种限制性条件。更确切地说，社会学的目的是要弄清楚社会行为人他们自己是如何理解（comprendre）他们在系统中所遇到的各种问题和限制性条件的，以及他们又是如何用自己认为合理的方式去解决这些问题的。这也是为什么我们称韦伯的社会学为“理解式社会学（sociologie compréhensive）”。

实验性科学和建立在问卷基础上的定量研究的一个核心问题是研究偏误（biais），而理解式社会学的一个重要特点或者说优势，就是它能有效地避免研究偏误的出现。理解式社会学旨在分析社会行为人自身的视角，即便有偏误，这个偏误也并不来自研究者。其实，从社会人类学角度来讲，人在生活当中充满了认知上的偏误，而唯一能避免偏误的方式是尽可能多地换位思考。

这也是为什么逻辑的一致性（cohérence）绝不等同于科学性。在通常情况下，人们的逻辑出发点和路径都是有冲突的，很难做到完全一致。在这种背景下，追求逻辑的一致性，本质上是人们为了消除矛盾所带来的不安情绪而使用的一种人为手段，但在这之后，人们却把它当成了一种科学标准。

更进一步讲，逻辑的一致性其实是妄想症的一个特点。不可否认，有妄想症的人永远都是从一个实际现象出发来思考问题的，但他的问题是，之后，他会牵强地想象出一套在逻辑上显得非常一致的理论来解释这个现象，而因为这个理论让人感觉很有逻辑性，于是它就仿佛真的变得很有说服力。在本书关于“巫术”和阴谋论的第六章内容中，我会对这一机制加以详述。在现代西方社会，人们依旧渴望一致性，因为毕竟这是人类自古以来就有的正常心理需求。现代西方社会中人们对一致性的渴望，主要体现在两种截然相反的遐想上：一个是救世论，一个是末日论（详见本书第十一和十二章）。举例来说，广告的魅化信息是具有救世论特点的，而寻求大变革的政治口号则通常具有末世论性质。不论是前一种还是后一种情况，人们都是在通过想象力来摆脱现实生活中的矛盾和限制性条件，好让自己身边的一切都显得极为合理。

社会学的定性研究时常被人质疑，甚至有人认为它是不科学的。但对于善于发掘人们思想行为合理性的社会学来说，人们对社会学定性研究的这种质疑是很正常的。人们特别难理解的一点是，社会学定性研究中的合理性概念与实验性研究和定量研究中的合理性概念是有很大不同的，因为后者所认为的不合理在前者看来通常是很有逻辑的。

比方说，在有关消费的定量研究中，如果一位消费者没有选择看似十分适合他的产品，他的行为时常会被视为是不合理的。然而，人类学实地研究往往能够证明，消费者之所以没有选择看似适合他的产品，不是因为这个产品不符合他的心愿，而是因为一些物质、社会或者象征方面的限制性条件让他不得不放弃购买。同样，一些被认为是过度消费的不合理行为，也可以通过人类学研究显示出其具有合理性的一面。也就是说，许多人类行为虽然缺乏自然科学、经济学或者纯技术层面的逻辑，但它们是有社会逻辑的，而社会学定性研究的作用之一便是展现看似没有逻辑的行为中的社会逻辑。行为的逻辑多样性（社会逻辑、政治逻辑、科技逻辑……）在一定程度上解释了为什么因果关系和科学研究方法也需要是多样化的。宏观社会或者微观个人视角下的因果关系是相对固化的，因为它考虑不到多变的社会情境对行为的影响作用，而本书所要介绍的定性研究正是从社会情境出发去解释人们的行为的。在本书的第七章内容中我会对此加以详述。

就像贾德·戴蒙（Jared Diamond）在他的《大崩坏》（2005）一书中分析的那样，纵观历史，人类的大多数社会变化都与生态条件有关，原因是生态条件的改变引发了诸如战争、迁徙、农业或工业生产革命。除此之外，与这些革命所需的资本以及技术上的变革等重大事件也推动了社会变化。当然，这并不是说社会形态完全是由技术水平决定的，但技术上的变革的确是社会变革的一个重要条件。拿布赖恩·费根（Brian Fagan）在法语版名为《由动物推动的历史大事件》（2017，*La grande histoire de ce que nous devons aux animaux*）一书所举的例子来说，牛耕的出现带动了人类农业社会的发展，驴子作为交通工具的使用推动了远距离贸易的发展，骆驼的驯化为丝绸之路的开辟奠定了基础，而战马更是帮助蒙古族在中世纪实现了跨欧亚统治。

顾名思义，社会行为人是有行动能力的。但他的行动能力，或者说是自由度，永远都是受限制的，而且是来自各个梯度的限制，比如宏观社会层面的惯习（habitus）和阶层，中观和微观社会层面的互动情境、机遇、社会博弈，以及微观个人层面的个人感知和大脑计算，等等。所以说，社会行为人是既不可能被完全掌控的，也不可能实现“共同自由”的［“libre ensemble”，这个好听的说法是弗朗索瓦·德·桑格利（François de Singly）的一本书的书名］。社会行为人所拥有的不是行动的自由，而是行动的余地（marge de manoeuvre）。如果我们把行动比作火箭发射的话，那么行动余地就是发射窗口的范围，也就是说行为人只能在一定范围内支配自己的行动。社会的发展的确是有原因的，但人们无法掌控社会发展的全部因素，所以说，人类对未来的一切部署都只能是一种赌博。

第二章

新型社会调控模式的出现（1969—1971）

小　序

按照让·富拉斯蒂耶（Jean Fourastié）的著名说法，在20世纪50年代，法国、德国、瑞典、日本和澳大利亚进入了“辉煌三十年”（Trente Glorieuses：1946—1975），也就是以大众消费为重心的社会阶段。而美国早在20年代就已经成为大众消费社会，紧随其后的是在30年代进入消费社会的英国和加拿大。这一点，罗斯托（W. W. Rostow）在其1963年发表的《经济增长的阶段》（Les étapes de la croissance économique）一书中有所介绍。中国则是在80年代，通过邓小平的经济现代化政策开始进入到大众消费时代。与此同时步入大众消费时代的还有巴西、印度、墨西哥、印尼、南非、以色列、土耳其等国。

罗斯托的研究是建立在对社会经济条件演变的观察基础之上的，这是他研究中的一个优点。他的研究或许还包含了一种目的论，但对于这一点，我们无须深入探讨。罗斯托所观察到的经济增长阶段表现的是20世纪历史的经济增长规律。当然，我们并不能说罗斯托的研究结果囊括了20世纪所有的经济增长规律，但就目前为止，任何消费国家，不管是美国还是中国，都大致经历了同样的经济发展模式。这些国家如果有什么不同，那也并非是人们常认为的国家宏观调控力度的不同，因为在任何一个国家，包括美国，中央政府在经济中的地位都是很庞大的。这些国家的不同其实体现在政府宏观调控的方式上面。辉煌三十年时期的国家资本主义也是宏观调控模式中的一种。

而在下文中我们可以了解到，八九十年代中国经济的腾飞，或者是英语所说的“take off”，它在某种程度上，亦或许在很大程度上，体现的是一个经济体从农业经济向以工业和服务业为主的城市经济过渡的过程。最近的两个世纪以来，大多数社会都经历了这一过程。这一过程可以是快的，也可以是慢的，80年代的中国所经历的便是一个快速过渡的代表。这一过程可以是自上而下的，也可以是相对自发的，但如果我们回顾拿破仑三世通过计划主义（dirigisme）为法国发展所建立起来的所有大型基础设施的历史，我们可以认为经济过渡通常是需要一定的中央权威的力量的。另外，农业经济并非总能和平地过渡到城市经济。比如，美国的南北战争（1861—1865）便是南方农业与北方工业之间的战争。又比如，西方经济过渡期间的殖民战争造成了皮埃尔·雅雷（Pierre Jalée）在1965年所说的“对第三世界的掠夺”。而最近中东地区的战争在某种程度上也能够以此作为解释——因为这一地区正在经历以农业或者畜牧业为代表的非商品经济向以城市工业为代表的商品经济过渡的过程。

国家：从19世纪的政治黑箱到20世纪科技机构的发展

本章的目的之一是要阐述米歇尔·克罗齐耶及其团队20世纪60年代在有关国家的社会学研究领域所带来的变革，尽管这一变革在社会学界引起过不少的争议。在埃哈尔·费埃德伯格（Erhard Friedberg）负责开展的关于工业政策的研究当中，我们所观察到的国家权力机构是一个更为复合的结构。一方面，它的权力是十分集中的，另一方面，它有着很强的不透明性。而后者这种不透明性在社会学、政治学和法学领域的经典分析中没有得到充分的体现。

这个给人感觉拥有无上权力的“不透明的国家权力机构”在今天的法国似乎依然拥有无上的权力。这一点不管是在支持国家干预还是在反对国家干预的人们那里都有所体现。用比较现实一点的话来说，国家机构的干预意义主要是干预国家机构以外的社会行为人。想要理解这一点，我们只需要想一想国家的税收豁免制度、特殊退休制度，抑或是经济危机时期的银行监管政策就可以了。

当然，我并不是说只有米歇尔·克罗齐耶团队在国家问题方面的研究是合理的。我想要说的是，如果我们通过一种新的视角去观察社会现实，我们往往会发掘出之前未曾看到的东西。比如说，通过“中观社会视角”来观察“国家权力机构”，我们之前在别的视角下很难观察到的“前数字”（prédigital）时代的社交圈、行动者，还有权力关系等便会纷纷进入到我们的视线里。在这里，我之所以给“中观社会视角”这一概念加引号，是因为我们在当时的研究中还没有用到过这个概念，我是在那次团队研究的二十年后才整理出观察梯度这一方法论概念的（详见本书第七章）。

在中观社会视角下，权力不再仅仅是一种正当的或是非正当的统治力，一种某些人独有的特权，抑或是说一种让社会行为人不再拥有任何行动余地而只能在服从、抵抗或者革命中做出选择的强大力量。在这一视角下，权力所表现的是一种非平衡的相互关系，而这种关系会随着互动情境、信息的性质与流通，以及社会博弈中的不确定性的变化而发生变化。社会行为人之间的博弈同时也是由他们各自拥有的资源和优势，也就是他们各自的行动余地来决定的。遵循自由主义的市场力量，和遵循不透明的国家调控力量，这二者在这一视角下是难分伯仲的。而我们所面对的国家权力机构并非像它声称的那样可以很顺畅地处理各种社会关系，事实上，它所面临的真实情况是顺畅与困难并存。

在学术界，直到 20 世纪 60 年代，对于国家问题的研究都是在宏观社会视角下进行的。这一视角突出的是统治结构。比如，卡尔·马克思（Karl Marx）在他的《哥达纲领批判》（Critique des programmes de Gotha et d'Erfurt）（1875）一书中便是用这种宏观视角来对抗"社会民主党派"所持的相对柔和的政治观点的。通过宏观视角，马克思阐述了国家机器、社会阶级、剩余价值榨取三者之间的关系。这其中的焦点问题是国家所应当扮演的角色问题，也就是说国家是否应该顺应"革命派"，完全消除剩余价值的榨取行为，还是应该帮助"改良派"，对社会财富进行再分配的问题。在卡尔·马克思之后，马克思·韦伯（Marx Weber）在他的《政治作为一种志业》（*Le savant et le politique*）（1919）一书中探讨了在现代国家中充当合法统治"理想型"的官僚制度。官僚制度体现的是 19 世纪兴起的标准化运动。这一运动在当时波及西方社会的各个方面，包括度量工具的标准化、饮食的标准化、城市建设的标准化，以及医疗卫生的标准化等。对于韦伯来讲，标准化是对信仰的终结，因此，标准化运动也是针对过去被魅化了的世界的祛魅运动。

而在 20 世纪 30 年代到 70 年代之间，由于苏维埃政权的发展以及与私营资本家相抗衡的"科技机构"（technostructure）的兴起，关于国家问题的研究有了新的发展。K·加尔布雷斯（John K. Galbraith）则于 1967 年和 1968 年分别在美国和法国发表了《新型工业国》（*Le nouvel état industriel*）一书。该书同样介绍了美国的"科技机构"，而在该书发表的同时，"科技机构"现象也随着法国大型国家机构的兴起在法国悄然出现。在下文中，我们会对此进行探讨。

国家黑箱深处的社会博弈

1963年，米歇尔·克罗齐耶在塞伊出版社发表了《科层现象》（*Le phénomène bureaucratique*）一书。要知道，在40年代末的一小段时间里，克罗齐耶与托洛茨基派学者走得比较近，这或许是他对官僚科层问题特别关注的原因。

在此之后的1969年，克罗齐耶在让-皮埃尔·沃尔姆斯（Jean-Pierre Worms）和让-弗朗索瓦·贝里（Jean-François Berri）的协助下，开展了一项关于法国工业部及其周边环境的集体研究（参见E. Friedberg和D. Desjeux，1970），这项研究主要是为了探讨法国新一轮工业政策的实施问题。之后，我们又一起研究了国家在工业领域的干预系统以及国家与工业领域的关系问题（参见E. Friedberg和D. Desjeux，1971）。在这次研究中，我们观察的是法国的毛纺织业和除铁矿业之外的金属业。资助这次研究的是"经济社会发展应用研究组织委员会"（CORDES）。该委员会于1966年在计划总署的指挥下组建，并一直负责社会科学方面的合同研究直至1979年。而这次研究所使用的观察视角便是我之后所总结出的中观社会观察视角，也就是用来研究社会团体之间互动行为的观察视角。

在这一观察视角下，政治的公正性、权威性，以及国家的统治力等这些因素都成了互动情境、社交圈和权力关系等因素的因变量。权力不再是一个绝对概念，也不再是统治力的同义词，而是一种权力双方都在试图以己之长攻彼之短的相互关系。当一方所掌握的信息发生变化的时候，权力关系便会随之发生变化。不管是在合作层面还是在对抗较量层面，权力关系都是组织社会生活时的一个重要条件。因而，权力无法用好坏来形容；同时，我们也无法消除权力。

正是由于权力的这种普遍性，我才能够把研究刚果农村的巫术现象时发现的权力机制嫁接挪用到法国及其他国家的家庭问题和消费问题的研究上。从大型社会组织的角度放眼望去，个人是集体行为的参与者，他们在具体的行动系统中活动，是集体组织造就了个人，同时个人也可以推动集体组织的发展。因而，与现代西方社会主流思想截然相反的是，社会从来都不是个人主义性质的。

对于20世纪70年代的学术界而言，把权力视为一种相互关系是米歇尔·克罗齐耶的一个重要理论贡献。在这个时代，权力现象中的统治力通常被视为权力概念的全部内容。当然，我并不是在批判马克思主义。因为马克思主义理论对宏观社会视角下的社会经济还是非常有见地的，并且它也十分有助于我们理解今天的社会阶级以及全球化等现象。

我想说的只是，在当时还沉浸于五月风暴的人文科学中的情况下，面对人文学院里的“主流意识形态”，也就是现在所说的“统一思想”的时候，米歇尔·克罗齐耶对于权力的归纳法研究是很有魄力的。勇气与逃避一样，都是学术生活的一个组成部分，因为对正统理论的挑战是理论创新的一个必要条件。然而学术勇气不是一个学者生来就有的，而是在知识碰撞中艰难形成的。克罗齐耶与阿兰·图赖讷（Alain Touraine）一样，他们都没有在1968年的五月风暴期间选择逃离当时正处在风口浪尖的南泰尔文学院。在1971年和1975年之间，我有幸在阿兰·图赖讷的指导下完成了我的博士论文。也正是因为阿兰·图赖讷，我才有了社会学者对待社会运动所应该具有的敏感态度，要知道，对于稳定时期难以察觉到的社会重大变革而言，社会运动是它的一个重要指示器。

小　结

上述的研究经历对我之后的学术生涯有着非常大的影响。那时我二十三岁，我以为我所做的是一种很平常的研究，也就是不需要自己去定义研究课题，而是只要在出现新的社会问题的时候，去参与由某些社会团体通过研究合同为学者提供的研究课题就好。但事实上，在这个过程中，我不知不觉地发现了一种具有归纳性、随机性和受经费条件限制的科研逻辑。我之后才意识到，原来这种类型的研究在社会学界是非常特殊的，因为按照学院派正统观点，一个“好的社会学”是一个用来批判和抨击社会“不良”现象的社会学，也就是我最开始在马达加斯加做研究时所使用的一种社会学。不管怎样，在组织社会学研究中心（CSO，全称 Centre de sociologie des organisations）学习工作期间，我学会了如何进行有社会应用意义的实地调查，以及如何获得研究合同，而这也让我更好地度过了我从刚果回到法国，也就是1979年到1981年间所经历的失业期。

第三章

法国工业政策的个案研究（1960—1970）

本章所要回顾的是一项关于法国工业部的运行模式及其外部环境的研究。法国工业部是法国政治行政系统中的一个组成部分。在这次研究当中，我们采访了数十位与工业政策相关的人员。这些被访者主要是通过米歇尔·克罗齐耶的社交关系找到的，因为克罗齐耶与让·穆兰（Jean Moulin）俱乐部的关系十分密切，这一点我们可以在他 2002 年出版的自传《我的美好年代：回忆录［1］，1947—1969》（*Ma belle époque：mémoires*［1］，*1947—1969*）中有所了解。这个俱乐部是让·穆兰的前秘书丹尼尔·考迪（Daniel Cordier）与纳粹受害者斯特凡·埃赛尔（Stéphane Hessel）共同创立的，它汇集了当时支持改革的政府要员。出自该俱乐部的许多关于改革的文章收录在了 1961 年出版的《国家与公民》（*L'État et le citoyen*）一书中，而克罗齐耶正是这本合辑的主要编辑之一。与此同时，让·穆兰俱乐部的另外一位重要成员弗朗索瓦·布洛克-莱内（François Bloch-Lainé）也于 1963 年在塞伊出版社发表了《如何开展企业改革》（*Pour une réforme de l'entreprise*）一书。可以说，在 20 世纪 60 年代，组织社会学学派在国家的现代化过程中扮演了一个核心角色。

权力概念的大转弯：从强制性统治力到社会成员的行动余地

在我参与的由埃哈尔·费埃德伯格负责的团队研究中，让我们整个团队都十分惊讶的一个现象是，在行政级别相同的机构当中，某些机构的权力要远远大于其他机构，而这些机构间理论上的平等关系仅仅是一个冠冕堂皇的表象。事实上，在我们所观察的整个行政系统当中，机构间的等级分化是十分明显的，因此，各机构之间在行动力上的差别也是十分巨大的。可以说，在我们所看到的国家行政机构里面，既没有韦伯国家理论中建立在规则基础之上的理想型标准化流程，也没有国家至上的权力。

相反地，我们所观察到的是，国家行政机构的决策过程时而“困难重重”时而“畅通无阻”。国家决策所体现的绝非一种抽象的标准化方案，它的成功与否，是由决策参与者在互动情境中所处的位置决定的。国家行政机构是一个复杂的复合体，一个对于组织社会学来讲非常庞大的“常态”组织。它既不能够随心所欲地发挥它的统治力，也无法在保证效率的同时做到透明。如果我们把国家行政机构视为一种组织结构，那么在这个组织结构里面，一切都像是既有导电功能又有阻电功能的电路系统。

我们所采用的探索式的研究方式告诉我们，在改变了观察焦距之后，国家行政机构不再像宏观社会视角下的国家那样具有一致性，而是成了一种多元化的人类行动系统。在这个系统里面，人们的行为是非统一的、难以预测的，也就是说是具有一定随机性的。但与此同时，国家行政机构依然是结构完整并且组织严密的，因而它也的确在遵循一些相对稳定的社会逻辑，并且没有像它看起来那样难以捉摸。

矿业团设法跻身于国家权力顶层的策略能力

法国工业部事实上包含了两种权力不等的机构：一种是“弱势”机构，它们主要集中在纺织、机械和电子领域；而另一种则是“强势”机构，尤其是矿业部和燃料部，前者负责管理除了铁资源之外的金属资源以及新喀里多尼亚的铝资源和镍资源，后者则主要负责石油资源。

一个机构的强弱是由一个行动策略要素决定的，那就是要看这个机构能否借助自己的关系网进入到国家权力的顶层，参与到国家的重大决策当中。事实上，在工业领域里，强势机构的权力是建立在以下三个相互作用的条件基础之上的。第一个条件是要掌握关乎法国经济命脉的战略性原材料，比如石油能源，或者是生产不锈钢所必需的镍。实现这一条件，便可以在工业领域的政治博弈中占据主动地位。第二个条件是享受政策保护。例如，1928 年实施的矿业法和石油法限制了许多原材料的进口，这便减小了国际市场的开放对国内的矿产和石油生产者造成的负面影响。第三个条件，也是最有社会学意义的条件，是拥有一个强大的、管理完善的，并且与共有和私有经济中心决策层都关系密切的社交网。矿业团（le corps des Mines）便是其中的典范。该团体所拥有的社交网能够使其在决策过程中掌握大量有用信息。这种在法国政治管理领域里进行的信息争夺战，是60年代兴起的科技机构的一个特点，这一现象最初表现在综合理工学院和国家行政学院所拥有的社会关系网上面。

与本书第六章所要介绍的“阴谋论”不同，当我分析工业政策背后的关系网的时候，我无法用“积极”或是“消极”这样的词语去评价工业政策。关系网所表达的仅仅是政策制定时的社会性条件。要知道，政策是一种被学术界称为“柯尔贝尔主义”（colbertisme）的国家干预模式。在法语中，柯尔贝尔主义是用来形容强硬的国家政府的，这个词语本身既非褒义，也非贬义。在中观社会视角下，国家的权力效应既不是来自“干预主义”，也不是来自“自由主义”，亦不是单靠关系网获得的。关系网，包括权力关系网在内，是所有社会活动的内在组成部分。国家活动便是在关系网中进行的、结果难以完全预料的博弈活动。

“强势机构”需要将自己的强势建立在一个关系网的基础之上。我们这里要说的是矿业部的工程师们所组成的关系网。作为“强势机构”的矿业团由其中的一名“团员”（corpsard）负责领导，这名团员通常是一位工程师。这个团体拥有一定的自主行动力。在60年代，除非特殊情况，矿业团的成员均是综合理工学院成绩排名前十二的毕业生。他们就职于学校、政府重要部门、部长级内阁或是大型企业的高级领导层。矿业团便是通过这些工程师的关系网所建立起来的行动系统。关于这一点更为详细的描述，读者可以参见我与埃哈尔·费埃德伯格在1972年共同发表的题目为《国家的功能和大型团体的角色：矿业团个案研究》（*Fonction de l'état et rle des grands corps*：*Le cas du corps des Mines*）的文章。矿业团的主要成员同时也是总统府内阁成员，他们要么在巴黎的马蒂尼翁区，要么在里沃利街工作。在我们进行研究的那个时期，他们主要是为财政部效力。他们所处的国家权力金字塔中的顶尖位置，使他们与国库的高层官员走得很近，而国库官员是工业政策实行所需的财政拨款的最终决定者。

与法国许多其他的技术团体一样，矿业团同时也拥有属于自己的融资系统。他们的资金主要来自矿业团长久把持的矿区收入（详见 D. Desjeux，1973，AUDIR，Micro-Hachette）。这些收入中的一部分会以“荣誉金”的合法形式分发给矿业团成员中的公务员，因为这样可以尽可能地避免他们转投薪酬更高的私有企业。

尽管“荣誉金”机制与现代经济显得很不搭调，但它能够为强势机构提供能为其组成关系网的身处高位的公务人员。通过对矿业学院的把控，矿业团同时拥有了一套自主的职业调整体系，也就是说它可以随时增加对朝阳产业的人才投入，减少对夕阳产业的投入。当然，这并不是说矿业团可以借此避免所有的内部成员矛盾，但这套职业调整体系的确可以让它对成员间的矛盾进行有效的调节。

在一项关于矿业团名录的补充分析当中，后来成为审计法院报告人的帕特里克·德吉耐（Patrick Deguignet）指出，从60年代开始，矿业团成员纷纷从以煤炭和钾肥业为代表的传统矿业领域，转入到以石油和核能为代表的现代工业领域。具体来讲，在短短的二十年间，煤炭和钾肥领域的矿业团成员由42名锐减到了28名，而在石油与核能领域工作的矿业团成员则在此期间大大增加，比如生产部的成员由1949年的4名增加到了1970年的28名，科研部的成员由1961年的15名增加到了1970年的26名。也就是说，矿业团能够很快地在以核能与石油为代表的朝阳工业产业中扶植起自己的势力。但这里要指出的是，当时的另外一个朝阳产业——水利能源业，则是由桥梁团（les corps des Ponts）把持的，而该团成员也都是来自综合理工学院，并且毕业成绩只稍逊于他们在矿业团的同学。

在当时的采访当中，一位矿业团成员跟我们提起过他的一位没有在综合理工学院上过学的同僚，他形容其为“自学成才”。这个趣闻所表达的实际上是法国政治经济系统中社团和等级关系的重要性。

一个强势机构所对应的是一个强大的关系网。关系网的强大与否在某种程度上取决于机构成员在综合理工学院的毕业成绩，而他们的毕业成绩则与他们的社会出身有很大关系。1970年，工人占法国劳动人口的45%，而在综合理工学院的学生当中，工人的儿子的比例只占6%。相反，资产阶级只占法国劳动人口的10%，而资产阶级家庭出身的学生在综合理工学院的比例却高达45%。法国国家统计与经济研究所（INSEE）在2001年11月份发表的数据显示，2000年，工人家庭出身的学生在综合理工学院的比例更是降低到了3.5%。同时要指出的是，综合理工学院是一个十分男性化的学校，该学院直到1972年才有了学院历史上的第一名女学生，她名叫安娜·肖比奈（Anne Chopinet）。而她也像她的许多男同学一样，通过法国工业部进入了矿业团。

总的来说，一个工业领域的“强势机构”，由于其成员间信息交换方面的通畅性，可以让它的所有成员都享有定制化的有用信息，并且能够适时地根据执政者心仪的标准来使用这些信息。相反地，如果一个机构无法拥有，比如说，像燃料部那样的成员关系网，那么这个机构希望推行的工业政策就很难获得成功。戴高乐总统在1967年所鼓励推行的“电子计算计划（Plan Calcul）”便是因为这个原因在1975年流产。另外，埃利·科恩（Élie Cohen）1989年发表的

《抬担架的国家政府》（*L'État brancardier*）一书告诉我们，法国的纺织部门在1975到1985年间也遭受过类似的打击。

因此，我们在1970年的调查中推测认为，强势机构在成员关系网方面的优势可以导致其他机构在政策实施方面的劣势，就像刚才提到的“电子计算计划”和纺织部的遭遇一样。然而，这些机构之间的权力差别不仅仅是关系网的差别，它同时也可以由“国家经济的开放和国外竞争者的涌入”（E. Friedberg，D. Desjeux，1970，p. 19）造成，这其中包括市场开放对弱势机构所在的经济领域所造成的严重冲击，也包括如埃利·科恩所分析的那种政策制定者的判断失误，亦包括地缘政治方面的宏观经济影响，比如70年代突尼斯纺织业和90年代中国纺织业对法国纺织业的冲击，等等。总之，我们的调查告诉我们，在决策者智慧和宏观经济形势之外，社会关系网也同样对工业政策的制定有着重要影响，尽管在这些因素当中，我们很难判断谁比谁更重要。而我之所以要强调社会关系网这个因素，是因为它要么在国家的决定论分析中被忽视了，要么在误认为压力集团无所不能的“阴谋论”分析中被过分夸大了。

不管是对社会关系网因素的忽视还是夸大，这些分析都暗含了同一种解释模板，那就是认为社会运转的背后有一种畅通无阻的力量在支撑着，这种力量或是统治力，或是理性，或是市场调节，或是信任。然而，在一个社会当中，不管它的作用是积极的还是消极的，很少有什么事物能够做到畅通无阻；真正存在的是社会博弈的此起彼伏、博弈者的行动余地，以及限制性条件所发挥的制约力量。

弱势机构：中央与地方之间行政关系调节方面的复杂性

与强势机构不一样的是，“弱势机构”很难接近国家行政权力的顶峰。虽然某些弱势机构也拥有毕业于国家行政学院的行政人员，但他们并非该学院的“尖子生”，也就是说，他们在政治行政系统中的分量相对较轻。如果我没有记错的话，国家行政学院的尖子生指的是毕业成绩排名在前十二或前十四的学生，而他们在自己政治生涯起步的时候，就可以在以下三个重要的政治团体中选择：财政监管署、最高行政法院和审计法院。从社会学角度来讲，这三个团体因为政治实力雄厚，所以常有交集。这其中尤为值得注意的是负责监管国库的财政监管署。对于寻求国家资助的企业机构来说，能够直接接触到国库的管理层是有着战略性意义的。然而，在法国，只有少数的几十家大型工业企业能够做到这一点，这其中便包括由矿业团成员掌管的企业。

一个“弱势机构”当然也拥有自己的关系网，但与强势机构相比完全不是一个级别。弱势机构的关系网由职业工会组成。拿纺织业来说，职业工会在地方省市有着比较深的根基。它们与地方上的显要人物以及小型家族企业有很密切的联系。1970 年，法国纺织业还依然是一个很分散的体系。它一方面包括了六个大型集团，譬如罗纳·普朗克纺织公司（Rhône Poulenc Textile）、D. M. C 十字绣公司（Dollfus-Mieg），还有阿加仕·维约公司（Agache-Villot），这些大型集团与国家行政领域的高层人士有一定的往来；另一方面，法国纺织业还包括了将近三千个百人以下的小企业，而这些小企业则与权力中心毫无交集，因而它们需要借助弱势机构的中介作用来与行政决策者进行沟通。

从 1970 年，也就是我们做调查的那一年起，法国纺织业为了应对日益加剧的国际竞争，开始由分散向集中转变。那时的纺织业总共大概有 40 万职工，而这只相当于二战前法国纺织业 60% 的吸纳就业水平。事实上，去工业化（désindustrialisation）过程以及这一过程所带来的就业结构转变，在国际竞争加剧的那一刻起便已经开始了。在这一背景下，企业需要改变自己的管理和经营模式。对于工业企业家来说，他们需要承受诸多因素带来的压力。这些因素包括国际竞争、产业集中、新技术（例如化学纤维）出现，以及致力于加速产业集中的国家干预。对于纺织业的职工来说，他们则受到了新机器的威胁，因为就像埃哈尔·费埃德伯格分析的那样，新机器的使用大大提高了生产效率，这使得纺织业由原先的劳动密集型变成了资本密集型的行业。

在法国的纺织系统当中，有一个企业主工会，名叫纺织工业联盟（简称 UIT）。它吸纳了一些国家级部门组织，比如在工会中扮演重要角色的毛纺织工业中央委员会（简称 CCL）。该委员会在全国范围内联合了负责生产环节的企业基层工会成员、纺线工、精梳工和织布工。这些人员与纺织企业有着直接的联系。基层工会在地方范围内还发挥着一种调节作用。要知道，地方上的关系网主要是由家庭关系和“前数字”社会关系构成。这些关系网通常在很久以前便已形成。因此，它们之间可以由于历史原因，或者是宗教原因，而存在一些争端或是竞争关系。在我们做调查的法国北部地区，这种宗教因素就特别明显。这些地方关系网之间的分歧与纺织职业本身没有多大关系。其实，从社会学角度来讲，所有这些分歧都是“正常”的，因为分歧在每一个人类社会团体中都必然存在。

基层工会与行政级别相对较高的毛纺织工业中央委员会有着直接往来，而后者则与工业部有着密切联系。因此，毛纺织工业中央委员会与纺织系统中的行政机构都很熟悉。这是它的价值所在，同时也是它的权力基础，因为它可以以此控制纺织领域的信息流通，从而掌握纺织系统的一部分命脉。具体一点来说，工业部需要从委员会那里获取行政管理时所需的信息，而另一方面，企业和基层工会如果希望良好地运转，则需要从委员会那里咨询各种规章制度，而所有关于维护行业权益的诉求也都得通过委员会才能传达到工业部的监管部门。

对于纺织业生产领域中的各种职业工会来说，毛纺织工业中央委员会还具有一定的仲裁作用。当信息由下向上传达时，信息会被逐渐整合并变得不再那么具有个人色彩，信息的内容也会因此越来越失真。在这种情况下，行政管理部门对下面的各个企业的了解就会非常有限。而对于这些地方企业来说，它们对中央，也就是它们平时戏称的“巴黎帮”，也是知之甚少。如此这般的信息过滤体系可以说是国家政治“顺畅—坎坷”复合结构的完美体现。这个体系中所有环节的设置，都是为了避免行政人员和企业人员进行面对面的具体交流，取而代之的则是非个人化的信息流通。

在这种情况下，职业工会中有头有脸的人物，尤其是工会主席和副主席，他们的信息传递作用就会显现出来，因为他们既跟企业有联系，也跟行政部门有来往。这种作用对于企业来说尤为重要，因为它们可以借助职业工会直接向行政部门提出各种各样的申请。但职业工会本身也是这个系统的受益者，因为他们对行政信息的把控，可以让他们更加容易地获得纺织工业改革行业委员会（简称 CIRIT）的经济赞助。纺织工业改革行业委员会的资金来自一个不受国库监管的附加税，而这个附加税的名头是资助法国纺织业的现代化结构调整。对于职业工会来说，能获得纺织工业改革行业委员会的资助是一个很大的优势，因为这让他们在行政部门面前更有话语权。

总之，虽然当时的法国纺织业的信息流通体系非常不完善，但这个不完善的体系恰恰能满足各方的利益。对于职业工会来说，他们可以保证下面的成员免受行政部门的直接干预，同时又能掌握国家津贴的具体发放。而对于工业部来说，他们不需要自己去整合纺织行业信息，而是可以直接从职业工会那里获得整合好的信息，而这些信息可以让工业部在中央政府面前表现得很专业。另外，工业部对纺织工业改革行业委员会的资金流向方面的建议也让自己的专业形象得到了巩固。

但不管怎么说，“整个这个信息体系的直接结果是在企业和工业部之间架起了一道信息屏障”，这个信息屏障让工业部只能了解到“系统中的老人，也就是老企业”（引自 E. Friedberg 与 D. Desjeux，1970，p. 23），而对于其他企业则知之甚少。这也就是说，弱势机构不仅没有能够让自己接近国家权力顶端的关系网，同时又缺乏对基层企业的了解。其后果是，当法国工业系统随着欧洲经济共同体的建立而改变的时候，系统中的弱势机构很难在结构调整中做出正确和合理的决定。

前文说过，米歇尔·克罗齐耶曾在20世纪50年代做过一项关于法国塞塔烟草公司的调研，该公司是克罗齐耶所说的“科层现象”中的一个典型的工业企业代表。从那项研究开始，我们意识到，有决策权的人通常没有决策所需的有效信息，而拥有有效信息的人通常没有决策权。在企业，职业工会和行政部门三者之间的权力和协作关系中，对有效信息的掌控是所有人的目标。但对弱势机构来说，这是很难实现的目标。

法国工业部在20世纪60年代在推行横向管理过程中所遇到的各种失败，便是有效信息问题的一个很好的体现。最开始，工业部的目的是通过横向管理，让旗下的机构为工业发展方针提供有价值的信息，同时，也是为了让这些不同等级的机构能够更好地协作。但实际的情况是，工业部将所有的精力都用到了促进协作上，而忽视了对有效信息的收集工作。然而，跟抓信息比起来，抓协作既费力又不讨好。而更为严重的是，工业部高估了下面机构为其提供有效信息的动力，因为这些机构为了提高自主性和专业性，会时不时地隐藏一些信息。要知道，信息的流通既不是中立的也不是自由的，因为它关系到权力的此消彼长。

如何既能获得中央拨款又能避免中央干预

对自主权与监管权的争夺是包括中央政府在内的所有集体组织都具有的特点之一（参见 http：//bit. ly/1971-Desjeux-autonomie-controle）。中央权力在工业领域的调控表现在两个方面：一个是通过税收、反不正当竞争和价格政策等手段实现的“隐性干预”，另一个是“直接干预”，也就是国家直接为企业提供的帮助。前者主要是一些常规的、具有法律规范性质的操作，其目的在于维持总的经济平衡，也就是说，它所针对的不是工业企业，而是工业领域。相反地，“直接干预”则是非常规性质的、针对个别企业的干预模式。

而我们的研究表明，不是所有的机构都能够顺利地获得中央扶持。属于强势机构的矿业团，其成员可以通过他们在工业部内阁的关系为自己的机构获取国家资助，而弱势机构在这方面则差得多。另外，尽管国家会给予国库的工作人员一定的技术支持，但这些工作人员平时还是非常繁忙的，因为他们的工作比较细致繁杂，但人手却很少。所以，接近他们本身难度就很大。并且，国库人员也会尽可能地避免与其他机构成员走得太近，因为这样可以减少自己人情上的压力。当然，这样做的后果就是国库缺少对基层企业的了解。

但同时我们还需要意识到，企业的目的不仅仅是要绕过“烦琐的官僚设置”，与中央决策层建立直接的关系，并以此获得中央资助，他们也希望减少中央对自己的干预。减少中央干预的方式之一是挑选合适的时机向中央寻求帮助——比如有裁员风险的时机，因为政府是很害怕大规模失业的——这个时候向中央要钱，中央是不会花太多时间对企业进行审核的，对企业的干预也就随之减少。我们可以看到，在这种情况下，企业获得中央资助靠的不是自己的工业潜力，而是紧张的社会政治局势。减少中央干预的另外一个方法是通过职业工会的关系网来获得不受国库监管的资金，上文说到的纺织工业改革行业委员会便是一个例子。

事实上，不管是企业还是行政部门，他们都想最大限度地在对方身上获得对自己有用的信息，同时把对方对自己的干预降到最低。而这也许就是 20 世纪 60 年代发生两起政治运动的根本原因。其中的第一起政治运动的结果，是提升了中央对地方的财政支持，这大大缩减了地方企业对中央政府的财政依赖，同时也降低了中央政府对地方企业的干预。而职业工会以及地方上比较有头脸的人物也是这次运动的主要受益者。另外一起政治运动的结果，则是加强了部长级内阁干预中央的能力，这主要是由于像矿业团这样的大型政治团体的出现。这次运动所建立起来的政治系统比较适用于一个稳定的、竞争相对较弱的社会环境，比如二战刚刚结束时的社会环境，而这次政治运动的结果也的确是让部级领导负责应对当时原材料紧缺的问题。但在开放市场的背景下，或者是新兴信息技术出现，抑或是像 1973 年石油危机那样的社会背景下，上述的政治系统就变得不再适用。

总之，我们在研究中所观察到的国家政府，在工业政策问题上完全不具备绝对统治力，相反地，我们看到的是一个在信息不通畅的环境下显得束手无策的国家政府。但我们的研究同时也表明，信息的不通畅并非一件不合理的事情，因为在行动系统中，很多行动者通过阻碍信息流通来巩固自己的关系网和增强自己的行动力而获取利益。但现在看来，纺织业是这一信息系统的受害方，因为根据国际电信联盟公布的一组数据显示，法国纺织业在 2011 年只有 649 家企业和 7 万多名员工，也就是四十年前我们做调研时其规模的五分之一。

1982 年，让·帕迪奥罗（Jean Padioleau）在法国大学出版社（PUF）发表了一部关于钢铁工业政策的著作，题目是《看得见摸得着的国家政府》（*L'État au concret*）。我认为这个书名对国家政府的形容非常贴切，因为无论是在创新、投资、进出口还是在贸易保护方面，工业政策所对应的，更多的不是华丽抽象的政治理念，而是一群在“看得见摸得着的国家政府”面前寻求政治帮助的社会行为人。

小 结

在1969年的年末，我们开启了一项对工业部这一“大型组织”的实地研究。“大型组织”是当时刚刚兴起的一个概念，它是马克思·韦伯所描述的19世纪的官僚组织的一个延续。

为什么在五十年后的今天，我还会选择详细描述国家政府那些让人生厌的运行机制，以及人们在政治系统中施压、钻空子或者自我保护的种种行为呢？答案很简单，因为五十年前我们所得到的研究结果在今天依然适用，依然可以帮助我们解释今天的很大一部分行政改革的失败案例。不管是左派的还是右派的政治改革家，他们都严重低估了政治系统中的行动者根据自身利益来应对改革的能力。这些行动者的行为，单独看的话都是完全合理的，但当这些行为叠加在一起的时候，就会导致“反弹效应”等意想不到的和事与愿违的结果。这也就是说，在通常情况下，政改的失败并不在于改革方案，而在于实施方案时所具体使用的方式方法。用米歇尔·克罗齐耶的一句名言说就是：“政治不能靠政令。”同样的，极右或者极左人士们的革命口号对政治来说也没有多大的实际意义，因为革命永远都不是改善政治系统的最佳方式。我在非洲经历过许多次军方发动的政治革命，而这些革命只要取得了胜利，接下来出现的就一定是一个便于胜利者强占国家财富的专制政府。也就是说，革命其实是一个统治阶级内部成员轮流坐庄的工具，或者我们可以叫它“情境主义的唐提式保险”（tontine situationniste，详见本书第五章）。

大型工业组织是20世纪60年代工业政策的产物。在21世纪的今天，我们也许正在经历这些大型工业组织的消亡，或者至少是部分消亡。这一现象很有可能发生的另外一个原因是互助消费（consommation collaborative）的兴起。我们在《经济危机下机灵的消费者》一书的第二卷（Fabrice Clochard，Dominique Desjeux，dir.，2013，*Le consommateur malin face à la crise*）中曾对互助消费做过分析，这是一种没有中间商，也没有货币交易，完全由消费者自行组织的消费模式，它针对的主要是（但不完全是）购买力不足的消费者。

购买力的不足可以催生诸如“物物交换”（troc）、免费或者低成本互助、团购，以及 DIY 等消费模式，而网络平台的发展也让这些模式变得更为便捷。只要这些零货币参与或是低成本的消费模式继续发展，那么诸如大卖场、医药中心、化妆品企业、食品和农业企业等大型的有关大众商品消费的组织机构就会相对萎缩。这与我 20 世纪 70 年代在马达加斯加所看到的情景是截然相反的，因为那时候马达加斯加的农业发展计划是让农民们从自给自足的传统消费模式中走出来，进入到商品消费社会。所以我们说，历史的发展不是线性的，该发生的不一定会发生，不该发生的却有可能发生。

第四章

马达加斯加的殖民和全球化过程的不断推进（1971—1975）

小　序

1815 年的维也纳条约为拿破仑战争画上了句号，同时也开启了不列颠治世。这是欧洲的一段长达九十九年的相对和平时期，然而它在 1914 年爆发的第一次世界大战中戛然而止。达里奥·巴蒂斯特拉（Dario Battistella）在 2006 年出版的《乱世回归》（*Retour de l'état de guerre*）一书中写道：“（整个 19 世纪是）自从现代国际关系体系诞生以来最稳定的一段时期……尽管这段时期也有过一些战争，但这些战争规模最多不超过三国之战，而且持续时间短，伤亡人数少。”（p. 51）。

随着 1815 年拿破仑统治的结束，战胜国英国从法国那里夺到两个重要的糖产地：毛里求斯岛和圣多明戈。但法国依然保留了位于印度洋的波旁岛，也就是今天所说的留尼汪。为了满足国内的糖消费需求，法国将留尼汪变成了自己新的糖产地。

19 世纪的真正强国是英国。其实，早在 1763 年，也就是七年战争结束的那一年，法国就已经失去了它在加拿大、美国和印度的殖民地。法国之所以输掉了七年战争，是因为法国皇室在战前就已经有许多外债逾期未还，这与七年战争的大赢家英国正好相反。由于失去了资本市场的信任，法国在对抗英国和普鲁士的时候只能通过提高国内税收来维持战争开支，而这导致了 1789 年爆发的法国大革命。这段历史与当今政治危机之间的相似性也许并非只是偶然。

回到刚才的话题。在法国失去了原先的糖产地之后，留尼汪过去的许多水稻生产用地逐渐变成了蔗糖生产用地。这便加剧了在当地被称为“小白人”的第一批白人居民和蔗糖大亨之间在土地和劳动力方面的竞争。在我 1975 年通过答辩的题为《马达加斯加的官僚专制主义和商品经济的发展》（*Despotisme bu-*

reaucratique et développement des rapports marchands à Madagascar）的博士论文中，我曾对这一历史现象做过描述。

一切始于人力资源

1848年奴隶制的废除让留尼汪的一部分劳动力得到了“解放”。当地的糖业巨头成了这一事件的受益者，而“小白人”的产业则受到了致命的打击。但从19世纪60年代开始，糖业巨头们还是面临着三个难题：首先是如何通过移民来补充劳动力，然后是如何从留尼汪以外的地区进口到糖业工人生存所需要的米和肉，最后是如何把威胁到当地“社会秩序”的“小白人”赶出留尼汪。由糖业巨头把持的留尼汪政府当时找到的办法是这样的：首先，他们组织船队从印度运来了大批廉价苦力，这样做的同时也给“小白人”控制的地区带来了失业问题。接着，由于法国在1840年的时候殖民了马达加斯加的贝岛，这方便了留尼汪政府将一部分“小白人”打发到马达加斯加。最后，通过发展与马达加斯加之间的贸易，留尼汪的糖业巨头将马达加斯加变成了自己的大米和牛肉供应地。

1868年，由于失业加剧，留尼汪的圣但尼地区发生了流血暴动。紧接着，1869年苏伊士运河的开通让留尼汪的战略意义急剧下降。到了1882年的时候，迫于驻留尼汪的英国领事的压力，英属印度终止了对留尼汪的苦力输出。在这一系列危机事件的推动下，留尼汪的大商人和糖业巨头们开始策划占领马达加斯加，因为他们希望更方便地从马达加斯加获得劳动力、食品，还有（大商人们所需要的）当地销路。（节选自 Desjeux D.，1975，p. 32 及后文）

于是，他们扶植了一位出生在留尼汪的名叫德玛伊（De Mahy）的议员成为一个专门的委员会的主席，这个委员会的官方任务是“审核关于在1884年财政政策下划拨给藩政院的5 361 000法郎用于处理马达加斯加事务的司法提议”。1884年7月7日，该委员会以德玛伊议员的名义提交了一份报告，这份报告叫作《拉内桑报告》（*rapport de Lanessan*）。为了让法国中央政府同意占领马达加斯加，这份报告列举的都是当时特别常用的一些理由，比如推广文明，比如为1871年普法战争的失败雪耻，再比如为了打击马达加斯加高原地区的梅里纳人所建立的霍瓦“反动”政权之类。而报告尤其强调的是劳动力问题。首先是劳动力输出问题，报告指出，“小白人”掌握的一部分劳动力可以抽调出来用于补充马达加斯加新殖民地人口。然后是劳动力引进问题，报告在第155页援引了一位名叫伯雷利（Borelli）的商人说的一段话："随着蒸汽轮船的投入使用，许多马达加斯加人选择在农业种植期到毛里求斯和留尼汪的种植园工作，而且他们的工资要求很低。另外，他们是一帮来去自由的劳动力，这比从印度和中国引进劳动力要方便得多。"

报告的最后是这样总结的："霍瓦人是不诚实的，他们没有履行之前与我国签署的合约，并让我国居住在马达加斯加的侨民受到了不公的待遇。另外，他们还欺凌马达加斯加地区受我国保护的居民，这些居民不甘心受到凌辱，都纷纷拒绝为霍瓦政权的反法行动服务。霍瓦人的所作所为让我们有理由相信，我们不应该再像前任政府那样继续幻想用和平手段维护我国在马达加斯加的合法权益，而是要依靠武力手段。"

"但我们的武力进攻绝不是对马达加斯加发动的侵略战争，而是为了捍卫我们对马达加斯加无可置疑也无人质疑的合法所有权。同时，这也是让我国侨民和属民免受霍瓦人摧残所需要采取的必要行动。"然而，国会并没有批准这份报告的提议。不过，国会还是闪烁其词地表达了在马达加斯加建立保护权的想法，这为十年之后由加利埃尼将军指挥的军事占领提供了合法条件。最终，马达加斯加在1897年正式成为了法国殖民地，直到1960年才重新获得独立。

世界融合过程中的一段"法国时刻"

以上内容节选自1971到1975年间我在马达加斯加开展的一项关于当地农业发展的调研。当时马达加斯加的政策目标是让本国农民从自给自足的传统农业模式中走出来，进入到以肥料市场为主要切入点的商品农业模式。而我研究的具体课题是关于一套小型农业除草设备的投入使用问题，这套设备是为提高马达加斯加的水稻产量，从而减少马达加斯加城市居民对进口大米的依赖服务的。

上文提到的马达加斯加的殖民历史比较能从根本上展现不管是当今的还是过去的地缘政治中非常暴力的一面。全球化进程不光包括孟德斯鸠所说的"平和贸易"（doux commerce），也包括暴力战争。如果说13到17世纪发生的"世界大融合"（参见 Sallmann J. M.，2011）是人类历史上第一次大规模的全球化，那么贯穿整个19世纪的第二次大规模全球化很大程度上是建立在暴力的殖民扩张基础上的。

19世纪的马达加斯加社会深受当时国际局势的影响。19世纪上半叶的国际政治格局主要表现在当时的两大超级强国间的对抗上：一个是占据航海、商贸和军事霸主地位的英国，一个是竭力巩固自己势力范围的法国。也就是说，当时法国的地位有些类似于19世纪下半叶的德国，以及今天在太平洋地区与美国抗衡的中国。除了军事政治方面的对抗，当时的国际关系还包含了金融货币方面的对抗，就像今天的美元、欧元、人民币、日元，之后或许还有虚拟货币之间的对抗一样。

马达加斯加当时的社会分层也很明显，这种分层很大程度上体现在农业资本家对农业劳动力的控制上。但统治阶级还是非常担心底层社会的贫困问题，这在历史上倒是很常见的，因为贫穷会带来社会运动。总之，那时候的马达加斯加远没有我们今天所能看到的中产城市消费群体。

那时候的马达加斯加也有许多压力团体，只不过与现代社会的上市企业、跨国公司、国际银行等机构不同的是，马达加斯加当时的压力团体主要是留尼汪的大地主和与法国做进出口贸易的商贸公司。1884年的时候，正是这些压力集团通过国会委员会极力主张对马达加斯加进行军事占领。值得一提的是，哈里伯顿公司，也就是美国最大的石油服务公司之一，是推动伊拉克战争的一个重要压力团体，因为该公司可以通过伊拉克战争获得大量的石油服务合同（详见 Mario Battistella，2006，p. 234），而且当时的美国副总统迪克·切尼，在出任副总统之前的五年里，正是该公司的首席执行官。为了让国会同意对伊拉克发动战争，哈里伯顿公司给出的理由是，“阴险的”伊拉克政府藏有威胁世界和平稳定的生化武器。不难看出，这与1884年留尼汪的压力团体在主张侵占马达加斯加时用的说法是非常相似的。另外，两者的目的也都是为了从被侵略地获得各种资源，比如劳动力、原材料和能源等等。同时，他们也都是通过与军方结盟来向政府施压的——要知道，他们不光需要政府同意发动战争，还需要政府为战争提供资金。美国前总统艾森豪威尔在1961年的时候给这一现象起了个名，叫“军企联合（complexe militaro-industriel）”。

当时的马达加斯加也有现在的中国、沙特还有韩国正在经历的对本国领土之外的农业用地进行控制的问题。其实在19世纪的时候，中国也是全球化进程的参与者之一，只不过当时的中国是一个劳动力输出国，这与中国现在所扮演的角色是截然不同的。瑞典作家亨宁·曼凯尔（Henning Mankell）在他所著的法语版名为《那个中国人》（*Le Chinois*）的侦探小说中曾描写过19世纪在美洲从事强制性劳动的中国移民。在这部小说中，作者还展示了21世纪的非洲被用来吸纳中国剩余劳动力的角色，就像它在19世纪被用来吸纳英、法两国的剩余劳动力的作用是一样的。

但在当时的马达加斯加社会，一个更为重要的问题是农业生产中的人力资源问题。虽然有些笼统，但我们可以说，整个人类的历史都是围绕着能源控制展开的，不管是人力、牲口、水能、太阳能、风能，还是直到18世纪中期都依然是人类主要火源的木炭能源。从18世纪中期以后，煤炭、水电站、石油以及核能问题成为主要能源问题。而从20世纪末开始，由于人们对二氧化碳排放的关注，可再生能源的重要性再次回到了人们的视线中。

但无论能源的历史如何发展，对人力资源的控制与管理，以及对劳动力"社会保障（sécurité sociale）"、经济保障和健康保障等问题的考虑一直是所有社会都无法回避的。人力资源在不同的时期和不同的地区有着不同的表现形式。比如，在刚果的传统社会里，我们看到的是"家奴"（详见 Desjeux D.，1987，第五章）；在古代西方的海战中，我们看到的是划桨苦役；在美国早期的棉花种植园里，我们看到的是从海外运来的奴隶；而在现代社会里，我们看到的是雇工和自由职业者。

对人力资源的控制与保障也会因为不同的经济模式和不同的能源结构而表现出不同的形式。这也是为什么奴隶并不是对所有的统治阶级来讲都是有吸引力的："早在18世纪中期，富兰克林、亚当·斯密（Benjamin Franklin）以及皮埃尔·塞缪尔·杜邦（Adam Smith et du Pont de Nemours）就曾证明自由劳动者的性价比要高于奴隶。"（引自 Desjeux D.，1975，p. 31）

2015年，也就是在我博士答辩的四十年之后，我在阅读瑟伊出版社出版的，由卡洛琳·乌丹-巴斯蒂德（Caroline Oudin-Bastide）和菲利普·斯泰纳（Philippe Steiner）合著的《经济计算与道德衡量：奴隶制的成本和奴隶解放的价值》[*Calcul et morale，coûts de l'esclavage et valeur de l'émancipation*（*XVIIe-XIXe siècle*）] 一书时，第一次看到了皮埃尔·塞缪尔·杜邦的完整证明过程。简单来说就是，如果我们算上购买奴隶的一次性高额支出，奴隶的重置成本，还有奴隶的管理、基本生活和间接保障方面的支出，养一个奴隶比雇一个自由劳动者要贵出不少（详见 C. Oudin-Bastide 与 P. Steiner，2015，p. 42）。也就是说，当时的欧美国家是有利益解放奴隶的，法国便是在1848年的时候完成了奴隶解放。前文提到的留尼汪的德玛伊议员亦是深知劳动力的成本问题，所以他尝试让法国政府来负担一部分与劳动力输入有关的支出。时至今日，在很多被称为是"自由主义"，也就是反对政府干预的国家中，这种要求政府买单的情况依然是很多见的。我之所以给"自由主义"这个词加引号，绝不是为了反讽，而是想强调一下自由主义并非绝对存在的，因为任何一个自由主义国家都需要政府的资金扶持。

小 结

在我1971年到1975年期间所观察到的马达加斯加社会里，人力是其农业生产的主要能源。其中，男性体力劳动主要集中在耕地、收割和打稻方面，女性体力劳动则集中在除草、插秧和运米方面。另外，儿童也会参与到劳动当中，比如拾柴，还有女孩儿常做的舂米。除了人力，牲口的能源作用也是很重要的，尤其是能够用于耕地和运输货物的瘤牛。当时的马达加斯加农村几乎没有用电的家庭。人们做饭的时候是用风箱和木炭烧火，衣服也都是手洗。即便是在城市，现代消费也只是在起步阶段，中产消费阶级几乎是不存在的。

在家用电器普及之前，马达加斯加的有钱人家里大多都有家仆，这跟米歇尔·潘松（Michel Pinçon）和莫妮卡·潘松（Monique Pinçon）在1989年出版的《富人区》（*Dans les beaux quartiers*）一书中所描写的二战前的法国资产阶级家庭（p. 55及后文），以及与我从2006年开始观察的巴西城市高级中产家庭的情况都是差不多的。与此同时，地下经济（économie souterraine）是十分普遍的。总的来说，当时的马达加斯加与电影导演乔治·鲁奇（Georges Rouquier）在影片《农家》（*Farrebique*）中描绘的景象十分相似。导演在这部影片中展现了法国阿韦龙省的一个村庄在1946年时的生活状态，那里的农业生产靠的主要是牲口提供的能源，人们吃的面包都是手工制作，取暖靠的是生壁炉和晒太阳，家里也都还没有点灯，因为村子里还没有铺电线。

这与辛克莱·刘易斯（Sinclair Lewis）在其1922年发表的小说《巴比特》中描绘的发生在20年代美国的第一次消费主义革命，还有让·富拉斯蒂耶在1979年所分析的“辉煌三十年”，也就是1945年到1975年间在西欧所发生的第二次消费主义革命相比，可以说是天壤之别。这些消费革命让欧美人在做家务的时候可以享受到家用电器带来的便捷，不必大量地耗费自己的体力（详见本书第十三章关于家装DIY的描述）。

我在马达加斯加调研的时候正值欧美经济增速放缓，放缓的直接原因是阿拉伯国家在1973年10月犹太教赎罪日那天对以色列发动的军事袭击，该袭击导致了二战之后最大的一次能源危机，也就是历史上所说的第一次石油危机。整个欧美经济要等到2000年以互联网为基础的“第三次消费主义革命”的出现才得到复苏。而在此之前，欧美国家的失业率在不断地攀升。那段时期也是“第三世界”的概念盛行的时期。我是从乔治·巴朗迪埃（Georges Balandier）

那里知道的，“第三世界”是他和阿尔弗雷德·索维（Alfred Sauvy）在1952年发明的一个概念。他们的灵感来自法国旧制度中的第三等级（tiers-état）的概念，他们觉得“第三世界”可以用来形容北约和华约两大政治势力之外的国家。这些国家特别希望加入全球经济发展当中，同时减少大国对它们的掠夺（详见Pierre Jalée，1965）。

1967年，社会学家亨利·孟德拉斯（Henri Mendras）断言，法国正在经历“农民社会的终结”。的确，那时候的美国、日本还有西欧已经成为城市化程度很高、人口移动性很强的大众消费社会。家用汽车、家用电器、美国的大卖场还有法国的大型超市是这些社会的象征性标志，虽然在那个时候，我们还很难想象互联网社会的出现。同一时期与这些国家相反的，则是以中国为代表的农业型社会。

虽然在当时，我们还看不清这些农业型国家的发展前景，但在马达加斯加，我们已经能够感受到，那里的社会运动正在从农民运动向市民运动转移。与通常为了反对重税和反对官僚专制而发起的农民运动不同，市民运动侧重的是政治经济权利和工作保障（详见D. Desjeux，1979）。通常情况下，社会运动的真实含义是很难分析的，因为社会运动的背后是各种力量，不管是地方层面还是地缘政治层面的相互交织。

第五章

刚果桑迪人的农村社会（1975—1979）

小　序

前文提到过，米歇尔·克罗齐耶在1963年研究香烟生产时创立了一套用不确定性范围（zone d'incertitudes）来解释权力关系的理论体系。事实证明，这套理论体系也可以用来分析与香烟生产毫无关联的其他社会互动领域。比如，“以不确定性管理为核心内容的土地管理逻辑”（引自 D. Desjeux，1987，Stratégies paysannes en Afrique Noire，p. 153）。

无论是从现实还是象征角度上讲，土地是家族繁衍的重要条件，因为土地是农业的保证，而农业可以让每个家庭在填饱肚子的同时获得用于购买其他生活必需品的农业收入。所以，土地的质量及其分配情况会直接关系到家族的兴旺与否。土地资源的稀缺或是不合理分配会让家庭对自己维持生计的能力感到不确定。另外，疾病也是一个重要的不安因素，因为在一个人的病重期间，他的家族等于少了一个劳动力，这在农忙时节尤为让人感到不安。当然，最为重要的不安因素还是人的死亡。在刚果桑迪人的农村社会里，象征着死亡威胁的是“巫术”。对于桑迪农村人来说，“巫术”是一个具有魔法宗教功能和象征意义的制度体系，它的意义是消极的，人们不光恐惧“巫术”的死亡威胁，也十分担心被冤枉成“吃人”的巫师（在桑迪农村，当有人突然去世或者突发疾病，村里人就会认为有巫师在“吃人”）。

桑迪人把地视为生命的源泉，把天视为“巫术”的施展空间。不管是对生命的渴望，还是对死亡或者疾病的恐惧，桑迪人都是通过一个叫作“Kitemo”（桑迪语中唐提式保险的同义词）的机制来调节他们的这种双重不确定性的。在土地管理方面，Kitemo跟狭义上的唐提式保险没有太大区别，因为它形容的是一个环形的交换系统，在这个系统当中，每个家庭都会按顺序从村集体那里一轮一轮地获得耕地或者集体的帮助。而在“巫术”系统当中，Kitemo 形容的则是一个意义相反的环形交换系统，因为在巫师的“唐提式互助”当中，每位巫师要请其他巫师“吃掉”自己的一位家族成员。但是，抛去两者在意义上的差别，它们都有一个共同的运行机制，那就是礼尚往来原则（principe d'échanges réciproques）。许多的人类学家，比如研究过夸富宴的莫斯以及研究过库拉圈的马林诺夫斯基，都对礼尚往来原则有过分析”（节选自 D. Desjeux，1987，pp. 147-148）。礼尚往来意味着，有给必有还。

唐提式互助：一种独特的“结构同型”

在桑迪人的农村社会里，人们常常会因为无法掌控死亡、疾病、考试、收成等重要事件而感到不安，Kitemo 便是一种能够调节人们不安情绪的社会机制。比如，在下一章中我们可以看到，桑迪农民会把自己身边发生的不幸归咎于他们所说的“黑夜 Kitemo”（Kitemo de la nuit），也就是我刚刚提到的人们臆想中的巫师间的唐提式互助。再比如，通过唐提式互助，每个家庭都会有地种，种地的时候也都会有足够的帮手，因而 Kitemo 在一定程度上缓解了人们由于气候的不确定性而产生的焦虑。

最后，Kitemo 不光涉及农民，也涉及城市里的政客。Kitemo 在政治上的表现是轮流执政，虽然很难做到完美的民主，但它对政治来说的确有一种调节作用。我曾经给政治领域的 Kitemo 起过一个概念名，叫作“情境主义的唐提式保险”（详见 D. Desjeux，1980，http：//bit. ly/congo-situationiste），因为刚果前总统马里安·恩古瓦比在 1976 年，也就是他遇刺前一年的一次讲话中说道：“情境主义者（situationniste）就是些伺机利用某些情境的政治投机者。”唐提式互助原则在政治领域的表现是，每一个政治团体都有机会进入到国家权力顶层，并借机谋取私利。

非洲基本上都是多民族国家，所以，在非洲，一个国家的政治稳定性在一定程度上取决于该国家的元首是否能够让来自不同民族的幕僚们都可以在自己身边分得一杯羹，就像科特迪瓦前总统乌弗埃-博瓦尼（Marien Ngouabi）在其执政期间所做的那样。相反，政变的发生都是由于某些政治集团认为自己获得的利益不够，或者是认为分配不均。这也是为什么，即使政府贪污的现象时刻存在，对政府贪污的指控只有在利益分配上出问题时才会特别激烈。执政者常常会希望跳出唐提式保险的约束，以享受独裁所能够带来的更大的经济利益。而一旦执政者将这一希望付诸行动，政变就是情境主义唐提式保险针对这一行动的一种暴力执行方式，它让唐提式保险没有照顾到的政治团体通过武力获得自己认为该获得的利益。

我们看到，作为一种社会调节机制，唐提式互助渗透在社会的许多方面，比如刚才提到的土地分配、巫术，还有政治。这说明唐提式保险完全属于社会学所说的“结构同型”（homologie structurale，参见 D. Desjeux，2008，http：//bit. ly/echelle-observation-sociologie-art）。结构同型是人类社会学的一种分析工具，其中十分经典的，也是让我在研究刚果唐提式互助时很受启发的，是欧文·潘诺夫斯基（Erwin Panofsky）在《哥特建筑与经院哲学》（Architecture gothique et pensée scolastique）一书中所分析的一个结构同型。1967 年出版的该书的法语版收录在午夜出版社由皮埃尔·布迪厄（Pierre Bourdieu）主编的“Le sens commun”系列丛书中。书中，潘诺夫斯基重点分析了托马斯·阿奎那（Thomas d'Aquin）在《神学大全》（La somme théologique）里介绍的“三段式”论证方法，以及在索邦大学听过阿奎那讲课的建筑师们所设计的“三段式”哥特式教堂之间的结构相似性，也就是同型性。

在马克思·韦伯 1905 年发表的《新教伦理与资本主义精神》（L'ethique protestante et l'esprit du capitalisme）一书中，我们还可以看到一个更为著名的结构同型，即新教教义中的禁欲精神和 16 世纪资本主义发展所需的禁欲精神之间的同型性。雷蒙·布东（Raimond Boudon）在其 1969 年发表的《社会学的方法》（*Les méthodes en sociologie*）（见 p. 99 及后文）一书中就曾提到过这一点。而柯林．坎贝尔（Colin Campbell）更是直接套用了韦伯的这一理论模板。在其 1987 年发表的《浪漫主义伦理和现代消费精神》（*The romantic ethic and the spirit of modern consumerism*）一书中，柯林·坎贝尔向读者展示了浪漫主义中的享乐精神和 18 世纪中期在英国发展起来的享乐型消费之间的同型性。

总的来说，“结构同型是人文科学中的一种因果解释体系，它更多的是从价值观，而不是从权力关系或者情境效应出发而建立起来的”（引自 D. Desjeux，2004，p. 48 及后文）。

农业土地管理中的技术性、社会性和宗教性

“农业土地的管理包含三个层面：技术层面、社会层面，以及宗教或者说象

征层面。从技术层面上讲，我们可以分析土地的物理和化学特征，这一般是土壤学家的工作。从社会层面上讲，我们可以分析土地的所有权问题，以及土地资源的开发和经营问题。从象征层面上讲，我们可以分析土地在人们的世界观和社会文化中扮演的角色，比如它在马达加斯加的祖先崇拜文化中扮演的角色”（引自 D. Desjeux，1971—1975，http：//bit. ly/madagascar-famadihana）：对于马达加斯加人来说，对祖先的祭祀象征着“生者与逝者之间永远都割舍不断的联系”，而这种割舍不断的联系是家庭能够衣食无忧的保障。

所以说，跟所有无生命的物体一样，土地的技术层面内容，也就是农学家和地理学家所关心的内容，绝非土地的全部意义。事实上，土地“不是中性的。土地有好有坏，所以会引起人们的争夺。亲属关系和权力关系等社会关系体系在长辈和晚辈（与纯年龄上所说的晚辈不同的是，权力关系概念中的晚辈不光包括青年男性，还包括受男权压制的各个年龄的女性）之间所做的划分便是对土地所有权的一种调节。同样，土地流通也绝非像现代商品工业社会提倡的那样，是‘自由’的。当然，我们也绝不能忽视土地的技术层面。当我们用广阔的生态系统视角去观察土地的时候，土地的技术层面信息可以让我们更好地理解农业生产客观上的不确定性”（引自 D. Desjeux，1987，pp. 154-155）。

在刚果普尔省距离布拉柴维尔两小时车程的地方，那里的桑迪农民所拥有的土地都是铁铝土地和荒漠化土地，也就是说土地的酸性和肥度不够。村子里的土地主要用于六种农作物的种植：“村子里首先是‘方格田’，就是些小块儿的方格状的田地，用来种一些传统蔬菜和芋头，同时也用来养母鸡和小山羊。稍远一点的是‘果园地’，主要用来种沙佛果、芒果、橙子和柠檬。”

村子外面的地，根据地势地貌，总共分为四种。首先是山坡上的林地和坡脚处的崩积层，这些地是用来种木薯的。木薯种植方面的性别分工是很明显的，男人们主要负责伐木和烧林，女人则负责挖沟、播种和收割。另外，女人还负责将木薯晒干，然后做成面粉或者是面包，但在这之前，她们需要将刚收割完的木薯运到河边浸泡，因为如果不浸泡的话，木薯所含的氢氰酸会对人体有致命损害。木薯种植对于桑迪农民来说是至关重要的，因为木薯是他们的主食。另外，与其他粮食相比，木薯还有一个优势，那就是，由于木薯可以自然储藏，所以在一年的生长期结束之后，农民们不必收割所有的木薯，而是可以每两个礼拜收割一次，这就大大降低了饥荒的风险。要知道，其他粮食都是需要一次性收割的，这就同时需要建设粮仓以便储藏余粮和抵御饥荒，而从历史上看，粮仓的建设通常会导致君主专制制度的出现，比如古埃及的法老政权。

平原地带的农田主要是由女村民负责耕种，耕种的农作物是花生和玉米。

适合蔬菜种植的洼地农田则主要是由男村民负责耕种。但在公社出现之前的一些合作社里，男女也会一起劳动。

"土地系统的首要特征之一是农业用地的多样性，因为这种多样性可以降低风险增加的机会，是对抗农业不确定性的一种有效方式。同时，这种多样性为主要标准的土地评价观念让一种叫作'musitu'（意思是'林田'）的田地的优势显得尤为突出，农民之间最为激烈的竞争便是为了获得 musitu。"而唐提式互助可以在一定程度上调节和缓和人们的土地竞争关系。虽然在唐提式互助模式下，村民们依然需要支付土地租金，但它的确可以保证每个家庭都有地种，毕竟这是家庭能够存活下来的重要条件。相比之下，让·帕瓦若（Jean Pavageau）在其 1981 年发表的《以马达加斯加为例的没有地的年轻农民》（*Jeunes paysans sans terre*：*L'exemple de Madagascar*）一书中所描写的，那些生活在马达加斯加高原地区的年轻农民就没有那么幸运了，因为他们是无地可种的。

按照桑迪农村的唐提式互助原则，村子每年会要求一些家族首领让一部分缺少土地或者是自家土地处在休耕期的农民使用他们家族的一块土地。但随着休耕期的大幅度缩短，土地方面的唐提式互助的正常运行受到了很大的威胁。休耕期的缩短是城市的农产品需求量大大增加而导致的。在短短的二十年间，桑迪农村的休耕期从十五年缩减到了六年。这也就造成了一种恶性循环，因为如此短的休耕期让土地无法得到恢复，土地效率由此降低，继而带来了更大的土地压力。

另外一种土地质量和降雨量方面的风险管理方式是发展混合型农业。在木薯种植区，桑迪农民同时也会种植番茄、玉米和花生。花生是豆科植物，它可以有效吸收空气中的氮，然后通过根部将氮传入土壤内，从而让其他农作物得到更好的生长。另外，由于桑迪农民在木薯种植时使用的是火烧的技术，火烧之后生成的含有钾肥的炭灰也可以让木薯更好地生长。不过，火烧的技术也有一个弊端，那就是，如果火烧地是在雨季来临之前实施的话，它容易造成水土流失，因为之后的降雨会将山坡上肥沃的土地冲下山。但不管怎么说，以木薯为基础的混合型农业的确在一定程度上降低了桑迪农民的经济风险。

桑迪农村：一个以管理不确定性为目标的行动系统

通过分析桑迪农村的生态系统，我们可以看到，"在他们所生活的系统中，桑迪农民对土地质量和天气状况有着不确定感。随着市场经济的发展，桑迪农民越来越需要提高自己的货币收入。为此，从最近的十到二十年（也就是1950年到1960年）开始，桑迪家庭陆陆续续地进入了以木薯为主、以其他蔬菜为辅的农业经济模式（在此之前，桑迪人以打猎为生）。而这也给桑迪人带来了前所未有的土地压力，从长远来看，这些土地压力将会威胁到当地生态系统的再生。不过，土地方面的唐提式互助比较有效地调节了桑迪人之间的土地竞争，因为在唐提式互助原则下，每个家庭都可以轮流获得一块儿林田，也就是当地人所说的'musitu'。当然，这并不能解决当地的水土流失问题"（引自D. Desjeux, 1987, p. 176）。同时，就孤寡老人的情况来看，桑迪社会的延续也受到了年轻人进城打工的威胁。

总的来说，在不确定性管理方面，桑迪农民有着一系列物质层面、社会层面和象征层面的战略性措施。比如说，为了降低农业收入上的风险，桑迪人采用了多样型和混合型的农业模式。为了让每个家庭都有地种，桑迪社会的家族首领们能够齐心协力地建立起一套土地方面的唐提式互助系统。最后需要指出的是，这些家族首领之所以很有权力，是因为家族成员们都相信他们的首领拥有对抗"巫术"的本领。不过，他们的这种本领并非有利无害，因为人们既然能够相信他们可以对抗巫术，自然也就会相信他们也能够使用巫术，有些家族首领正是因为被怀疑使用了巫术而被迫离开了自己的村子。桑迪人的这种通过"巫术"来解释身边不幸的解释系统所带来的，是一种没有任何人能够掌控的象征性质的不确定区域（zone d'incertitude）。这也是为什么后来，当融合了桑迪传统信仰和基督信仰的混合式宗教尝试控制"巫术"时，这种混合式宗教在桑迪社会中取得了一定的成功。

小　结

对桑迪农村社会的分析要得益于两种分析工具的使用。一个是结构同型，它可以让我们看到表面上毫不相干的现象背后支配它们的统一结构；另一个是源自组织社会学的策略分析。唐提式保险便是属于第一种，因为在表面上与互助保险毫不相干的政治领域中，我们能够看到可以被称为"情境主义唐提式互助"的现象。其实，大多数政治系统都是建立在权力再分配的逻辑基础之上的，而权力的再分配是社会阶级之间的财富再分配的条件。

至于策略分析，它的核心是解释和分析在社会互动背景下对不确定性的管理模式。拿桑迪农村社会来说，为了管理不确定性，那里的社会行为人在其有策略的行动中既运用了土地管理时所需的具体的物质系统，也运用了围绕血缘、婚姻、居住和土地拥有权所建立起的亲属系统，同时还运用了以巫术为核心的象征系统。

当策略分析被用于理解桑迪农村社会，尤其是当地的六种农业用地的管理和使用时，这种分析法可以帮助我们清楚地看到空间在社会关系中的重要性。在之后的研究当中，我又将研究农业空间时所获得的经验用到了与城市家庭空间管理有关的消费分析上。通过观察中产阶级家庭中的客厅、厨房、洗浴间、卧室、走廊、书房、花园以及车库的布置，我们可以有效地分析出这些家庭是如何选择、购买、使用和储藏各种各样的消费品，以及他们是如何对其中的一些消费品进行循环利用的。在这种消费分析当中，消费路线是一个十分核心的内容。我对路线重要性的认识源自我对农业生产路线，也就是农民从锄地到收割所经历的路线的观察。而支撑路线法的理论模板便是策略分析，它让我们认识到，人们各种各样的决定并不是发生在某一时刻的个人决定，而是一个社会互动过程的结果。

对桑迪农村社会的研究也让我认识到了性别分工的重要性，这让我之后在研究家庭、企业以及行政组织中的生产、消费和交换行为时也很受启发。我们几乎可以肯定的是，劳动的性别分工以及代际分工存在于所有的人类社会。但这绝不意味着女人就一定要做饭洗碗，而男人就一定要干重活，尽管这是全球范围内最常见的一种性别分工。

随着工业能源或是部分地或是完全地代替人力能源，劳动的性别界线开始变得模糊，而支撑传统性别分工的生理因素方面的理由也越来越站不住脚。另外一个越来越模糊的界线是生产场所与消费场所之间的界线，因为随着网络与数字技术的发展，城市人足不出户便可以进行各种各样的活动，包括工作、饮食、消费、娱乐、购物、DIY、远程互动等等。在本书的最后几个章节中，我们会看到，随着现代科技的发展，生产、消费和交易在现代家庭中的一体化程度已经非常接近农村社会中商品经济和非商品经济之间的一体程度。

第六章

“巫术”与权力阴谋论（1975—1979）

小　序

有一天，一位公务员在一条大街上骑自行车，结果在左转弯的时候被汽车撞死了。对于一个见过布拉柴维尔比较糟糕的交通状况的西方人来说，这种事故的发生实属正常，但对于知情人来说，这位公务员的死却又显得不那么寻常，因为他在被撞之前同时卷入到了家里家外的两起纠纷当中……

那位公务员的妻子在巴刚果（Bakongo）市场做生意，她有一个跟她一起干活的女性朋友。有一天，她让她的这位朋友帮她暂时保管当天挣到的钱，结果，她的朋友在那天晚上把钱给“吞掉”了。公务员的妻子报了警，她的朋友于是被当地法院判了刑。她的朋友“知道”她的公务员丈夫因为没有给他舅舅足够的赡养费而跟他的舅舅闹矛盾，为了报仇，她便联系到了那位公务员的舅舅，好让他惩罚他的外甥。这便是为什么那位公务员在骑自行车的时候鬼使神差地往左拐，然后被车撞死了，这一切都是源于他舅舅的诅咒。

因为是公务员，这位死者的家属可以获得一笔抚恤金。按照传统，应该是死者的弟弟代表死者家庭去领这笔抚恤金，但死者的弟弟拒绝前往，因为他说如果他拿到这笔钱的话，他的舅舅也同样会把他“吃掉”（这里的“吃掉”是“杀死”的意思），所以最好还是让舅舅本人去领这笔钱。

以上是我在刚果调研时当地人给我讲述的一件事情。受到这个故事的启发，当我跟一个刚果保险公司的员工对话时，我问了他这样一个问题：“巫术”问题会不会也涉及遗属保险？结果那个人告诉我他正在进行一项调查，因为他觉得很多当舅的都给自己的外甥买了遗属保险，这样他们就可以把自己的外甥“吃掉”，然后获得保险赔偿。接着，他又告诉我最近真的有很多被保人死去。虽然我不知道那个人的调查最终结果如何，但如果他的猜测属实的话，那么这个猜测就是他对“巫术”现象所做的一个非常有意思的再诠释（réinterprétation），因为他把“巫术”这一传统文化现象跟遗属保险这一现代经济现象联系在了一起……（D. Desjeux，1987，pp. 185-186）

“巫术”，在高压统治与行动余地之间寻求意义的宗教魔法机制

上面节选的内容告诉我们，不管是在刚果的乡下还是城市，巫术在权力关系以及人际冲突中，尤其是外甥与舅舅之间的冲突中，都扮演了重要角色。

在包括桑迪亲属系统在内的几乎所有的母系亲属系统中，虽然血缘亲属关系是围绕着母亲建立的，但舅舅才是真正掌握家族权力的那个人。而即便女人在家庭内部事务上有着比在父系社会中多得多的权力，但社会的公共权力依然属于男人。只有极少数的社会是真正的女权社会，其中最著名的是中国的纳西族社会（详见 Cai Hua，1997）。社会学家罗兰·瓦斯特（Roland Waast）在 20 世纪 70 年代也研究过一个类似于纳西族的社会，那是位于马达加斯加西海岸的索阿拉（Soala）社会，由于那里的劳动移民使男性人口远远超过了女性人口，女人可以一妻多夫，而且不用准备嫁妆（详见 R. Waast，1974）。

回到桑迪社会。舅权的权力基础是社会成员们对自己生老病死以及生活变故的不确定感。就像上文中提到的那样，舅舅虽然有保护家庭成员的职责，但人们同时也相信舅舅有能力使用“巫术”来惩罚那些跟他有矛盾的外甥或者外甥女。另外，由于家谱都是由家族首领——也就是舅舅——口述制定的，舅舅也可以在口述族谱时通过“遗忘”那些“不肖”外甥来对其进行惩戒，因为一旦一个男人被剔除出族谱，他将失去土地的继承权。

因为人们深信作为家族首领的舅舅用“巫术”便可以随心所欲地杀掉那些违抗他的晚辈，人们这种在象征层面上的恐惧亦是舅权地位得到巩固的一个基础条件。但外甥对舅舅的恐惧并非完全对舅舅有利，因为外甥们也可以给自己的舅舅扣上“巫师”（sorcier）的帽子，而不管是在乡村，还是在城市街区，一个人一旦被认定是巫师，村里人或是街区邻居就会排斥他，甚至会将他驱逐。

舅舅与外甥之间的权力关系也是建立在一个利益交换基础之上的。首先，舅舅需要外甥对他言听计从，因为只有听话的外甥才能在他老的时候还能勤勤恳恳地为他种地。而作为交换，外甥在生活遇到困难时会要求舅舅提供帮助，

结婚时会要求舅舅为其准备聘礼，另外，舅舅还需要为外甥提供土地保障。总之，巫术是农村家族能够延续的重要条件，因为家族首领是通过巫术来控制家族的劳动力、为家族提供食物保障的。这也是为什么许多农业社会都把社会成员对巫术的恐惧作为社会运转的支柱之一。

莫里斯·杜瓦尔（Maurice Duval）曾在1989年分析布基纳法索的一个村庄时，提出过“无国家政府的集权主义”概念。对于相信“巫术”的社会来说，人们对巫术时时刻刻的恐惧也让巫术成了一种“无国家政府的集权主义”形式。作为宗教魔法机制，巫术既是一个极其强大的统治工具，也是一个同样强大的反统治工具，或者说，它既可以是统治的动力，亦可以是统治的阻力。

人类学的任务并不是要判断人们在谈论巫术时是不是说了真心话，是不是一个住在农村的舅舅真的可以通过巫术把住在布拉柴维尔市区的外甥杀掉，或者人们对巫术的坚信是不是属于一种病态心理。人类学的任务是要弄清楚人们是如何看待和对待生活中发生的不幸的，尽管从硬科学角度，比如生命科学或者物理学角度来讲，人们的某些反应是缺乏理性的。人类学的优势之一便是能够发掘医生、工程师或者经济学家们所认为的非理性行为中的理性成分，因为人类学突出的是社会行为人为自己的行为所赋予的意义，以及他们在行动中所遇到的限制性条件。意义（sens）与限制性条件（contraintes）是人文学科的两大解释体系。

跟大多数非洲社会一样，对于生活在刚果普尔省的桑迪人来说，巫术不仅是一种社会矛盾的调节机制，它还能够被用来解释疾病、死亡等“不幸”的发生。另外，巫术还体现了长辈与晚辈之间，以及男人和女人之间的权力关系。巫术同时也体现了人们一系列的不确定性：人们不知道是谁在（用巫术）对他人进行攻击——这里值得一提的是，人们相信有一种叫作“mukuyu yuma”的护身符可以帮助施法者隐藏自己的身份；再者，人们不知道自己是否被怀疑使用了巫术；还有，当一个人动用巫术时，他也不知道自己是否会成功。所以，每当有不幸的事情发生，每当人们需要知道这些不幸为什么会发生的时候，巫术便成了人们能套用的、最现成的答案。比如说，当一位孕妇不幸流产的时候，即便她的舅舅被证实与这件事情毫无关系，人们也会怀疑是流产孕妇家族之外的一个与她有矛盾的人施的法，抑或是“黑夜Kitemo”里的一个吃人巫师干的，等等。刚果人将这种原因称为“神秘”（mystique）原因：当人们将一个人的死亡归咎于巫术的魔力时，人们会说死者是被“神秘地”吃掉了。因为人们自知有许多被伤害到的可能性，所以人们总是可以找到这样或那样的原因来解释生活中的不幸。（节选自D. Desjeux，1987，p. 180）

正是人们的这种为不幸找到各种各样原因的能力，使得巫术在一定意义上成了一种阴谋论的素材。的确，每个人都有可能遭遇不幸，而遭遇不幸的人也都有可能跟其他人有着直接或间接的矛盾。但阴谋论会解释说，如果一个人遇到了不幸，那一定是因为有人希望那个人遇到不幸，而有这种想法的人“一定”是与不幸者有着矛盾的人。在这种阴谋论体系里，不幸与施害之间的因果关系并没有被证实，只是通过人们为了缓解自己的不安情绪而进行的一种从象征层面上看上去显得比较合理的主观想象而建立起来的。这当中的问题并不在于阴谋本身，因为不幸者的不幸的确发生了，而希望加害于他的人也的确有可能存在，即便其中的某些怀疑纯属臆断；阴谋论的真正问题在于它并没有确凿的证据来证明不幸的发生与施害的意图之间存在因果关系。

情绪与“序列”在信仰的证明体系中所扮演的角色

遭遇不幸和受害之间在象征层面上的一致性（cohérence）之所以让人觉得很有说服力，是因为人们在面对不幸时的不安情绪容易让人先想到施害者是切实存在的。而人们的这种不安情绪本身便是源自人们对生老病死的不确定感，这在人类的今天也一直是这样。

但人们很难接受的一个事实是，通过象征层面上的一致性而产生的说服力在很多情况下是人们为了消除自己的紧张不安而主观赋予的，因为人们很难接受巧合或是原因超出想象的事情。也就是说，从人类学角度来讲，社会行为人对一致性的追求其实是他们的一种减压机制。这种一致性并不具备科学性，也很难反映现实。相反地，从病理学角度来讲，这种为了追求事物间的一致性而把自己的不幸归结为自己被针对了的心态正是妄想症的三大病状之一——狂妄症的表现。

可以说，人类的一个很强大的思维能力就是在一些客观上并无联系的事件之间建立关联，并让这种关联看起来像是真的。即便是人文科学研究者，他们有时也很难顶住这种非科学的思维倾向。而我们先前讲到的归纳法和细节描述，可以说是人文学科的研究当中最能够帮助我们降低上述认知风险的两种方法。再者，鉴于陷入一致性误区的人文学者通常都是整体（holistique）理论的信仰者，对观察梯度的理解与认识也是很有必要的，因为它可以帮助我们还原行动系统中的矛盾性和非一致性。

另外，我们需要注意的是，理论家们通常喜欢建模（modélisation），而建模其实是在简化被研究的行动系统，目的是让这个系统的运行模式变得更加清晰。但在简化一个行动系统的同时，这个系统的一致性和规律性就会被夸大，而它的非连续性和矛盾性就会被缩小甚至忽视。所以，为了真实地还原行动系统中的非连续性和矛盾性，我们应当细致地描绘行动系统中的不确定因素、权力关系、社会动态以及社会矛盾。

威廉·詹姆斯（William James）（1842—1910）在其1878年发表的法语译名为《信仰的心理学和其他实用主义论文》（2010，*La psychologie de la croyance et autres essais pragmatistes*）的书中曾这样写道："在所有的感觉当中，最容易让人产生信仰的是那些让人感到愉悦或者痛苦的感觉。"所以说，是情绪的存在让人误以为自己信仰的事物也是真实存在的。生活在现代社会的人们也都会这样想：我能感受到的就是真实存在的。"情绪的霸道"（参见 Noël Mamère 和 Patrice Farbiaz，2008）使理性解释变得让人难以接受，因为人们会觉得这种解释完全忽视了他们所切身经历的痛苦，他们会觉得这种解释只是科学家在故弄玄虚。我在为布依格电讯公司做一项关于人们如何臆想电磁波的致癌风险的调研时，便曾观察过这一现象。总之，情绪容易让人们忽视理性的重要性，但现实主义层面的理性同样也会掩盖情绪的重要性。

巫术和阴谋论都属于信仰，而信仰的另外一个基础是序列（séries）给人们带来的错觉。就像杰拉尔德·布罗内（Gérald Bronner）在其2007年发表的《巧合》（*Coïncidences*）一书中写的那样，"通常情况下，人们的思维很难接受巧合"（p. 45）。我在刚果的布拉柴维尔所做的调研也印证了这一点，因为大多数被访者在跟我讲述关于巫术的故事时都是用同样的方式开头：他们会先指出村里人的患病率"离奇增高"，抑或是说死亡的人"离奇地多"。也就是说，当他们看到村子里有两三个人在短时间内接连死亡的时候，他们便不可能相信这一切都只是巧合，而是会坚信这一切都是因为有人在暗中使坏。这种思维方式体现的就是我们今天所说的有关"序列"的认知偏误，这种认知偏误不光涉及人们对不幸事件的理解，也会涉及诸如博彩游戏之类的领域（参见 D. Desjeux 和 S. Alami，2012，http：//bit. ly/2012-vendredi13）。

对于我在刚果所采访到的农民来说，短时间内接二连三发生的事件都属于"非正常"事件，而"非正常"事件的发生会让他们感到非常不安。为了缓解自己的不安情绪，他们需要这些"非正常"事件的发生能被一个他们想象出来的理由解释。其实，为了缓解不安情绪而为不确定现象指定一个确定原因的这种行为几乎是全人类所共有的一种行为，它同时也是大多数宗教诞生的基础性条件。在面对巧合的时候，每个人都特别希望能够用一种内容明确的因果论来替换巧合。人们在解释自己身边偶然发生的不幸时，用的便是这种心理（参见D. Desjeux，2012，http：//bit. ly/apprivoiser-hasard）。而这种心理很有可能在智人诞生时便一直存在，这一点我们可以参见尤瓦尔·诺阿·赫拉利（Yuval Noah Harari）的《人类简史》一书（该书的希伯来语原版发表于2011年；该书书评参见D. Desjeux，2016，http：//bit. ly/sapiens-notelecture）。总之，象征意义是一个非常强大的情绪缓解剂，因为它能够把偶然装饰成必然，把不一致装饰成一致。

巫术与阴谋论之间的关联性：一种为人类提供象征意义的永恒机制

美国历史学家理查德·霍夫施塔特（Richard Hofstadter）出版过一本法语译名为《妄想型：美国社会中的阴谋论和极右势力》（*Le style paranoïaque：Théorie du complot et droite radicale en Amérique*）的著作，该书收录了作者在1952到1965年间发表的一些有关这一主题的论文。其中有段话这样写道：“很多自称是学术，但其实是具有妄想症性质的论文，它们的常用伎俩是做出一些看似可信的阴谋论推测，接着再列举出一系列详细的事例来证明阴谋的存在。这些论文唯独不缺的就是内容的一致性，但这恰恰证明了它们的妄想症性质，因为真实的世界是充满了差错、失败和矛盾的，而只有在妄想症的思维世界里，一切才是完美一致的。这些论文的内容诚然是非理性的，但却是极其理性化（rationalisant）的，也就是说它们所塑造出来的假想敌是具有完美的合理性的，并且是完全邪恶的。而为了让人们能够对抗这种邪恶的完美理性，这些论文为人们提供的是一套能够完整一致地解释一切的理论。”

理查德·霍夫施塔特的这段话指向的是1950年到1954年，也就是冷战期间和艾森豪威尔的执政期间，麦卡锡所发动的以反共产主义和反同性恋为目标的“猎巫”（witch hunt）运动。在这次运动中，成百上千的公职人员遭到清洗。在所有的这些类似的政治事件中，我们都能很清晰地看到情绪、阴谋论还有论证一致性所扮演的角色。

麦卡锡发起的政治运动被称为猎巫运动，这绝非是一个偶然，而是再次证明了巫术并非是一个非现代社会的迷信现象，也绝不是一种病态现象，而是人类为了减轻自己的不安情绪，为了让自己在思维上无法接受的事情变得可以接受而共同拥有的一种象征意义的生产手段。

行动想法与行动结果之间的关联性问题，或者二者因果关系的夸大问题

在2012年发表的《难解之谜与阴谋》（*Enigmes et complots*）一书中，社会学家吕克·博尔坦斯基（Luc Boltanski）深入探讨了各种与阴谋论相关的研究。在他的分析当中，作者丝毫没有掩饰自己的一些个人疑问。他甚至提到了这样一个问题：理查德·霍夫施塔特对民粹主义的阴谋论的批判是否真的是一种科学分析，还是说这种批判其实源自作者自己反民粹主义的政治倾向？这是一个非常合理的问题，因为判定一个人或者一个组织是有妄想症的，这种判定本身也有可能是妄想症的表现。不过，应该说，麦卡锡主义实施期间的大部分政治清洗的确是建立在阴谋论基础之上的。

如果客观分析的话，我们能够意识到，民粹主义其实与巫术一样，都是一种解释体系。不管是在美国、法国、英国、荷兰、意大利、土耳其还是在刚果，当这些国家的一些社会成员的社会地位下降时，当他们的家庭在社会中的权威受到动摇时，当他们的人身安全得不到保障时，抑或是当他们很难融入社会时，民粹主义都会通过阴谋论来给这些人的不幸提供一种象征意义上的解释。而利用民粹主义的人都是那些希望获得国家权力的、在野的政治派系，他们也都是本书上一章探讨过的“情境主义唐提式保险”的积极推动者。也就是说，民粹主义实际上是由精英阶层把持的一套理论体系，它在意识形态市场上非常具有竞争力，尤其是当社会处于危机中的时候，因为在民粹主义理论体系当中，客观的困难和限制性条件是不存在的。在政治领域中，民粹主义不仅仅是一个针对民众的政治口号，更是一种意识形态体系。在经济领域中，与之十分相似的是市场学的理论体系，因为市场学也非常追求魅化现实，追求让真实社会中的限制性条件在人们的脑海中消失。

不管是巫术理论还是阴谋论，它们的问题在于它们总是要把行动结果跟行动想法联系在一起。举个例子，我在布拉柴维尔曾采访过当地的一位老师，在采访中他告诉我，“在当年三月份的时候，他的两个弟弟曾找过他，因为他们想知道自己六月份的中考会不会顺利通过。在看了两个弟弟之前非常一般的考试成绩之后，那个老师对他俩说，除非他们俩现在能够非常努力地复习，否则中考肯定通过不了。但最后，他俩的确没有通过中考。然而，在知道了自己的中

考成绩之后，他们马上就跟母亲抱怨说，他们之所以考成这样，是因为他们的哥哥在三个月前就说他俩中考过不了，所以是他们的哥哥给他们下了咒”（引自 D. Desjeux，p. 200）。对于老师的两个弟弟来说，因为他们的哥哥说过他们有可能过不了，所以他们失败的结果就是他们的哥哥一手造成的。也就是说，他们认为他们的哥哥只要做过这种预测，就说明他希望他俩过不了，而这种想法，对于他俩来说就足以解释他俩为什么真的没有考过。

且不论那位老师是不是真的希望自己的弟弟中考失利，问题的根本在于想法其实并不一定能够被转化成现实，因为社会生活充满了许多限制性条件、阻力和社会博弈，所有这些都会让这些想法——不管是善意的还是恶意的想法——与结果之间存在许多变数。换句话说，正是由于这些限制性条件的存在，有想法并不一定就有结果，有决策并不一定就有执行。

回到吕克·博尔坦斯基，该作者还抛出了另外一个更为敏感的问题：社会学是否真的能够摆脱这种具有妄想症性质的、用想法来解释一切的理论模式？围绕这个问题，吕克·博尔坦斯基比较了埃里克·劳伦（Éric Laurent）题目为《石油不为人知的一面》（2006，*La face cachée du pétrole*）的调查报道性研究著作，与他本人和夏娃·希亚佩洛（Eve Chiapello）合著的《资本主义的新精神》（Le nouvel esprit du capitalisme）一书（该书的法语原版发表于 1999 年）。博尔坦斯基这样写道：“我必须承认的是，这两本书都是在用某种宏观意念（intentionnalité globale）来解释它们各自想要解释的现象。前者用到的是超级大国们想要控制石油这一重要战略资源的意愿，后者（也就是我本人和希亚佩洛这本书）用到的，则是笼统意义上的资本主义机构想要结束发生在 1965 到 1975 年间的利润和生产力危机的意愿。”（p. 362）的确，《资本主义的新精神》中有这样一段话：“资本主义需要一种精神来鼓励人们投入到生产和创业当中。”（p. 580）也就是说，在 2012 年的时候，博尔坦斯基似乎开始怀疑和反思他之前所相信的宏观意念和集体行动结果之间的必然联系。事实上，每当我们想要从整体对事物进行解释的时候，因果关系的链条就会变得非常烦琐，同时也会越来越模糊，所以在这种情况下，意念很难成为最终的解释因素。观察梯度法告诉我们，想要从现象的整体出发，建立一条横跨现象最宏观和最微观部分的、连续的统一的因果链是绝无可能的，这便是为什么阴谋论性质的解释理论通常是无法成立的。相反地，如果我们考虑到限制性条件的存在，我们就会发现，社会行为人一方面会受到系统环境的制约，但另一方面，他们也有着一定的行动余地。

对阴谋论的批判同样适用于对“控诉型社会学（sociologie critique

dénonciatrice）”的反思。不过，我对“控诉型社会学”的批判并不是由于该类型社会学只将目光集中在社会的阴暗面，因为就像我在研究马达加斯加社会和在研究法国居无定所的人群的时候观察到的那样，社会的确存在着阴暗的一面；我对该类型社会学的批判是因为它用一种本质主义的方式，将资本主义描绘成能够统治所有劳动者或者所有社会个体的、撒旦般的邪恶力量。

不管是象征层面的巫术还是经济层面的资本主义（也就是自由主义经济学家所说的自由市场），不管是文化层面比如皮埃尔·布迪厄（Pierre Bourdieu）所研究的惯习，还是社会层面比如福柯（Foucault）所研究的监狱或是精神病院中的强权，所有这些隐藏着的、强大的支配力量，都与我们在中观社会以及微观社会视角下所能观察到的社会互动和行动余地有着冲突。

当然，我绝不是在说支配力量或者暴力统治是不存在的，我只是在说这些力量无法解释一切。另外，人们的意愿、想象、价值观或者“精神”，与人们的实际行为之间存在着很大的距离。因此，我们需要区分两种批判式社会学：一种是跟其他科学一样的、通过批判精神来发现隐藏在表象背后的社会逻辑，尤其是社会行为人的行动余地的社会学；另一种则是人文学科中的那种在忽视社会行为人的行动余地的背景下对宏观统治系统提出控诉的社会学。对这两种社会学的区分，将会是本书的主线之一。

人类社会中的确存在着统治意愿，这在当今社会尤为如此，比如GAFA四巨头（谷歌、亚马逊、脸书、苹果）的统治意愿就十分明显，这些大型工业企业希望通过数码传媒科技来俘获全球消费者。所以在分析这些企业的时候，控诉型社会学会把传媒的力量作为解释因素，从而控诉这些企业邪恶的统治意愿。的确，这些企业是可以被批判的，但对它们的批判并不意味着我们就可以忽视人们的社会博弈和他们的行动余地。

就像弗兰克·考舒伊（Frank Cochoy，2004）在分析消费市场时指出的那样，现代企业在吸引消费者方面拥有非常先进的手段。但通过人类学方法研究消费行为，我们会发现，消费者并不会完全受制于这些营销手段，相反，他们在许多情况下有着对商品的自我理解，有着自己的消费方式，甚至有着一些非常有创意的、让想操纵他们的营销专家非常有挫败感的消费方式。但如果我们不去观察和描写社会行为人之间的互动，我们是很难跳出“妄想症模式”的，我们会被道德感蒙蔽，从而无法有效地还原因果链，我们所从事的科学活动也就会变成某种立场鲜明的社会运动。

小　结

对巫术的研究让我能够在策略分析法当中加入象征的成分，也就是说，它能够让我在用功利主义视角去分析利益斗争和权力游戏的同时，也能够还原象征意义在其中所扮演的核心角色。这跟我第一次了解到米歇尔·克罗齐耶在1967年发现的权力关系，以及五月风暴时的权力较量一样，都是对我认知的极大颠覆。事实上，颠覆认知是掌握人类学研究方法的基础条件之一，只有这样我们才能既看到人类社会的多样性，也就是变量，又看到它们的统一性，也就是不变量。

随着城市化和全球化进程的不断推进，过去农业社会中起着社会控制和社会调节作用的魔法宗教机制逐渐被数字互联网机制所取代。无论是在现实中，还是在人们的想象之中，数字技术已然成了当代社会的社会控制手段之一。虽然大城市的社会控制没有像每家每户都互相认识的乡村社会那样严苛，但随着cookies和大数据等数字技术的出现，社会对个人的控制再次得到了强化，尽管数字技术的确也让人们的社会交流变得更加方便。

对巫术的分析还可以让我们看到，阴谋论首先是人类共有的一种思维模式，其次才是一种病征或者是民粹主义特征。当然，并不是所有的阴谋都是凭空想象出来的，有些阴谋的确存在。但在那些完全是捏造出来的阴谋中，最著名的案例之一是那本试图揭露犹太人统治阴谋的、于1905年出版的《锡安长老会纪要》（Protocoles des Sages de Sion）。然而，真实的情况是，这本纪要是一个名叫马蒂夫·戈洛文斯基（Matveï Golovinski）的俄罗斯帝国的秘密警察在1898所完成的一部抄袭作品，他抄袭的是莫里斯·若利（Maurice Joly）在1864年所写的一篇题目为《马基雅维利和孟德斯鸠在地狱里的对话》（*Dialogue aux enfers entre Machiavel et Montesquieu*）的抨击文章，只不过该文章想要抨击的是拿破仑三世的极权阴谋，而戈洛文斯基（Mathieu Golovinski）则将其替换成了犹太人试图统治世界的阴谋。在一部2005年出版的题目为《阴谋：锡安长老会纪要秘史》（*Le complot：L'histoire secrète des protocoles des Sages de Sion*）的漫画集中，漫画作者威尔·埃斯纳（Will Eisner）曾通过对比上述两部作品的一些章节，用一种极为有效的方式揭示了戈洛文斯基是如何抄袭若利的文章的。

巫术分析给我带来的一个惊喜是它让我从此对一致性的真实性始终保持怀疑。另外，通过对巫术的分析我们还可认识到，在集体行动的解释方面，社会行为人的个人意图所具有的解释力非常有限，即便这里有一个比较矛盾的地方，那就是任何的集体行动都离不开行动者们的行动意图，只不过随着情境的不断变化，有些人的行动意图的解释力会大于另外一些人的。换句话说就是，社会行为人行动意图的动力永远都无法凌驾于情境所带来的实际限制力。

总之，阴谋论的特点是它在夸大阴谋的成功概率的同时，也夸大了正义的失败概率。然而，有一句似乎是来自中国的谚语是这样说的："当你家发大水的时候，你的对手家也是。"这句话用社会学一点的语言翻译过来就是，由于限制性条件无处不在，阴谋实施起来的困难不比阳谋小。

第七章

宏观社会和微观社会观察之间的发现（1987）

小　序

在马达加斯加完成了关于官僚统治的调研，以及在刚果完成了关于社会博弈的调研之后，我感觉有一些矛盾——因为在第一个调研当中，我用到的解释系统强调的是统治力的解释作用，也就是“一种不用细致描写社会行为人的行动而直接解释社会变革”（D. Desjeux，1987，p. 217）的解释系统，而在第二个调研当中，我所用到的解释系统强调的则是社会行为人的特点，也就是他们在限制性条件下所拥有的行动余地。几年之后，我的这种矛盾感终于得到了化解。那是1983年，我正在参与一项关于80年代水资源的科研项目，天主教反饥饿求发展委员会（C. C. F. D 组织）问了我一个关于水的社会学问题，正是这个问题让我找到了解决上述矛盾的认识论关键，那就是观察梯度。

萨赫勒地区的干旱问题：微观社会层面的人类活动和宏观层面的自然气象

“他们希望我能够思考一下关于在非洲萨赫勒地区兴修水井或是小型水坝之类的水利工程的问题，分析一下干旱的原因，以及当地人在解决干旱问题时会遇到的文化方面的障碍，还有他们在文化方面所具备的优势。因为从70年代以来，干旱问题更多地被认为是政治历史问题（而非单纯的自然气象问题）。”（选自 D. Desjeux，Stratégies paysannes en Afrique Noire，1987）

“萨赫勒地区的干旱问题确实是由于先前游牧民们建立的一套标准化农牧系

统遭到了破坏而导致的。在其1975年发表的关于图阿雷格社会的一篇题为《一个面对灾难的萨赫勒游牧经济体》(*Une économie nomade sahélienne face à la catastrophe*)的文章中，文章作者约翰·斯威夫特（John Swift）曾通过系统分析很好地为我们展现了这套标准化农牧系统在对抗气候不确定性方面的有效性。比如，在这套系统中，游牧民们会多样化地利用生态系统中的不同植被：雨季的时候，他们会把家畜从南边带到草料生长得更好的北边。再比如，他们会把家畜分散到各个位置的部落饲养，从而避免把鸡蛋放到同一个篮子里。虽然斯威夫特很有可能夸大了这套农牧系统的防灾能力，但他的分析在很大程度上是十分合理的。不过，他的分析里还是有一个缺陷，那就是他把萨赫勒地区后来遇到的干旱问题通通归咎于殖民者的到来，而忽视了另外两个变量：人口增长和印度洋的对流云活动。”

“也就是说，当地的干旱问题的确是由于原先的社会政治结构遭到破坏而产生的，但我们能否就可以认为这是干旱问题的唯一原因？如果不是的话，我们该如何对不同的原因进行分级，是把气候原因放到首位，还是把人为原因，比如破坏性殖民放到首位？如果我们参考来自法国发展研究所（IRD）的地质学家贝尔纳德·吉洛（Bernard Guillot）的研究结果，我们或许应该把气候原因放到首位，因为他在宏观气象层面所做的研究显示，萨赫勒地区的降雨困难已经持续了很多年。但如果真的是这样的话，那么对在当地植树造林的提倡还有什么意义呢？毕竟植树造林首先需要的是水。另外，对于加剧布尔吉纳农村荒漠化的限制性条件的分析也就变得意义不大……”

的确，这里所探讨的干旱问题似乎更多的是由宏观因素造成的。然而，如果我们只局限于分析这些宏观因素的统治力，我们将很难分析出社会行为人如何能够在这一问题面前发挥自己的能动性。

“对于宏观分析家来说，人们的行为是受社会出身、阶级地位和经济能力等宏观结构支配的，人们无法创造历史，只能被历史创造。在他们眼里，事物的变化是由一个，而且是唯一一个根本原因造成的，而社会行为人的策略和行动永远都不会出现在他们的视野范围内。他们还认为，社会学可以像物理学一样总结出通用的社会规律。但我必须承认的是，在我研究马达加斯加殖民政府的官僚体系，以及这个官僚体系是如何通过科技准则对当地农民实行统治的时候，我所用到的便是上述的宏观分析原则。”（参见D. Desjeux，1979）

“将研究的重点放在规则上，会让我们更多地看到系统结构中的统治力对行为的影响。的确，当我们看到内容严格、数量繁多的规则或者制度的时候，我们会有一种感觉，那就是社会行为人很受法规的限制，他们几乎没有行动余地。

然而，就像我刚才回顾刚果桑迪社会的亲属系统时提到的那样，理论上被统治的社会成员实际上有很大的、跳出规则限制的可能性，他们完全有能力削弱家族长辈或者其他统治阶级成员的实际统治力。[在1987年的时候，我与埃玛纽尔·恩迪奥内（Emmanuel Ndione）以及香塔尔·德·巴埃克（Chantal De Baecque）参加了一项由达喀尔ENDA组织开展的简称CHODAK（全称“达喀尔失业问题”）的科研项目。]我们在该城市所进行的研究也再次证明了，社会生活里并不是只有摆在台面上的政策。面对官僚系统的臃肿、低效和各种条条框框，人们是有着自己的对策的。……”

“从宏观社会角度（但对于地质学家来说，这还是一个比较微观的角度）进行分析，社会、经济和文化结构的支配力会被放大。但如果我们换一种观察视角来分析，上述这些系统结构的支配力就变得不再明显，相反地，我们会更多地看到社会行为人的策略和能动性。……”

“皮埃尔·布迪厄的研究是观察梯度问题的一个很好体现。在他的绝大多数也就是早期的著作当中，尤其是他的《继承人》（*Les héritiers*）（1967）、《区隔》（*La distinction*）（1979），甚至包括《说说“说”说的是什么》（1982，*Ce que parler veut dire*）当中，作者都是围绕着阶级出身以及社会、文化、经济资本（也就是社会博弈时会用到的资本）的资本延续来解释社会现象的。这些著作给人的印象就是，社会行为人是完全受支配的，他们没有任何的行动余地，他们能做的只有维护统治资本，或者是被统治。……”

“我个人认为，如果布迪厄的这些研究目的就是为了从宏观社会角度去解释社会现象，那么他的这些研究并没有任何问题。他通过统计所展现出来的行为规律在绝大多数情况下都是无可争议的。事实上，早在20世纪50年代，阿兰·吉拉德（Alain Girard，1964）就用这种方式研究过法国人的择偶行为，以及精英家庭的资本延续（1961）。……但问题是，布迪厄并没有强调他的理论体系的局限性，而是将其默认成一种可以完全解释阶级固化和社会行为的完整理论体系。在这一理论体系下，所有的微观现象都是由宏观条件支配的。但现实并非如此简单：比如，雷蒙·布东在（Raymond Boudon）《无秩序所拥有的一席之地》（1984，*La place du désordre*）一书中论证过的、微观条件催生宏观现象的过程，就是一个很好的证明。”

“布迪厄也做过一些微观社会层面的研究，比如他对阿尔及利亚文化的研究，再比如他在写《学院人》（1984，*Homo academicus*）一书时所用到的调研结果（不过他在这些微观研究中没有特别关注情境的作用）。”

“笼统一点讲，我认为，系统结构的影响作用与个体行动余地的影响作用之间的关系问题其实是一个观察梯度的选择问题。但这种说法还是会牵出另外一个问题，那就是：宏观社会层面的结构影响和微观社会层面的个人能动之间，究竟是一致的还是非一致的？”

“如果我们认同汉伯格（Hamburger）教授提出的“顿挫概念”（le “concept de césure”）的话，那么答案就是它们之间是非一致的——在其题为《理性与感性：对认知局限性的思考》（*La raison et la passion*: *Réflexion sur les limites de la connaissance*）的著作中，汉伯格这样写道：“在研究一样事物时，使用不同的观察梯度和研究方法得出的不同结论是无法被整合成一个关于该事物的统一理论的……（*p*. 40）”

“由于我的职业原因，我使用最多的是微观社会观察梯度，这也是为什么我倾向于研究社会行为人的能动性。但这种选择只是出于一个职业原因，绝非是我不承认系统结构影响的存在。”

“恰恰相反的是，我认为系统结构的影响作用是完全存在的——我很难想象经济是没有规律的，人的行为是不受社会出身影响的，等等。只不过，在我进行微观社会研究的时候，我会把这些宏观的结构性因素作为背景使用，我会将其视为让社会互动能够展开所必需的规则性平台。这些因素虽然不能完全支配人们的行为选择，但它们会让社会行为呈现出一定的规律性。……”

1987 年的时候，“我已经基本相信，宏观观察梯度与微观观察梯度是相对平行的，事物间的因果关系也是很难理清的。我们可以用统计相关性或者结构同型性对一个社会现象做出宏观的解释，但这并不意味着这个现象不受微观因素的影响，也不意味着我们能够消除宏观解释与微观解释之间的不一致性。另外，宏观结构本身也并非一个统一概念，至少我会区分两种不同类型的宏观结构：一种是经济结构，在这一结构下，人们的行为的确很受制约；另一种是文化结构，与经济结构不同，虽然文化结构也很制约人们的行为，但它的可塑性更强，这也是为什么人们可以更容易地根据形势来调整文化结构。……”

“在弄清楚了结构性的支配力量和主观能动的问题之后，我开始尝试通过两种研究方向来把握社会动态：第一个是研究社会变化——这时我的研究试图回答的问题是，‘是什么让一个系统从一种状态变成了另一种状态?’在这类研究中，我要么会更加重视官僚政治系统的限制性作用和经济系统的推动力，要么会更加重视引起社会变化的社会互动。第二个研究方向则是研究人类的具体行为。（与系统结构相比，社会行为人有着更强的随机性和不可预测性。）”

这时，我的研究试图回答的问题是，“是什么让人们有所行动？一个组织或者个人是如何做这样或那样的决定的?”虽然我在研究中使用了策略分析，但我用到更多的是文化模式分析。表面上，这两种分析方法似乎并不矛盾，而且也比较符合科学对统一性的无意识的追求，但就像汉伯格指出的那样，微观与宏观、个体与集体、系统结构与主体行动之间是无法兼容的，所以上述的两种分析方法在许多情况下是矛盾的。承认这种矛盾的存在，会让我们把更多的精力投入到更有创新意义的实地研究当中，而不是用在对整体理论的寻找上。我们基本可以断定的是，社会变化虽然具有一定的规律性，但绝对不会具有像物理学那样的铁一般的规律性。行动余地和系统制约对人类行为的共同影响使其同时具有两个特点，那就是随机性和重复性。（节选自 D. Desjeux，Stratégies paysannes en Afrique Noire，pp. 215-224）

观察梯度的诞生：信息采集方面的变焦问题的解决

随着我对宏观分析与微观分析的认识逐渐丰富，我对观察梯度法的应用从 90 年代起开始变得更加系统化。从宏观的地缘政治视角到微观的生理视角，我将人文科学的研究观察总共分成四种，或者更细分为五种梯度。1993 年的时候，我在让·弗朗塞·多尔迪厄（Jean François Dortier）和让-克劳德·鲁阿诺-博尔巴兰（Jean-Claude Ruano-Borbalan）合办的《人文科学》（*Revue sciences humaines*）期刊的第二期特刊中，发表了一篇题为《在有意识的战略和看不到的力量之间》（*Entre stratégie consciente et force aveugle*）的关于决策梯度的文章；2004 年，我又在法国大学出版社出版了一部题目为《社会科学》（*Les sciences sociales*）的专著，书中，我探讨了人文社会科学领域中的观察梯度的问题。自此，我的关于观察梯度的认识论体系得到了进一步的巩固，当然，我也不排除它之后需要被修改的可能……

观察梯度理论是一个归纳性质的理论，它主要关注的是信息采集层面的实际问题。我们可以用 16 世纪的航海家们的经历来比喻人类学家的信息采集工作：那时的航海家在发现一片新的土地的时候，他并不知道自己具体是在什么地方，他能利用的只是一个指南针、一个用来测浅滩的测深器，还有一个借助太阳定位的六分仪。航海家会先记录下自己所看到的，然后随着航行经历的不断增加，他最终会绘制出一幅较为完整的地形图。

社会人类学家在做定性研究的时候，通常会用到的基本工具包括半开放式访谈、实地观察、小组座谈、拍摄录影，以及今天比较常用到的网络信息搜集。当我们开启一项研究的时候，尤其是当我们要研究的是本文化或者其他文化中的新兴事物时，我们会有种不知道何去何从的感觉。

刚才提到的航海家的画面，在我印象中好像是来自于布鲁诺·拉图尔（Bruno Latour）的《行动中的科学》（*La science en action*）一书，虽然对此我不能百分百地肯定。我在大约90年代初读过拉图尔与史蒂夫·伍尔加（Steve Woolgar）合著的《实验室生活》（*La vie de laboratoire*）（该书法语原版发表于1988年），还有他与米歇尔·卡隆（Michel Callon）合著的《科学实际上的样子》（1991，*La science telle qu'elle se fait*）。在那个抽象型认识论依然盛行的年代，当我读到这两本书的时候，感觉就像是终于呼吸到了新鲜氧气一样。另外，拉图尔的研究方法与组织社会学对决策过程中社会互动的策略分析法也是十分吻合的，尽管，就我所知，拉图尔与从事组织社会学的学者之间并没有什么交集。我们看到，与人类学家一样，拉图尔在分析社会互动时也十分重视物件在其中发挥的作用。这也让拉图尔建立起了一套将无生命的物件纳入社会互动体系的**行动网理论**（théorie de l'acteur réseau）。这套理论非常适用于微观与中观社会分析，尽管在论述中拉图尔并没有特别指出这一理论所适用的观察梯度。

观察梯度是一种具有实验性质的认识论。它是我从大量涉及各种不同领域的、使用到不同甚至是不兼容的理论体系的，以及从不同视角出发的实地研究中总结出来的。对这一认识论的发现与总结，最主要的还是建立在我在微观和中观社会梯度下所做的关于创新系统、决策系统，以及科研系统中的社会互动的研究基础之上的。可以说，它既是我自我分析的一个产物，也是我在客观化我的研究方法时所得到的一个收获。

我之所以想要客观化我的研究方式，或者说，我之所以有摆脱我的主观思维限制的意愿，这要得益于我在学术出版业工作的一些经历。我先是在让-克劳德·鲁弗兰（Jean-Claude Rouveyran）在塔那那利佛创办的《马达加斯加之地》（*Terre Malgaches*）期刊担任编辑秘书，之后又在昂热高等农业学校旗下的《农业观察》（*Agriscope*）期刊任职。1979年到1995年间，我又在阿尔马丹（L'Harmattan）出版社先后担任作者、丛书主编和文学总监。1996年到2006年间，我又转投到了法国大学出版社。2001年到2008年这段时间，我在名为《消费与社会》（*Consommation et société*）的电子期刊担任主编。因为这些经历，我读到过好几百篇学术投稿，它们用到的观察梯度各式各样。作为编辑，我只有通过接受观察梯度才能够用一种开放的态度去接受那些与我的学术方向不尽相同的学术成果（只要这些学术成果是建立在实地考察基础上的）。也就是说，观察梯度可以帮助学者们避免被某一种学术思想所禁锢，从而增强自己的学术创新能力。

在微观和中观社会观察梯度下进行研究需要循序渐进的过程，研究者需要通过不断的采访来渐渐明白社会行为人的想法和他们的实际行为，而不是一上来就尝试界定自己所要研究的社会现象。另外，这种实地研究无法对被研究的社会现象做出整体把握，而是只能局部分析，因为研究者是不可能采访到所有被涉及的社会行为人的。更重要的一点是，这类研究在初始阶段是没有很明确的理论假设的，对事物的解释性理论假设只能通过研究的不断深入，甚至是需要再研究才能够被提炼出来。

观察梯度中的三类因果联系：统计相关性、情境、意义

对现实的全面观察是任何人都无法做到的，因而人们在观察和理解的时候总是会遇到死角。1996 年，我在布鲁诺·佩吉诺（Bruno Péquignot）担任主编的 *UTINAM* 期刊第 20 期发表了一篇文章，受戈特利布（Gotlib）的《乱七八糟》（*Rubrique-à-brac*）系列漫画的启发，我给这篇文章起的题目是《小心，我撤（观察）梯子了！》（*Tiens bon le concept, j'enlève l'échelle…d'observation!*）。在这篇文章中我曾指出，所谓全方位研究，其实是在通过绕过观察梯度的限制的方式来建立一套抽象理论。

这里要指出的是，观察梯度并非一个全新的理论。它是地理学里的一个基本方法。与之相似的是，物理学家们也会区分宏观物理和微观量子物理，经济学家们也会区分宏观经济和微观经济，还有生命科学，比如，若埃尔·德·罗思奈（Joël de Rosnay）曾在其 1975 年发表的《宏观显微》（*La macroscope*）一书中，提出过一个结合宏观与微观视角的、用于观察复合系统的观察工具。也许真正可以称得上“新”的，是从 20 世纪 90 年代开始，尤其是当雅克·雷维尔（Jacques Revel）主编的《梯度的巧妙》（*Jeux d'échelles*）一书出版后，观察梯度的问题进入了社会学、人类学、历史学等人文科学领域这一事件。贝尔纳德·拉伊尔（Bernard Lahire）也参与到了这本书的撰写中，在其 2012 年出版的《多元世界——对社会科学统一性的思考》（*Monde pluriel: Penser l'unité des sciences sociales*）一书中，拉伊尔再次探讨了观察梯度的问题。但不管是在此之前还是之后，大多数的人文学家都希望能够建立起一套不受观察梯度限制的、能够整合所有因果关系的全方位研究方法。

我在上文中曾提到过，吕克·博尔坦斯基（Luc Boltanski）在其 2012 年出

版的《难解之谜与阴谋》(*Enigmes et complots*) 一书中曾经承认过，观察梯度问题是很难回避的。他明确指出，“事物在不同的观察梯度下有着不同的因果关系，我们特别需要找到一套能够理清这些不同的因果关系的方法论体系”(p. 367)。我个人认为，要想做到这一点，我们需要做的是根据不同的研究问题来使用不同的解释模板，而不是试图整合所有的解释模板。这也需要我们承认知识所固有的碎片性，并且能够接受不一致性给人带来的心里不安。多米尼克·贝斯特雷 (Dominique Pestre) 写过一部题为《科技政府》(*Le gouvernement des technosciences*) 的关于科学社会学的著作。我十分认同作者在该书的导言部分写的一段话：“没有哪一种研究角度比其他研究角度更有优势。”(p. 12)。乔治·古尔维奇是最早研究观察梯度的社会学家之一，在其 1958 年发表的《社会学概论》(*Traité de sociologie*) 中，他曾提出过一个用于评判观察梯度的台阶理论 (théorie des paliers)。然而，观察梯度不分好坏，我们不能说哪一个观察梯度比其他的观察梯度更为有效。

在人文学科的研究中，我们可以任意选择自己的关注点，不管是经济利益还是象征意义，不管是权力关系还是身份归属，不管是统治还是互动，不管是静态现象还是动态现象，或者是社会化、反制度、动机、无意识、认知，等等。在很大程度上，研究者的解释理论是由他选取的关注点所决定的。也就是说，在人文科学中，理论不是一个自变量，而是一个受观察情境和描述条件影响的因变量。

这也是为什么我们说，任何理论都受观察梯度的限制，因而任何理论的解释力都是有限的。上文提到过，1998 年的时候，我与索菲·塔玻尼尔和安妮·蒙亚莱特出了一本题为《当法国人要搬家的时候》(*Quand les Français déménagent*) 的合著。我们在书里提出了一个“有限概括 (généralisation limitée)”的概念，意思是说，通过研究的积累，我们可以得到一些概括性理论，但它们的概括功能是有限的，因为任何研究都无法绕过观察梯度的限制。也正因如此，人文科学的目的不是要找到“真理”，而是要还原实际现象，所以作为研究者，我们最应当时刻问自己的一个关键问题是：我所描写的是否与实际相符？

这也就是说，研究者可以在不同的研究当中使用不同的观察梯度，而我们在评判一个理论的时候，也要充分考虑到这个理论是建立在怎样的研究条件和观察梯度之上。当然，对于那些抽象型理论，我们看不到观察梯度对其产生的影响；但只要一个理论是建立在实地研究基础之上的，我们就一定可以发现它所对应的观察梯度。虽然观察梯度造成了理论的有限性，但它却是理论合理性的保障，因为在宏观因果与微观因果断层的背景下，整体理论基本上只能是错误理论。

观察现实就意味着分割现实，也意味着我们无法观察现实的全貌。前文曾提到过量子物理学中的海森堡原则，即粒子的位置和速度不可以被同时观察。人文科学也可以有类似的原则，那就是，我们在实地研究中很难同时观察意义和利益、权力关系和身份归属、价值观和客观限制，以及主体和阶级。研究这些不同的方面，需要运用不同的信息采集手段，比如说：要分析利益，就需要用访谈法；要分析意义，则需要用联想方法；要分析阶级，我们就需要看统计数据等等。

而对我来说最重要的一点是，从1987年开始，观察梯度理论让我有些意外地发现，观察梯度不同，对同一社会现象的解读方式就会不同。

宏观社会、中观社会、微观社会和微观个人观察梯度

在宏观社会梯度下，社会行为人之间的具体互动是无法被观察到的。这一观察梯度所能呈现的是社会从属对社会行为的外在影响力。社会学的宏观描述和解释一般会区分四种类型的社会从属，即社会阶级、年龄或出生年代、性别，以及文化（如民族、宗教或者政治）。宏观梯度也包括地缘政治，也就是说，对国际局势的分析也属于宏观社会分析。以上这些社会分层概念是具有描述性质的，它们以各种各样的形式存在于所有的人类社会。对于它们的分析主要是为了阐述一些公开的、激烈程度不一的社会矛盾。不过，不同的时代，社会矛盾的重点会有所不同。有些时候，种族矛盾或是宗教矛盾是最激烈的；有些时候，贫富矛盾是最激烈的；还有些时候，比如当今的“爷爷潮”时代，代际矛盾是最激烈的。

宏观社会梯度下的因果关系考察的主要是社会从属和生活行为之间的统计相关性，这在实地观察当中一般是看不到的。举个例子：皮帕·诺里斯（Pippa Noris）和罗纳德·因格尔哈特（Ronald Inglehart）在他们合著的《神圣对世俗：全球宗教与政治》（2014，*Sacré versus sécularisation*：*Religion et politique dans les monde*）一书中曾指出：“对安全的重视和宗教信仰之间有着很紧密的联系；那些特别渴望在安全无风险的环境下生活的人要比其他人有着更强的宗教信仰……这些宗教信仰相对较强的人群包括年长的人、妇女、低学历人群、低收入人群，以及非职工。”（p. 371）还有就是，“低收入人群的信教可能性要比高

收入人群高出将近两倍”（p. 163）。这也就是说，收入越高，世俗化程度也就越高。由此我们可以看到，在宏观社会观察梯度下，社会行为人的互动情境是不在研究者考虑范围内的，研究者关注的是社会从属和行为之间的统计相关性。

而在中观社会梯度下，研究者关注的是集体间的社会互动。这一观察梯度适用于分析行动系统和社会组织。在解释现象的时候，研究者展现的不再是抽象的、静态的因果关系，而是互动情境的具体影响力，以及随着情境变化而变化的限制性条件和行动阻力。集体组织间的互动永远都是在一定的情境下进行的，每个集体组织都会受到互动情境中的物质、社会和象征性质的限制性条件的制约，但与此同时，它们也都会拥有自己的行动策略。不过，产生这些限制性条件的现象，是可以在更为宏观或者更为微观的梯度下观察到的。总之，在中观社会梯度下，研究者是靠社会情境的限制性和不确定性来解释社会行为人之间的互动行为的。研究者会或直接或间接地假定，社会行为人会根据自己所意识到的限制性条件来制定自己的行动策略，社会互动中的限制性条件便是人们采取这样或那样行动的原因。社会互动的情境只要改变，其中的限制性条件便会改变，互动参与者的行为也就会随之改变。就像我们在本书第二章介绍组织分析时看到的那样，在中观社会梯度下，社会情境的限制性条件是用于解释社会互动的“自变量”。

从中观社会梯度，我们可以直接导出微观社会梯度。这一观察梯度主要用于分析家庭系统中的消费管理。与中观社会研究不同的是，当我们分析诸如行政系统或者市场等大型集体组织的时候，我们分析的是成百上千的社会行为人之间的互动；而在微观社会研究中，我们分析的是家庭成员在他们的社交圈里的互动，被观察对象最多只有几十个。在这一梯度下，研究者会通过观察人们在客厅、厨房、洗浴间、卧室等家庭场所中所使用到的物件和所做的事情来分析人们在微观社会互动中所采取的行动策略。

不管是在中观还是在微观社会研究，研究者都是通过社会情境的限制性影响力来解释人们的互动行为的。所以说，这两种研究都属于广义的互动论（interactionnisme）研究，它既包括象征主义的互动论，还包括功利主义的互动论。

接下来是微观个人观察梯度，我们也可以称其为个体梯度，因为它是用于分析个体主观倾向的。在这一观察梯度下，研究者要么是将社会行为人为自己的行为赋予的主观意义作为解释性因素，要么是分析人们如何根据自己的认知系统、认知偏误，以及主观判断来组织自己的行为的。这是心理学所用到的一种观察梯度，不管是认知心理学、行为心理学，还是精神分析学都是如此。可以说，这是最能展现人类行为中的自由性的观察梯度。尽管如此，在心理学中，我们还是能够看到限制性条件的存在，比如导致人们认知偏误的大脑认知系统、心理学实验中的自变量，以及精神分析学中与“自由意识”相对立的“无意识”。

最后需要提一句的是生物学梯度。其实，这一观察梯度有些类似于宏观社会梯度，因为在生物学梯度下，社会行为人的自由度和行动余地同样也是很难被观察到的。另外，就像脑神经学家阿兰·贝尔托（Alain Berthoz）在其2003年出版的《决定》（*La décision*）一书中展现的那样，生物学研究同宏观社会研究一样注重统计相关性，比如刺激与反应之间的相关性等。

当然，观察梯度只是一个概念，而不是一个现实存在的事物。它旨在展现一个认识论基本原则，那就是，我们在了解现实的时候，只能通过有限的信息采集工具对其进行局部的了解。这些不同的观察梯度最终会为我们提供或是三种不同类型的，或是只存在于一种梯度下的，或是跨越多种梯度的解释性因素。首先是统计相关性，它是一种很难在实地观察中看到的解释性因素，常常是宏观研究和微观个人研究能够提供的解释性因素。接下来是社会情境，它旨在从微观和中观社会观察梯度下解释社会互动。最后是解释力相对较弱的主观解释性因素，它既存在于微观个人梯度，也存在于微观和中观社会梯度，它所表现的因果关系非常类似于弗洛伊德所说的力比多，或者柏格森所说的生命能源（énergie vitale）。从社会人类学角度来讲，主观意义的解释功能并没有被完全的认可（参见André Green，1995，*La causalité psychique*）。

小 结

上述的三种具有不同科学性的解释性因素为我们揭示了科学观察中的“顿挫原则”。在这一原则下，不同的观察梯度所用到的不同的解释性因素是无法被整合成一套统一的解释体系的，比如说统计相关性和社会情境之间的鸿沟是注定不可逾越的。对社会的观察与认识是非连续性的，我们在某一个观察梯度下所看到的事物会在另外的观察梯度中消失，比如社会行为人的行动余地会在宏观社会视角下消失。

观察梯度也证明了人们不太希望被证明的一点，那就是，自变量同时也可以是因变量。举个例子，当我们把一个宏观社会视角下的自变量放到中观或者微观社会视角下，它很有可能就会变成一个随社会情境而变化的因变量。统计相关性表现的是因果关系中有条不紊的一面，而社会情境表现的则是因果关系中不稳定的一面，因为社会互动本身就是不稳定的。

更重要的一点是，观察梯度证明了人类社会的因果链是具有多样性的，所谓的“唯一原因”是不存在的。对这一点的发现要得益于微观和中观社会学研究的发展，因为它让我们看到了，人类行为不只是受制于宏观社会或者微观个人层面的具有规律性的影响因素，人类行为同时也是具有限制功能和多变性特点的社会情境的产物。

第八章

消费者购买与使用行为的启动事件（1989）

小　序

这一章的内容已经不再是关于非洲的农村社会，而是关于现代法国消费社会的了。1989年，受来自Optum公司的让·普雷沃斯特（Jean Prévost）和米歇尔·舒克鲁恩（Michel Choukroun，1958—2016）的邀请，我有幸参与了一项为勒克莱克集团所做的关于法国人珠宝消费的研究。在这项研究当中，我们将研究刚果农村社会时用到的人类学研究方法与组织社会学的策略分析进行了一个方法论的融合，并通过这种方式将消费作为行动系统进行研究。1990年的时候，我与索菲·塔玻尼尔（1960—2001）共同成立了一家名叫阿尔戈（Argonautes）的研究公司，同时，我们也发明了一个在构词法上类似于“民族语言学（ethnolinguistique）”或者“民族植物学（ethnobotanique）”的一个概念——民族市场学（ethnomarketing）。这个概念的意思是说，我们希望将民族学的研究方法移植到关于消费行为的市场学研究上（参见J. F. Dortier，1990）。

在一份调研记录中我们曾这样写道：民族市场学关注的不是个体的购买意愿，也不是社会人口学中的宏观变量，而是“在特定城市范围内的消费者们的日常生活。它以社会情境作为研究视角，每一个城市都会被视为是一个由商业、娱乐和服务场所组成的消费系统，并或多或少地与生产场所相联系”。城市同时也是一个极具移动性的空间，我们曾在许多研究中重点分析过城市生活的移动性，这些分析主要收录在《移动性的区域》（M. Bonnet，D. Desjeux，dir.，*Les territoires de la mobilité*）和《移动性的人类学意义》（D. Desjeux和coll.，*Les sens anthropologiques de la mobilité*）。当我们考虑到移动性问题的时候，我们会发现，日常消费首先不是一种个体行为，而是嵌在城市系统当中的一个集体行为。消费者先是要从家里移动到工作地点，然后再移动到购物地点，接下来他可能还会移动到娱乐地点，最后再移动回家里，等等。由于在这一空间系统中存在着许多限制性因素，所以消费者在选择购物场所（比如超市）时，并不是完全自由的。他的选择要考虑到对路径的最优规划，这一点，我会在下一章分析入城口的时候加以详述。

“在城市系统中，每一个大卖场都有着自己在象征意义层面上和在社会层面上的定位，对每一个社会群体来讲，大卖场既可以是一个娱乐性场所，也可以是一个功能性场所。既可以为人们带来快乐，也可以为人们带来限制。民族市场学所认定的前提是，消费行为不是一条直线，消费决定也不是其中的一个固定点，消费者的社会从属也没法完全支配他的消费行为；相反地，消费是一种动态过程。（民族市场学也试图理解）消费者如何具体使用自己购买到的消费品，而不是仅仅停留在单独的购买行为上。”在1989年那个时候，不去用购买欲或者购买动机来解释消费行为的研究是非常少见的。当然，我并不是不承认购买欲的存在——自从欧内斯特·迪希（Ernest Dichter）特发表了《欲望的策略》（*La stratégie du désir*，法语版发表于1961年），购买欲已经是一个被人熟知的概念，只不过，对购买欲的研究和民族市场学用的不是同一种观察梯度。

在民族市场学的研究视角当中，一样物品的获得，不管是通过购买、获赠还是偷抢，都是由一个事件——而且通常是具有社会性质的事件——诱发的，我们称之为启动事件。在那项关于珠宝消费的研究当中，我们观察到，珠宝消费的许多启动事件对应的是消费者的生命周期，也就是人们从幼年到老年所经历的人生重要时刻。也就是说，通过对消费者生命周期的分析，我们也可以在消费领域中观察到人类学家维克多·特纳（Victor Turner）在其1971年发表的《忧伤鼓》（*Les tambours d'affliction*）一书中所分析的过渡仪式（rites de passage）。

金首饰的双重属性：神圣与家常

“不管是自己买来的，还是别人送的，金首饰总会被视为是一份礼物……由于金首饰极为特殊的材质，它对人们来说具有一种‘神圣感’，这与纯功能性的商品是完全不同的。这里所说的神圣，并不是狭义的、宗教层面的神圣，而是广义的、用来形容所有特殊的、超出日常范围的、非实用型的事物……金首饰消费属于炫耀型消费，这种消费的特征是不计经济回报和经济成本，只寻求在众人面前展示自己。它带给消费者的是一种额外价值（surplus），其象征价值要远大于其实用价值。……作为礼物，金首饰一般会出现在过渡仪式中，因为它能够加深赠与者与获赠者之间的感情，因为它是爱的象征。”

在我们采访到的人看来，“金首饰还具有一种神秘的、能够辟邪的魔力。比如，法蒂玛之手可以防小人，金海豚挂坠可以带来好运，丰裕之角可以带来财富，黄金耳环可以明目。有的人还认为金首饰可以延年益寿，因为它本身就可以被永久保存。另外，如果金首饰上有宝石的话，它还会有算命的功能，比如，一个人如果得癌症了的话，那么他戴的宝石就会发黑”。2007年的时候，我与现在在广东外语外贸大学担任教授的杨晓敏为欧莱雅公司做了一个关于美容的调研，在那次调研中，我们也观察到了珠宝（比如玉石）在人们心中所具有的魔力。

“珠宝基本上都是在家庭范围和在感情非常亲近的人之间流通的。绝大多数的时候都是发生在长辈与晚辈之间，比如父母与孩子之间、叔舅姑姨与侄子外甥之间，以及教父教母与教子教女之间的。”

“珠宝在亲人范围内的流通属于整体交换（échange généralisé）现象，但同时也是具有错时性（différé）的交换现象。”它可以在血亲之间进行，也可以在姻亲之间进行，甚至也可以在互相视为家人的朋友间进行。在西方，珠宝流通的基本模式是，广义家庭中的一个成员先将一件首饰送给自己的一个晚辈，获赠者不需要立即还礼，而是等到经济独立了以后再送给长辈一件首饰，尤其是会送给自己的母亲和教母。所以说，金首饰的“送”与“还”是受生命周期直接影响的。从全球范围来看，这种代与代之间的交换系统在婚礼中尤为普遍，不管是男方家庭所要支付的聘礼，还是女方家庭所要支付的嫁妆，都是这种代际交换的体现，这种交换还包括结婚礼物这一法国社会中的盛大的“夸富宴（potlatch）”。

我与司迈因·拉切尔（Smaïn Laacher）在马赛做的采访还让我们了解到，黄金珠宝首饰在马格里布文化中具有尤为特殊的价值。只不过，它的价值主要是用大小和重量来衡量，而在法国文化中，首饰的价值主要体现在它的做工上。

同一件珠宝可以在家庭内部代代传承，因此珠宝首饰也可以用来象征家庭血脉的延续，其中由母亲给向女儿的母系传承尤为突出。一般来讲，女人到了七八十岁的时候，就已经不再会收到珠宝首饰，而是会将它送给女儿或者是孙女。

生命周期对金首饰购买的影响

研究中我们发现，人们会在以下三种情况下购买金首饰："一是重大的，尤其是具有社会仪式性场合中的礼物赠与，二是自己买给自己的礼物，三是重大场合之外的、作为答谢用的礼物。"

金首饰的赠与，通常发生在家庭为了庆祝某个家庭成员即将迈入人生中的重要阶段所举行的过渡仪式上，比如出生礼、少年礼、成年礼、婚礼、退休礼等等。过渡仪式在出生到成年这个阶段会比较多，而成年之后则会相对较少。

"我们可以将过渡仪式分为两种：一种是体现人生前进的过渡仪式，另一种是体现生命周而复始的过渡仪式。前一种过渡仪式体现了人生的一些重要阶段。这些过渡仪式可以是宗教层面的，比如洗礼、割礼、入教礼、共融礼、订婚礼和婚礼；也可以是世俗层面的，比如出生礼、生日、考试过关以及晋升等等。"

第二种过渡仪式主要体现在重大节日上。比如"像圣诞节这样的宗教节日，还有像新年、母亲节、父亲节、情人节这样的世俗节日"。对于家庭来说，所有这些过渡仪式"让家族里不管是血亲还是姻亲成员之间，都能够相互表达爱意……因此，家族里所举行的，或具有宗教性质，或具有世俗性质的过渡仪式便是珠宝消费过程的一个开端"。

但是，人们并不可以自由决定自己是否要购买珠宝首饰。"拿洗礼来说，孩子的教父教母会先跟孩子的父母商量，比如，他们会先问孩子的父亲或是母亲，是需要一辆婴儿车，还是需要一个带着圣牌的小金链。教父教母的目的是要送一个合适的礼物，如果受赠者希望收到的是一条带着圣牌的小金链，那么他们就会买这样一件首饰。也就是说，赠与者并不能够自由决定自己要买什么，他的消费选择是由受赠者的选择决定的。基本上，人们为了在过渡仪式中赠送礼物而购买的首饰都是一种社会强制（obligation sociale）。对于勒克莱克集团的珠宝商店来说，很多顾客去到店里都是为了买礼物。"

同样，如果是给一个未成年人送礼物的话，"买礼物的人会担心，要么那个孩子不懂得黄金首饰的价值，要么那个孩子干脆就不喜欢这类东西。在商量之后，买礼物的人便有可能会放弃购买金首饰而去买别的类型的礼物"。

"但是，并不是什么类型的礼物都可以替代金首饰……如果出生礼上不送金首饰的话，那至少也得送个高级童车，或者是高级童装，甚至是一个存折。"如果是很隆重的共融礼，黄金首饰的替代礼物可以是一部自行车、一支钢笔、一台照相机，或者一块手表。不过，这是我们1989年做调研时的情况，如果是现在的话，除了自行车，其他的都已经不再适合作为共融礼的礼物了，比如说，我们得把钢笔换成手机或者平板电脑。“一直到十八岁的时候，年轻人在过渡仪式上收到的礼物，除了黄金首饰之外，还可以包括自行车、摩托车、驾校学费、钱包、Hi-Fi音响、收音机、录音机还有电脑（1989年，有钱人已经开始送电脑了）。而在十八岁之后，年轻人的亲属们会比较倾向于给他们钱，这样的话，年轻人可以更好地融入亲属、情侣之间的礼尚往来，或者是犒劳自己。”

总的来说，即便人们在给自己买金首饰的时候，会相对自由地根据自己的个人喜好购买，但在其他情况下，首饰的选择是很受社会因素影响的，而且在很大程度上是由生命周期决定的。

生命周期法：消费品在身份构建上所扮演的角色

在分析消费、社会化和身份构建（construction identitaire）之间的关系问题上，生命周期法是一个非常有效的研究方法（参见D. Desjeux，*Deux approches anthropologiques de la consommation*，2007）。我们将这套方法应用到了许多实践研究当中，从而使其逐渐得到完善。这些实践研究涉及许多不同的主题，比如酒消费（D. Desjeux等，1994）、人文学作品出版（D. Desjeux，I. Orhant，S. Taponier，1991）、化妆品（D. Desjeux，dir.，2006，pp. 69－88）、集邮（S. Alami，D. Desjeux，dir.，2006）、法国的书包演变、欧洲小孩的零花钱（S. Alami，D. Desjeux，dir.，2006），以及我在2007到2015年期间分别与杨晓敏、王蕾（Wang L.，2015）、胡深（HU S.，2015）、马菁菁一起做过的关于中国人的美容产品消费、游戏消费、酒消费和软饮消费的研究。

在所有这些研究当中，我们都试图还原消费者的生命周期与其消费的产品或是服务之间的关系。这里要指出的是，尽管我们在任何去到的地方都能观察到生命周期现象，但这绝不意味着所有社会都用同样的方式来划分生命周期，或者是用同样的物件来表现生命周期，也不意味着在一个特定社会中通行的生命周期可以保持一成不变。生命周期的形式很受文化、历史和时代的影响，所以它会经常变化。

我们在2006年所做的关于法国人化妆行为的研究显示，在法国，化妆可以用来分析年轻人是如何进行身份的自我构建的。简单来讲，这种身份构建与教育系统中的学业周期是一致的。教育系统中的每一个学业阶段都是固定的，但处于同一个学业阶段的年轻人并非都有着同样的行为模式，而是会呈现出一定的行为多样性（参见 D. Desjeux，2006，pp. 112-118）。

在小学，也就是六到十二岁期间，女生们的化妆行为是一种对母亲的模仿、一种游戏。

到了初中，也就是十一到十六岁的时候，小孩开始有了反叛心理。在这个阶段，一部分女生的化妆行为会遭到父亲的反对。女生们在挑选化妆品的时候会选择那些特别光亮甚至耀眼的化妆品，这对她们来说似乎是比品牌还要重要的标准。跟我们后来在中国看到的一样，法国初中生的化妆行为会引发代际上的矛盾。据我所知，2016 年的时候，中国的学校，除了大学以外，都还是禁止学生化妆的。不过，虽然我们从媒体上了解到的中国是很注重权威和纪律的，但是年轻人在私底下还是会有一些叛逆行为。

到了高中，也就是十六到十九岁的时候，女生们开始希望吸引男生的注意力。身边的朋友会对自己在化妆品上的选择有着关键性影响。

到了大学阶段，女大学生一般不会炫耀自己使用的化妆品牌，在吸引男生方面也会比较有针对性。

当年轻人有了第一份正式工作的时候，我们可以说他进入了职业社会化阶段。这一阶段的特点是，一些年轻人的符号，比如耳钉、染发、牛仔裤等，变得越来越少。对于职场女性，尤其是管理层的职业女性来说，一条不成文的职业守则是“不要太过”（pas trop）：化妆不要太浓，上衣不要太暴露，首饰不要太多，裙子不要太短，等等（Agathe Guillot，2004）。但当女性进入到更年期以后，针对她们在衣装打扮方面的职业准则就会变得相对宽松，这与只允许本堂神父雇佣更年期女佣的教会规定有着惊人的相似（S. Alami，D. Desjeux，dir. 2006）。

身份构建过程也是一个社会准则的学习过程。在这一过程中，年轻人需要了解什么样的行为是被允许的，而什么样的行为是被禁止的。随着年龄的增长和时代的变化，人们所受到的社会约束也会有所不同。建立身份实际上就是融入某一个集体当中并与其他集体保持距离。所有的身份构建，包括女性身份、男性身份、职业身份、社区身份、国家身份、阶级身份（尤其是中产阶级身份）等等，都离不开行为准则。而另外一个在身份构建过程中发挥关键性作用的因素是消费品。

最能表现一个人脱离社会的标志，便是这个人失去了购买力。我们在 2003 年所做的对无固定居所人群的研究显示，对于没有固定居所的人们来说，走出困境、重新融入社会的开端是“拿到了住房钥匙，因为这意味着自己终于可以自由出入一个属于自己的居住空间。除了钥匙之外，还有其他一些物件也可以象征着脱离社会状态的结束，比如床单，比如暖气，还比如梳洗包。被访者还强调了另外一个对他们来说非常重要的事件：有了能够将自己领到的捐赠食物加热的工具”。

“同样，手机卡或者（邮政公司的）名叫 Réalys 的支付卡也是重新融入社会的标志。拿手机卡来说，手机可以让无固定居所的人感到与社会‘重新联结’，同时也可以让他们在自己喜欢的地方打电话，而不必去到那些会让自己受到歧视的地方。从服务型消费角度来讲，能够去影院或者是饭店也是重新融入社会的标志。另外，能够给孩子买礼物也是一个很重要的事件，因为它让之前脱离了社会的人们能够重新找回自己的社会属性。”（节选自 D. Desjeux 等，2003，p. 101）消费品可以表现人们的群体从属、阶级从属，以及更为广义的社会从属。这一点，莫里斯·哈布瓦赫（Maurice Halbwachs）在其 1912 年发表的《工人阶级和生活水平》（*La classe ouvrière et les niveaux de vie*）一书中就曾做过分析。

当我们在研究中运用生命周期法的时候，我们能够观察到以下两种因素之间的关系：一个是消费品的材料、用途、外形和品牌，另一个是人们生命中有关身份构建的关键阶段。拿女生的书包消费来说，我们在 2006 年所做的研究显示，幼儿园小女孩所用的书包质地通常非常柔软，有点类似于毛绒玩具。这种书包没有太多的实用意义，也基本不是名牌。而小学女生的书包质地会硬很多，形状会更方。她们的书包开始变得实用起来，因为作为学生她需要在里面装书本或者电脑。另外，牌子也开始变得重要起来。到了初中，女生们会很排斥那种“让人显得像小孩”的书包，因为她们正在进入一个新的身份构建阶段。与小学女生基本只背双肩包不同，初中女生有时候会背斜挎包。另外，初中女生的书包质地比较偏软。还有就是，书包除了上学背之外，朋友之间的外出聚会也会背。至于牌子则常常用来表现朋友圈子的存在，也就是说好朋友之间往往会背同样牌子的书包。总之，书包是初中女生进入人生新阶段的一个重要表现形式（详见 D. Desjeux，2007）。

到了高中，书包的品牌变得非常重要，尤其是依斯帕（Eastpak）牌的书包——那是我们 2006 年做调研时在高中生里最流行的一个品牌。属于同一个小集体的成员通常会选择背同样牌子和同样外形的书包，目的是与背别的牌子或别的外形的书包的小集体区分开。不过，有些小集体为了突出自己会故意背没有牌子的书包。到了大学，书包的种类开始多了起来，因为大学生在上课和在外出聚会时会选择背不一样的包。女大学生的皮质书包相对比较多，而且她们会比较在意书包与高跟鞋的搭配。罗素·贝尔克（Russel Belk）曾研究过高跟鞋对于女性的重要性，作者指出，就像灰姑娘童话里表现的那样，穿高跟鞋象征着女孩变成了女人（R. Belk，2003；http：//bit. ly/2003-Belk-chaussure-soi）。

从儿童时期到进入中年之前，在人们这一阶段的身份构建过程中，发挥最重要作用的是朋友圈子。在消费研究领域，伯纳德·科法（Bernard Cova）把年轻人的朋友圈称作“部落”（B. Cova 等，dir.，2007）。部落这个词特别适用于年轻人的朋友圈，因为年轻人的朋友圈的确比较以感性因素为基础。当然，年龄较大的成年人围绕某种消费品而建立的朋友圈也比较具有部落性质，比如著名的哈雷摩托党。另外，我们与伯纳德·科法一起做过的一项研究显示，在法国、挪威、巴西和美国，惠普 12C 计算器也具有像哈雷摩托车那样的身份构建功能（详见 D. Desjeux 等，1999）。

“部落”这个词实际上是来源于米歇尔·马费索利（Michel Maffesoli）所写的《部落时代》（1998，*Le temps des tribus*）一书。在这本书中，作者分析了情感在社会团体中，尤其是在类似于 80 年代锐舞团那样的很容易解散的社会团体中所发挥的作用。而这与传统人类学所使用的部落概念正好是相反的，因为在传统人类学中，部落指的是结构非常稳定的社会团体。尽管米歇尔·马费索利并没使用过生命周期这个概念，但我们可以说，该作者的一个重要贡献是展示了情感在生命周期的初始阶段，也就是从少年到青年这段时期的社会生活中所具有的重要性。

不过，马费索利的理论也有一个值得商榷的地方，那就是作者认为感性因素并非是年轻人的特征，而是整个社会的一个基础性因素，也就是说，他的理论应该也同样适用于中产阶级，或是比如“五十岁的家庭主妇”群体。但就我们所做的关于超市购物的研究而言，在这些人群的消费行为中，感性因素并不明显，他们的消费行为基本上要么属于习惯性的日常行为，要么属于精打细算的理性计算行为。在本书接下来的几个章节中，我们会对此加以详述。这里还要指出的是，马费索利的理论很受广告营销专家的欢迎，因为如前文所说，他们的工作原则是通过广告的魅化作用来吸引消费者，所以他们比较喜欢那些重视感性条件、弱化限制性条件的理论。

小　结

1999 年，我与奥利维尔·马丁（Olivier Martin）带领着巴黎第五大学的一个研究生团队为巴黎的一个叫作 Café OZ 的酒吧做了一项调研。结果显示，“如果说在四十年前的法国我们还能够看到传统社会特有的制度化的农业宗教仪式，那么在今天的法国社会，我们已经很难看到类似仪式的存在了。对于现在的法国年轻人来说，他们的人生过渡和身份构建是通过许多个微型仪式（microrituel）完成的（比如领驾照、举办年轻人的联谊舞会、搬家、这个那个的‘第一次’——第一次掌握厨艺、第一次泡酒吧等）。这些微型仪式与传统的制度化仪式有着同样的身份构建功能，只不过前者的社会约束来自同龄人，而且时间跨度更广。而这些年轻人的微型仪式的结束也意味着一个新的人生阶段的开始”（引自 D. Desjeux，M. Jarvin，S. Taponier，1999，pp. 14-15）。但是，在微观社会层面的消费观察能够让我们看到，青年时代结束之后，新的微型仪式会以新的方式继续伴随着人们从一个人生阶段过渡到另一个人生阶段。

与本书后面几个章节将要介绍的路线法一样，生命周期法能够帮助我们看到社会生活是如何影响消费的。那些广告中以及只存在于想象（imaginaire）中的“消费”，体现的是个人主义的价值观。生命周期法和路线法研究让我们可以看到，在现实生活中，有些消费过程是由人生不同阶段之间的过渡引发的，也就是说，消费过程中体现的个人主义因素其实是很少的，更多的是社会集体因素，比如朋友圈子等对消费的影响。一个朋友圈，总会包含着自己的社会准则，这些准则促使朋友圈的每位成员在行为上保持一致，同时又与其他圈子里的人，或是其他年龄的人区别开来。总之，从实际行为角度来讲，社会并不是个人主义的，而个人主义只存在于想象和法理道德之中。

定性研究过程中，我们时常很难区分哪些行为现象是因为年龄造成的，哪些是因为时代造成的。如果一类行为是由年龄造成的话，那么它会代代相传，但如果是由时代造成的话，那么下一代人很有可能就会有别的类型的行为。举个例子：电子游戏从 20 世纪 90 年代起开始在年轻人当中流行起来，但作为研究者，我们需要等到二十年之后才能判断年轻人喜欢玩电子游戏究竟是因为他们年轻，还是因为他们出生在 70 或是 80 年代。从现在的情况来看，玩电子游戏应该是与时代有关系的，因为现在有很多四十多岁的人并没有因为自己步入中年而对电子游戏失去兴趣。

虽然生命周期的划分结构相对稳定，但是每个人生阶段的内容和消费标志会随着时间发生很大的变化。以中国为例，20 世纪 70 年代的时候，中国男人在结婚之前需要凑齐“三大件”，即自行车、缝纫机和手表。而如今，结婚虽然还是一件人生大事，但是女方家长要的“三大件”已经不是原来的“三大件”了，而是变成了高收入、房子和汽车。而在中国南方，除了上述的“三大件”

之外，彩礼还需要包含金子或者金首饰。

另外，随着离婚、重组家庭、失业等现象的增多，现代人的生活进程也会跟以前有所不同。比如在以前，社会会把男人做父亲这件事作为从男孩变成男人的标志，但现在，五六十岁才做父亲的男人大有人在。

对生命周期的内容以及演变的分析，可以在很大程度上帮助我们理解全球范围内的消费变化，尤其是当我们想要解释消费者“在品牌选择方面的见异思迁”这一现象的时候。事实上，“消费者对品牌的态度会随着产品的生命周期发生变化，产品的生命周期包括工厂对它的生产、商家对它的销售、家庭对它的使用，以及产品最后作为垃圾或者捐赠物品被处理掉。产品外的许多因素也会改变消费者对品牌的态度，比如消费者自身的生命周期、时代的影响、消费者的社会从属、性取向、文化影响（不同的宗教会对消费行为有着不同的规定，比如伊斯兰教对面纱的规定、犹太教对肉食品的规定等等），以及身边的亲友、同事的影响。从微观社会角度来讲，正是这些因素的复杂性和多变性造成了消费者‘对品牌的见异思迁’”（引自 D. Desjeux，2005）。

第九章

“现代城市入城口”，以及法国城市消费空间（1990）

20 世纪 90 年代初的时候，消费社会已经在西方国家得到了广泛的发展。法国自 60 年代起就已经不再是农业社会，而是成了以中产家庭、立交桥和购物中心为标志的城市社会。比法国更早进入消费社会的是美国，美国消费在 20 年代开始便已经初具规模。90 年代的时候，中国其实也开始转型为消费社会，只不过当时人们还并没有意识到这一点。

从整体来看，法国人的收入在 1950 年到 1997 年间是有很大提高的。按照恒定美元计算，1950 年的时候，法国人的人均 GDP 是一年 5000 美元，而到了 1997 年，该数字升到了 19 000 美元。不过，这期间法国的经济增速从 1955 年的 4.8%降到了 1994 年的 1.6%（参见 Enjeux，Les échos，1998 年 7 月第 138 期）。

虽然法国的经济增速从 90 年代起开始放缓，但是国家强大的生产力已然能够让国家财富保持稳定增长，这与 2008 年之后的中国经济增长模式是类似的。另外，1970 年到 1990 年间，收入排在前 10%和后 10%的法国人之间的贫富差距也在缩小，这与德国当时的情况一样。但美国和英国则不同——虽然这两个国家的失业率在那二十年间有所减少，但由于增加的就业大多是收入低和不稳定的职业（半工合同比例从 1973 年的 4.7%增长到了 1997 年的 17.4%，有期限合同比例从 1.7%增长到了 4.3%，临时工合同比例从 0.7%增长到了 1.7%），所以国民的贫富差距被拉大了。

当然，要想更好地描述消费现象，我们不能只局限于观察平均数字和工资性收入，还需要将人口按收入大小分成十等份，然后来看每个等级之间在购买力限制方面的差别：笼统来讲，贫困人口指的是收入后 30%的人口，中产人口指的是收入低于前 30%但高于后 30%的人口，其余的便是富裕人口。不过，收入在前百分之一的是极端富裕人口，他们与其他的富裕人口有着非常大的收入差别，所以需要单独列出。

90 年代法国的失业情况非常严重，从 1970 年到 1980 年，也就是辉煌三十年结束的时候，法国的失业人数从十万增长到了八十万。到了 1997 年的时候，总失业人数更是达到了四百万。所以说，现在人们非常关注的，也是最影响到中产阶级生活状态的就业和购买力问题，在当时的法国社会就已经是焦点问题了。

法国消费社会的开端是大型超市在城市的出现。在我们做完了关于黄金首饰的研究之后，Optum 公司再次邀请我们做一项关于“入城口”的研究，而这是我们当时完全不了解的一个话题。正是得益于这次研究，我们发现，对于比较性消费研究来说，“入城口”是一个非常好的切入点。1994 年、1997 年和 2006 年，我们分别在美国、中国和巴西做了关于大型超市的研究，当我们将这三者的研究结果进行比较分析的时候，我们用到的便是关于“入城口”的资料。

跟在刚果研究巫术时一样，我们在研究入城口的时候是从被访者自己的观点入手的。通过这种归纳法，我们总结出了七种不同类型的入城口，以及每个类型所对应的行为。“当然，并不是所有类型的入城口都能够让被访者一下子想到，有四种类型的入城口是经过不断的提问才总结出来的，它们分别是‘传统型’入城口、‘旅游型’入城口、‘居住型’入城口和‘城中城型’入城口。剩下的便是被访者能够脱口而出的，它们是‘功能型’现代入城口、‘服务型’入城口，以及‘生活型’入城口。”（引自 http：//bit. ly/1990ENTREE - VILLEM，1990）。这次研究所呈现出的城市生活是具有移动性和矛盾性特点的，同时我们也能够看到购物中心在城市生活中扮演的核心角色。

现代入城口以及城郊大型超市发展所体现的现代生活的矛盾性

20 世纪 90 年代初的时候，入城口给人的感觉是一个界限比较模糊的城市空间概念：“城市由不同的功能型区域组成，有的区域主要用来办公，有的主要用来进行工业生产或者其他经济活动，有的主要用来居住（包括高层建筑区和别墅建筑区），还有的主要作为大型购物区域。”

通过观察居民的日常行为，我们发现，人们对于入城口的态度是多种多样的：“有的人从来不会去到那里，有的人是为了去城郊的大超市买东西而路过那里，但他们从来都不会在那里逗留，但还有的人则会在那里闲逛。”

总的来说，人们在提到入城口的时候脑海里一般会有四种极为不同的画面。首先是货车穿梭在立交桥和高速路口，周围没有公交车和行人的画面。

第二种是到处都是大型展示牌的、象征着“现代入城口”的画面。这些牌子主要包括商业广告牌和道路标识，其次还包括旅游信息牌和区域地图等。对入城口有这种印象的人们都是非常反感这些牌子的人。

第三种画面是最为消极的一种画面。有这种画面的人们在提到入城口的时候会“联想到噪音、杂乱的颜色、外观不和谐的建筑和较差的治安环境——至少他们在口头上是这么说的。另外，他们觉得入城口是个很难看的地方，住在那里的都是些孤寡老人，也就是他们所说的‘边缘人’（zonard）。对于他们来说，出生在市里的人和有钱人是永远不会去到入城口生活的，因为那里更像是垃圾场”。

最后一种画面表达的则是“人们对城市新生活的一种自豪感。有这种画面的人们在提到入城口的时候会憧憬城市（富有科技感）的未来、它的新面貌（比如一座新的、‘宏伟的’体育场），以及它的新的道路交通规划”。

总之，在人们眼中，现代入城口既可以给日常生活带来诸多不便，也会让生活变得便捷；它既可以给人们带来快乐，也会让人们感到难以启齿。当我们采访居民的时候，他们中的绝大多数都认为入城口是远离自己日常生活的，但当我们观察他们的实际行为的时候，我们会发现，“‘现代’入城口一般都是商业集中的地方，所以那里的人流量是很大的。大多数的城市居民隔三岔五都会去到那里购买食品和日常用品。除此之外，有的人会因为工作去到或者经过入城口，有的人是去那里吃饭（比如吃麦当劳、吃烧烤），有的人去那里买家居材料，司机有时也会在那里歇脚，入城口甚至都有针对外地游客的旅馆”。

人们在市区内的购物场所和入城口附近的购物场所之间做选择的时候会考虑到诸多因素，“比如价格（大型打折商场会比高级百货商店便宜很多）、空间（市中心的店虽然画面感更好，但停车位太少）、时间（商店和停车位比较集中的话会节省时间），以及愉悦感（有些地方虽然便宜实用，但无法让人感到惬意）”。

通过对人们购物选择的分析，我们可以总结出两种类型的消费者：一种“认为大型超市只具有实用功能，另一种则认为大型超市可以给人带来愉悦感”。对于后者来说，大型超市是一个生活休闲场所，“比如，去到第戎的昆汀尼基购物中心跟去到游乐场差不了太多”。

后者还会认为，“现代入城口将城郊变成了一种新型的城市生活中心。虽然那里的消费场具有实用性强和价格低廉的特点，但这并不是重点；重点是，在休闲、逛街、饮食方面，城郊的商业区并不比市内的商业区要差”。这是为什么即便家附近有很方便的购物中心，很多人还会专门驱车去到像第戎“金羊毛”

购物中心或是尼姆“活力城市”购物中心那样的地方购物。“当地居民会跟我们说：‘那里非常好看、非常现代、非常舒适。我们可以在那里休闲散步，那里有很多商店，停车场也很大。’事实上，城郊购物中心的交通的确是很方便的，是一个人们日常就可以去的地方。那里的建筑形式也很新颖，尽管不一定符合所有人的审美……入城口并没有完全被视为是一个只有实用功能的地方，很多人也会视其为一个休闲娱乐场所。所以，人们到了那里并非都是匆匆而过，他们很多时候也会在那里逛街散步。”

“与传统的市内商业区相比，现代入城口的吸引力主要在于它可以让市民们在时间的分配和管理上多了种选择，因为许多市民认为‘购物很花时间’。”

现代入城口之所以能够方便人们的日常购物，主要因为它的空间布局很符合现代人的出行习惯，“这让老主顾们感到轻车熟路”。

入城口的现代化空间布局首先体现在各种道路交通设施的完备上：“绕行道路、环岛、双行道、立交桥、高速出口、停车场、道路照明等应有尽有，而且道路保养也很到位。这里需要指出的是，（90年代初）环岛通常被视为是城市现代化的标志之一。”

“现代化入城口的空间布局另外还体现在交通标识的完备上，比如红绿灯、城市入口标识、方向标识、减速带、限速标识等等。除此之外，类似于‘某某超市位于前方三百米’之类的信息牌也很多。与传统入城口和市区内的那些让人有些心烦意乱的广告轰炸相比，现代入城口的这些广告牌只是为了给大家提供有用信息。”

人们对于现代入城口的印象也来源于它的一些标志性建筑，比如“摩天楼、高层经济房以及城郊特有的大型购物中心。在现代化入城口的快速路两旁，我们还会看到特别多的与汽车相关的商业场所，比如加油站、汽车维修店、房车营地、汽车销售店、排气管修理店等，另外还有一些与家装相关的商业场所，比如家具店、厨具店、壁炉用品店等”。

“90年代初，三产消费开始蓬勃发展，这包括一些‘高科技’产品店，比如电脑店的兴起，以及我们在尼姆市做调研时所观察到的，类似于Formule I和SOFITEL之类的宾馆还有‘快餐店’的出现。”

“我们可以把现代入城口形容为一个流通性强和开放性强的过渡地带。那里数量繁多，甚至过多的符号和信息都让人们明显感到自己进入了现代化的城市生活中。”

相比之下，传统的入城口呈现的则是相反的特点：“那里的道路比较窄，而且每个方向只有一条道，弯道也比较多。现代入城口的那些很有功能性的标牌基本看不到，我们能看到的都是些比较有亲和力的、贴近人们日常生活的标牌，比如欢迎入城的、展示友好城市的、介绍当地特色的、写着当地教堂弥撒时间的等等。另外，以旧城门为代表的传统入城口让‘城里’和‘城外’之间的界线更为明显。”总之，人们对传统入城口的印象和对现代入城口的印象在一定程度上是相对立的——传统入城口让人联想到的是一个自然纯净的城市，而现代入城口让人联想到的通常是一个相反的城市画面。

“从入城口进入到市中心的时候，道路会越来越窄，堵车现象开始产生，而且道路两旁的停车位让行驶变得没有那么顺畅。加油站基本上都建在人行道上。市区内的建筑都是（四到六层的）矮建筑，建筑之间也都没有太大的差别，住房都是以别墅为主……”

从实用型大型超市的发展到娱乐型购物中心的出现

“最初的现代化实用型入城口所对应的是第一批大型超市的建立，60年代廉租房的迁移，以及绕行道路和交通节点的规划。当时所有的城市都会有一个或大或小的、由商铺和污染程度不一的工厂组成的外环路。但如今，入城口的生活气息更浓了，外观也更为讲究，不过实用性依然是它的主要特点，也就是说，入城口的空间规划已然转变为以生活便利为宗旨……”

“人们对于现代入城口的印象是双面的。一方面，现代入城口会让人联想到暴力、毒品和犯罪，人们会觉得那是一个荒蛮的地方；但另一方面，人们又会觉得现代入城口让生活变得方便和井井有条，所以那里也是一个充满生机的地方。这种两面性其实是白天与夜晚之间的一个差别，因为人们对入城口的积极印象所对应的是人们白天去到那里的感觉，而消极印象所对应的则是人们晚上去到那里的感觉（这种印象类似于我们在本书第六章看到的刚果人对于‘黑夜Kitemo’的印象），因为入城口在夜间的空旷会让人感到恐惧。人们对于黑夜的这种印象从文化消费角度来讲是把双刃剑——一方面，一些‘正统’的文化消费很难在夜间开展；但另一方面，夜间很适合以摇滚乐为代表的‘硬核’文化的开展。这也是为什么某些城市的入城口非常迎合多元化的、未来感强的青年文化，它们被视作是文化的新疆界（参见 Murray Melbin，1987，*Night as frontier*）、探险家的乐园、新型科技的试验田。”

在90年代初的法国“入城口的规划注重的绝不是城郊和市区在文化风貌上

的一致，而是如何建立一个具有独立文化特色的过渡空间。这种过渡包括不同文化间的过渡、实用性与娱乐性之间的过渡、粗犷与细腻之间的过渡、现代与传统之间的过渡，以及自然与人造之间的过渡”。

“总的来说，实用型消费者追求的是廉价与便利，他们在商业美学方面的要求并不高。所以，那些注重提高生活氛围的空间规划并不会在这类消费者身上产生太多的效果，至少不会产生立竿见影的效果。”

“相反，对于其他那些去到入城口消费的人们来说，商业场所的美学条件就非常重要了，这些条件包括商场休息区的设置，商业街道的组织，实用型商业场所和娱乐型商业场所的划分，服务场所、交通设施、饭店和娱乐场所的外观设计。对于这类消费者来说，与工业建筑和大众住宅建筑比起来，商业建筑的进步还是有些缓慢。他们希望城郊商业区能够在空间、外观和氛围方面有更大的提高，以此让自己的生活条件也得到提高。所以，对入城口的重新规划并非是件锦上添花的事情，而是关系到民生和民意的重要事情。”

而如果我们考虑到移民问题，我们会更加意识到入城口的规划在政治方面的重要性——要知道，法国的城市人口不光是由那些经历了城市化并向往现代生活的法国人组成，以北非和西非移民为基础的移民文化也是不可忽视的。然而，这些移民中的很多人都处于失业状态，他们在消费社会中的弱势地位导致了一些城市暴动的发生，而在这些暴动当中，商业中心通常会被当成靶子（见第十一章）。

1991 年到 1997 年间的经济危机就是从这些城市暴动开始的，它严重地影响到了城郊商业区的经济发展。所以说移民问题也体现了入城口规划的重要性。

暗中影响消费者行为的四种社会因素：经济脆弱、民族身份、离婚分手、人生阶段过渡

1997 年，我在 UTINAM 期刊上发表了一篇关于民族市场学的文章，文中我这样写道：“据法国国家统计局，1991 到 1993 年间，法国的国民消费增速从 1.4%降低到了 0.4%。这对大型零售行业和消费研究行业来讲都是一次非常大的震动。对此，（学术界）在今天（也就是 1997 年）比较公认的一个推测性解释是，那段时间的消费放缓更多是由消费者的危机感造成的，而不是由于他们的收入的实际减少，尽管那段时间贫困人口的大幅增长是一个不争的事实。”

“《世界报》在 1994 年 2 月 25 日报道了社会和谐就业与收入委员会（*CERC*）所

做的一份调查，其中的一项调查结果显示，在法国两千五百万的就业人口当中，一千一百七十万人处在‘经济脆弱状况’中。这一数字当然值得商榷，但它的确意味着贫困这一‘社会问题’重新进入了政治议题当中，尽管贫困问题与老龄化问题一样，都还是市场学不太关注的话题。”不过，这里要指出的是，到了2000年，老年经济一跃成了“经济的银山”，法国经济部将其单独列了一个消费市场的分支（参见 www. silvereco. fr）。

“通常来讲，消费研究者们在解释消费额下降时的分歧主要集中在对消费者行为的分析上。有人会认为消费额下降只是由一个暂时性的经济危机造成的，有人则会认为它是由一个结构性经济危机造成的。有人会将其归咎于消费者价值观的改变，比如（拉波波特咨询公司的）丹妮尔·拉波波特（Danielle Rapoport）就曾解释说，现在的消费者变得越来越‘机灵’（malin）了。有人则会将其归咎于新的社会限制性条件的出现，因为这会带来新的社会互动模式和产生新的消费行为。就我看来，对储蓄的偏爱、对价格的敏感或是对品牌的喜新厌旧之类的消费价值观并不能用来解释消费的变化，因为它们更多的不是消费变化的原因，而是消费变化的结果。在政治大学任教和在 *DSA* 咨询研究所担任负责人的丹尼斯·斯托克雷特（Denis Stoclet，1945—2014），在其 1994 年发表的题目为《消费理论的误区》（*Les fausses pistes des théories de la consommation*）的文章中也曾对这一点做过分析。”

“这些争论所隐含的其实是市场学研究方法在解释消费行为时的有效性问题。市场学的研究方法主要是建立在心理学基础上的，而心理学运用的主要是个人主义方法论原则（individualisme méthodologique）。这种方法论是从个体认知、个人判断以及个人动机入手来解释行为的，它很少会考虑到社会限制性条件，也更考虑不到社会阶级或者社会互动对行为产生的影响。”

在 1997 年的时候，我们开始能够证明，对消费行为的解释并不能只局限于观察消费者个人层面的价值观改变、他们的“新想法”，以及他们对品牌的态度，这只是微观个人观察视角下的一种解释方法。

不过，这种解释方法比较能够帮助我们理解 1991 年到 1997 年间发生的一些社会经济现象。事实上，社会发展的动因并不是一成不变的。个人主义方法论在稳定的社会形势中会比较有解释力，但在危机中它的解释力就会大打折扣。而在 1997 年的时候，法国社会处在一个非常动荡的时期，而且正在经历一个非常深层的变化。

当时法国社会的不稳定主要与失业有关。2013 年 4 月 25 日的《星期日报》曾回顾道，法国的失业人数在 1997 年 1 月的时候达到了三百二十多万，也就是

10.8%的失业率。之后的三年，失业率有所下降，因为经济增长率恢复到了平均每年3.6%。但到了2013年3月，法国又重新回到了1997年的失业状况，总失业人口达到了五百万。2015年3月，法国的失业率再次达到了1997年的10.8%。

我们在1997年的时候发现，当时的社会动荡对消费产生了四个方面的影响。我们可以将这四个方面用四个市场来形容："民族市场（marché ethnique）""离婚分手市场（marché de la séparation）""经济脆弱市场（marché de la fragilité économique，这一'市场'在2008年再次出现）""人生过渡市场（marché du passage）"。

"我们也可以将第一个市场，也就是'民族市场'，叫作'文化市场'。举个例子：1990年的时候，我曾［与Alchimie咨询公司的伯纳德·纳泽尔（Bernard Nazaire）］带领巴黎第五大学的一个研究生团队为南特的ADRIANT咨询公司做了一个关于法国人如何消费威尔士和苏格兰进口羊肉的调研。（由我们的研究生团队所负责的）研究让我们看到了这些进口羊肉在马格里布移民或后裔的生活中——尤其是在他们的宗教和家庭节日中——所扮演的特殊角色。这便是一个'民族市场'。"

"此外，1989年我们为勒克莱克集团所做的关于珠宝消费的研究也展现出了'民族市场'在消费领域中所扮演的重要角色。因为在研究中我们发现，一个国家中来自其他民族文化的消费者对黄金首饰的关注点与本土消费者是有所不同的，比如，在法国，本土文化下的消费者会更关注首饰的做工，而马格里布文化下的消费者则会更关注首饰的黄金分量。"

"如今（1997年）法国的'民族市场'大概涵盖了四百万到六百万消费者，而这个市场本身也是具有多样性的。这种多样性对某些消费市场——比如食品类的味精或是炼乳等产品的细分市场——有着不可忽视的影响。"

"接下来是'离婚分手市场'。1960到1990年间，法国每年的离婚数字从四万升至了十一万——这一'市场'不只包括离婚，还包括了未婚情侣的分手。离婚与分手通常会伴随着搬家，这会让租房以及冰箱等家用电器的需求量增加。另外，法国有大约六十万个重组家庭，由于重组所带来的新的消费模式也是'离婚分手市场'的一部分。让-克劳德·考夫曼（Jean-Claude Kaufmann）（1992）在研究情侣关系时用到过一个'情网（trame conjugale）'的概念。在当今法国，经历过'情网'破碎然后又重拾爱情的人数以百万计。这一现象暗中改变了法国的消费格局，以及人们对品牌的态度。"

"第三个市场，'经济脆弱市场'，其实也就是由面向贫困消费者的廉价超市——比如ED或者Leader Price——所构成的市场。这个市场的出现再次引出了布迪厄所分析过的‘区隔’问题和阶级问题。虽然‘富人区’（参见Michel和Monique Pinçon，1989）的有钱人也会到*ED*这样的廉价超市买东西，但他们只是很偶尔才会去到那里；而对于一部分经济拮据的人来说，廉价超市却是他们唯一的日常购物场所。”

“最后一个市场，‘人生过渡市场’，它的产生背景是‘青年时期的延长’现象（参见Olivier Galland等，1993）和老年人口的‘再就业’现象（参见Xavier Gaullier，1988）。1974到1983年间出生的法国人有八百五十万之多，这些年轻人的父母都是婴儿潮时期，也就是1945到1955年间出生的。我们基本可以认为，现在的年轻人所经历的时代与他们的前辈相比是比较特殊的，而这种时代效应会在较长的一段时间内暗中影响消费结构。”（以上楷体部分节选自D. Desjeux，1997，UTINAM）。

小　结

在关于入城口的研究当中，我们分析了城郊的新型购物中心如何让城市居民在时间与空间上重新组织自己的生活。在接下来的研究当中，我们又分析了暗中改变人们日常消费行为的几个重要因素。这两次研究都告诉我们，不管是从个人视角还是从微观社会视角观察消费，消费永远都是依托社会而运行的，所以它永远都是一个莫斯所说的总体性社会现象（phénomène social total）。消费的确是受消费者个人的意愿、冲动或者思维判断影响的，但是，以城市化为代表的社会变革，以及隐藏在表面现象背后的深层社会现象也能够改变人们的消费与出行习惯（参见Michel Bonnet和Dominique Desjeux，2000，*Les territoires de la mobilité*）。另外，生命周期与社会从属对消费的影响也是不容忽视的。我们之后以家庭视角，也就是微观社会观察视角为基础所发展出的消费人类学也再次证明，消费行为既是宏观社会现象的产物，也是微观社会层面的家庭互动的产物。

通过研究入城口，我们还观察到了城郊居民这一特殊群体的出现。他们中的一部分在进入到21世纪以后开始有了一种“被遗弃”的感觉。对于这部分人来说，城郊购物中心已然成了他们唯一能够在平常日享受到服务和娱乐的地方，因为乡村和小城的服务休闲场所已经几乎不存在了。其实，这种趋势已经存在很久了。让-弗朗索瓦·格拉维耶（Jean-François Gravier）在1947年便发表了

《巴黎和剩下的法国沙漠》（*Paris et le désert français*）一书。1976 年，杰拉德·保尔（Gérard Bauer）和让-米歇尔·鲁（Jean-Michel Roux）发表了相同主题的题目为《再城市化或分散的城市》（*La rurbanisation ou la ville éparpillée*）的合著。到了 2004 年，克里斯托弗·吉吕（Christophe Guilluy）和克里斯托弗·诺伊（Christophe Noyé）又共同发表了《法国新社会断层地图集：被遗忘的脆弱中产阶级》（*Atlas des nouvelles fractures sociales en France*：*Les classes moyennes oubliées et précarisées*）。

从 2010 年开始，城郊购物中心的消费作用开始受到网购和快递的挑战。而到了 2017 年的时候，家庭居所大有取代购物中心成为消费新中心的趋势，尽管足不出户的消费者还是相对比较罕见的（参见 http：//bit. ly/2017-Desjeux-logement-hub-Dominique）。

第十章

关于平凡生活的人类学（1991）

20 世纪 90 年代的时候，“大众消费领域的专家们通常把一个商业场所的成功归结为四个他们所认为无可争议的理性因素：便利的地理位置、好的价格、好的产品和好的推广”。这也是市场学所推崇的四个 P 理论：Product、Place、Promotion、Price（参见 Gordon Wills，1984）。在这套理论当中，品牌价值的地位并不突出。但通过细致观察消费者的日常消费行为，我们会发现，消费者的选择还会受到其他社会因素和限制性条件的影响。

本章将要描绘的是法国中产消费者的日常消费行为，这与广告中的被魅化了的消费行为是截然不同的。现实中的中产消费者是很实际的，他们很关心价格，经常想着怎样买东西便宜，他们很注意节省时间，他们也很在意是否有停车位。这是为什么我们认为，对他们真实生活的描写可以很好地体现民族志研究方法的写实特点。另外需要指出的是，本章所要描绘的 90 年代的中产消费行为模式并不是一去不复返的，在 2000 年和 2008 年的经济危机期间，类似的消费模式曾再次出现过。我与法布里斯·克洛查德（Fabrice Clochard）以及其他一些研究者曾对这一主题做过一系列的研究，这些研究的主要成果收录在我们于 2013 年发表的题目为《经济危机下机灵的消费者》（*Le consommateur malin face à la crise*）的合辑中。

本章所要回顾的研究是我们在 1991 年应米歇尔·乔克鲁恩（Michel Choukroun，1958—2016）之邀所做的一项研究，米歇尔·乔克鲁恩是当时普美德斯（Promodès）集团旗下的冠军（Champion）超市的副总经理。接下来的内容节选自我们当时提交的研究报告，我将其中的内容稍微做了一些调整，并且隐去了一些人名。

购物地点距离的相对性：在距离、时间、氛围、日常出行路线和停车状况之间做选择

人们选择日常购物地点首先考虑的因素是“购物地点离家的距离，因为只有离家近，人们才能将其作为日常购物地点。采访中，一位F姓女士这样说道：‘冠军超市离我家特别近，我想去就能去，一天去四趟都没问题。’另外，距离越近，人们在买一些特别急需的东西时就会越方便。另一位Z姓女士这样跟我们说道：‘家旁边的小店的作用是它可以提供给我们一些急需要用到的东西，但超市在一定程度上也具有小店的这个作用。’还有一位C女士，她比较喜欢冠军超市的东西，但是她在另外一家超市工作，她的一段话也能体现出距离的重要性：‘我不可能去到两个超市买东西，所以我只会下班后在我工作的那个超市买东西。’也就是说，尽管这位女士从个人意愿上讲更喜欢冠军超市，但出于距离方面的考虑，她还是选择在自己工作的那个超市买东西。”

不过，有些消费者选择离家近的购物地点是因为他们别无他法，“特别是那些没有车的消费者。生活在旺沃镇的G女士便是其中之一。她之前曾有过一辆车，那个时候她经常去离家比较远的一个市场，因为那里的东西非常新鲜。但自从她没了车之后，她就很少去那个市场了，只能去自己家楼底下的冠军超市买东西，否则她没法把东西搬回家”。

“不过，对于那位G女士来说，距离方便并不一定意味着绝对距离上的近，它也可以是交通方便。如果一家店的旁边正好有公交车站的话，那么很多人也会选择坐车过去。拿G女士来说，她经常会坐当地的58路公交车去一个跳蚤市场买东西，在坐车回来的路上，她偶尔也会中途下车，然后去车站旁边的皮卡尔（Picard）冷冻食品店买东西。”

“一个地方是否在距离上比较方便也取决于这个地方是否离消费者要去的其他地方比较近。比如，有些消费者开车到了市中心，在回来的路上有家超市比他们常去的超市要更顺路，那么这时他们便会在更顺路的这家超市买东西。另外，有些超市尽管在绝对距离上离家比较远，但路上的红绿灯和堵车情况比较少，对于希望节省时间的消费者来说，这便是一个更为理想的选择。还有就是，尽管一家超市离家比较远，但消费者也会因为路上的景色比较好而选择去那里。”

“反过来，消费者也可以因为路上的景色难看而选择不去一个地方。还是拿

那位 G 女士为例，有一家超市的东西她不太喜欢，但除此之外，她还觉得‘去到那里非常没有意思，因为那条街上什么都没有’。事实上，尽管景色不是人们首要考虑的因素，但它的确可以影响到人们的选择。”

“总之，消费者并不一定会完全按照距离远近来挑选超市。许多消费者是有车的，而且他们住的四周也可以有许多家超市。经常光顾冠军超市的 V 女士告诉我们，她没有觉得冠军超市要比欧尚超市更近（‘因为去冠军超市的路上红绿灯很多’），另外，离她家最近的超市是对面的 Attac 超市，而且勒克莱尔（Leclerc）超市也跟冠军超市差不多距离，所以她是出于别的原因选择的冠军超市。事实上，距离只是众多选择因素中的一个。有些人的确会因为一家超市离家远而无法去到那里，但对于某些人来说，离家远只是一个托词。比如，从来不去卡西诺（Casino）超市的 R 女士会说：‘那里的东西太贵，而且不管怎样，我去那里也不顺路。’”

对价格的关心：一种因为家庭预算限制而产生的行为习惯

“消费者对价格的关心并不一定体现在买便宜货上，它也可以是家庭总体支出管理的一个策略。我们采访到的绝大多数消费者都对价格很关心，他们都各自拥有一套支出管理体系，并且对每一家超市都有一个价格方面的印象。”

“通过自己的经验、广告宣传，以及身边人反馈的信息，消费者们会对每家超市的贵或便宜有一个判断。他们会对各大超市的商品价格做出一个并不一定客观的排序。比如，人们通常会觉得爱买吉安（Géant Casino）超市是个贵超市，而勒克莱尔（Leclerc）超市则是最有价格竞争力的超市。尽管这种价格印象都是主观形成的，但消费者们会对此深信不疑。不过，并不是所有消费者都会光顾自己心目中最实惠的那家超市，只有一部分消费者会这样做。”

“事实上，消费者并不绝对地依赖自己的价格印象，他们也都知道自己平时所去的普通超市很少比郊区的大型超市便宜，也就是说，消费者并不会拿自己去的普通超市跟所有的超市，尤其是大型超市进行价格上的比较。反过来，如果一个消费者没有选择光顾他心目中最实惠的那家超市，这也并非意味着他对价格不关心，而只是说明，除了价格之外，他还会考虑其他的一些因素，尽管这些因素也并非一定客观。总之，我们所采访到的消费者在超市选择方面是有多方面考虑的，而不是只局限于价格因素。”

消费者在追求低价方面的策略之一是“追踪”打折商品。不过，“尽管一些消费者对打折商品很感兴趣，但他们并不一定是哪里打折就去哪里。C女士在谈起打折信息时这样跟我们说道：‘除非另一家超市有四到五个打折商品是我想买的，我才会换到这个超市，但如果只有一两个，我还是会去原来的超市。我买东西比较杂。’”

另外一个与价格有关的行为是估算购物车里东西的总价。“对价格关心并不一定是要控制每个商品的价格。在许多情况下，消费者控制的是自己购物车里东西的总价。”

第三种追求低价行为是禁欲行为。有这种行为的消费者会“特别控制自己要消费的种类，他们从来不买‘没有用’的东西，而只会买自己认为是必需的东西——V女士便是其中之一，在吃的方面，她从来不买成品（比如做好了的糕点），而是只买食品的原材料，然后自己回家做。同样，R女士也很注意节省，不像她的丈夫特别喜欢买饮料和零食。对于这位R女士来说，‘如果不注意的话，我们很容易多花一倍的钱买一些不太有用的东西’。”

最后是一个集体策略行为。“有些商品需要多买才可以打折，这时，有些消费者会选择跟身边的人一起买，然后再把买到的打折商品分掉。另外，有些商品，尤其是肉类商品打折的时候，有些消费者会一下子买来很多然后将其储存起来。比如，V女士有一次看到羊肩肉打折，于是她就买了很多，然后把其中的一部分用来做馅儿，另一部分送给了自己的孩子和几个朋友，剩下的放进冰箱储存。R女士也是一样，她会在肉类商品打折的时候买回家一大堆，然后用电动刀将大块的肉切成小块冷冻储存。还有一种省钱的方式是直接去到供应商那里买东西。比如V女士会直接去葡萄酒庄园买葡萄酒，然后自己装瓶。另一位C女士会跟她的母亲和妹妹到屠宰场买整只猪或是小牛：‘我很少去店里买肉，除非是一整箱的能存起来的打折肉，我一般都是去买整只猪或是小牛。’”

“我们看到，经济实力有限的消费者会用各种各样的方式节省和管理自己的开支。但要理解这些省钱方式，我们还需要了解这些消费者所处的文化背景，尤其是他们的饮食文化背景。”

“拿V女士来说，她生活在一个传统的老百姓文化当中，饮食是这个文化的重要组成部分。她对食品价格的关注绝非体现在只买便宜货上，而是体现在她对食材性价比的追求上。虽然她买的食材不贵，但在质量和营养上却也并不差。所有的饭她都是在家做，包括她的丈夫中午吃的便当。在家里做饭的确是种省钱的方式，但这也是很受社会文化鼓励的一种行为。”

“同样，对于十分注重饮食平衡的R女士来说，虽然她也很注意省钱，但她绝不为了省钱而牺牲食物的质量：‘意面我会买牌子比较好的，因为有些意面真的非常容易粘。’”

但我们同样也会发现，当消费者的经济条件比较宽松的时候，他对价格的关注会有所下降。“我们采访到的A先生虽然还是会买价格比较便宜的东西，但他现在越来越注重质量：‘我们家现在有两份收入，所以我会买一些以前不会买的东西。比如，我现在会买80法郎（大概相当于2014年的17欧）一公斤的牛里脊。对于牛里脊来说，这个价格并不是很贵，但在以前，我们是连买都不会买的。我很开心我们的孩子能有现在这样的饮食条件，吃得好是件很重要的事情。’”不过，并非所有人都像A先生这样想。“对于J女士来说，吃饭不是一件很重要的事。而对于另外一位Z女士来讲，做饭根本就是件苦差事。”

“所有这些很会省钱的消费者都有一个共同点，那就是他们都是我们所说的‘机灵文化（culture de la débrouille）’的忠实拥趸：除了吃的，他们还会去工厂仓库买瑕疵品，去回收站捡旧家具（比如J女士），去跳蚤市场淘旧货（比如R女士），捡亲戚的旧衣服（比如R和C女士），跟银行商量透支，抽出时间自己动手做东西（比如A先生），抑或是允许别人在自家窗台上钉广告牌以此获得家用电器之类的礼品（比如V女士）。”

“我们还发现，所有这些消费者都有一个较为庞大的社交圈，里面的成员基本上都有着相同的文化出身，他们之间也很团结。尽管我们的研究样本无法让我们下一些（统计）规律性的结论，但我们有理由相信，省钱策略和对价格的关心是低收入人群的一个特点。”

购物场所的商品种类范围：购物的启动事件对购物地点选择的影响

消费者在购物时有多种选择，比如城郊的大型超市、家门口的普通超市、专卖店、零售店、市场等等。消费者在选择的时候首先会考虑到出行方面的限制性因素，他们需要计算好购物地点跟家或者工作地点之间的距离。消费者的选择也会因为家庭情况的改变而改变，也就是说，家庭成员的增加或减少也可以影响人们的购物选择。比如，“如果家庭成员减少的话（比如孩子长大了，不在家里住了），那么这家人就有可能不会再去城郊的大型超市，而是去家附近的普通超市买东西”。

购物地点的选择还会受到一些特殊事件的影响，比如在家请客吃晚饭的时候，或者是自己在家修东西需要买一些特殊工具的时候。在这种情况下，消费者通常希望去到一个既能买到自己需要的特殊东西，又能买到平常所需用品的地方。城郊的大型超市是人们重点考虑的对象，至少对于郊区居民来说是这样的。

住宅区附近的普通超市“所提供的食品种类比较有限，所以有些消费者会更倾向于去城郊的大型超市。Z女士便是其中的一位：‘每家大型超市都有不错的东西，比如欧尚的清洁用品不错，而英特马诗（Intermarché）超市的宠物用品更好。’所以说，超市之间的竞争更多的是在提供的产品上，而不是在自己的品牌上”。

“当消费者想要购买一些特定商品的时候，他希望能够在一个地方将其全部买到。所以，他会去到大型超市或是其他比较大的购物场所，因为那里的选择会更多一些。比如，V女士买缝纫用品的时候会选择去廉价商店（Prisunic）商店，另一位A先生在给自己的花园买磷酸盐的时候会选择去大地（Continent）商店。另外，通常开在大型购物中心里的一些专门的大型商店也可以是这些消费者的理想之选。总之，为了节省时间，消费者们会尽量在一个地方把东西买齐，所以他们通常会去离家最近的大型超市。”

“比如，当V女士要去乐华梅兰建材超市买工具的时候，她会选择在欧尚买吃的，因为这两家店位于同一个商业中心。同样，当M女士要去卡斯特拉马（Castorama）建材超市买东西的时候，她会同时去到家乐福买吃的：‘当我需要专门去买一把长椅或者太阳伞的时候，我会顺道把别的生活用品和食品也一起买上。’”

除了与大型超市有竞争之外，普通超市也与零售商铺有竞争，“因为零售店与普通超市一样都开设在住宅区附近。普通超市与零售商铺的竞争主要集中在新鲜食材的销售方面。在这一点上，冠军超市的主要竞争对手是菜市场。比如，尽管R女士几乎天天都去冠军超市，但她基本上都是在农贸市场买鱼、奶酪和其他一些鲜货。普通超市同时也会受到来自面包店、肉铺、菜店、鱼店、鲜果店等小商铺的竞争。事实上，大部分消费者会在面包店买面包。另外，V女士家吃的鱼都是从一个流动鱼贩那里买的，这个鱼贩每星期会来两次。G女士和M女士在有重要聚餐的时候会专门去肉铺买肉。另外，M女士家的橙子都是在鲜果店买的，因为她觉得那里的橙子‘很大很好看’”。

普通超市还有一个竞争对手，那就是便利店。消费者一般都是在要买的东西很少的情况下才会去便利店。D女士偶尔会去到福兰普利（Franprix）或者少平（Shopi）便利店，她说去那里是“为了放放风，因为那里挺舒服的”。“在旺沃镇，人们有时候会去‘阿拉伯人’开的食品杂货店，但都是超市关门或应急时才去，因为我们采访到的所有人都说那里的东西要比超市的贵一倍。事实上，食品杂货店的优势是它的营业时间很长，以及地理位置很方便。‘应急’（dépannage）虽说不是冠军超市的主要功能，但也算是它的一个长项，所以冠军超市也会在提供‘应急’商品方面与便利店发生竞争。另外，特色食品店也是普通超市的竞争者。比如，G 女士会在一家印度食品店买调料，而 R 女士会在巴黎十三区的中国食品店买东西。”

“普通超市之所以在新鲜食材方面受到挑战，应该是因为消费者大都觉得普通超市新鲜食材的质量并不是特别理想。除此之外，消费者在市场或者小商店可以跟老板比较熟，所以他们会觉得那里的气氛比普通超市要好。”

“总之，通过观察，我们可以认定，根据背景，普通超市既有可能受到来自街边商铺的竞争，亦有可能受到来自城郊大型超市的竞争。这种商家的竞争，我们在消费者的选择行为中就能观察到。不过，冠军超市的消费者还是很明确地将其定义为‘基础食品的购买地点’。对于这一点，A 先生的一句话很有代表性：‘当我要买 700 到 800 法郎（相当于 2014 年的 150 到 170 欧元）的东西时，我会去冠军超市，如果是 50 到 100 法郎（10 到 21 欧元）的话，我会去少平（Shopi）便利店［少平（Shopi）最初是普美德斯（Promodès）集团旗下的一家便利店，该集团在 1999 年被家乐福收购，2009 年的时候少平（Shopi）更名为家乐福城市（Carrefour City）和家乐福市场（Carrefour Market）］，但如果是 1000 到 1500 法郎（213 到 320 欧元）的话，我就会去大地（Continent）超市［普美德斯（Promodès）集团旗下的一家大型超市］。’”

“虽然消费者对大型超市的价格印象比普通超市要好，但普通超市在消费者心目中也是有很多优势的。作为一家普通超市，我们所观察到的冠军超市的最大优势是它的面积不是很大，里面的东西比较好找，所以能够给购物者带来舒适感。我们采访到的很多消费者都提到过购物舒适感的重要性，这在某种程度上可以降低消费者对价格的要求。”

“C 女士显然是一位对价格非常在意的消费者，因为她会把买到的每一样东西的价格都记下来。不过，她最常去的还是冠军超市，尽管这不是她家周围最便宜的超市：‘英特马诗（Intermarché）超市比冠军超市要便宜，但我还是更喜欢去冠军超市。另外，我也不喜欢去勒克莱尔（Leclerc），虽然他们家的东西也不贵，但价格标记得很乱。我喜欢去冠军超市是因为这个超市装修得很好看，而英特马诗（Intermarché）超市非常难看。’”

“就我们的观察来看，对于那些经济上已经比较拮据的消费者来说，他们不希望自己再受到除了经济以外的其他因素的困扰，相反，他们会在经济实惠的基础上极力寻求一个良好的购物环境。就像C女士说的那样，一个好的购物环境可以让人‘想要去买东西’。所以，超市里商品的摆设，还有商品在外观上的吸引力是非常重要的，即便消费者知道自己不会因为一个商品好看而去买它。‘我很喜欢冠军超市，那里的水果蔬菜柜台特别好看。商店的好看与否就是要看它的鲜货是否新鲜。很多人就是冲这个来的，虽然我倒不是经常买鲜货’（C女士）。”

“冠军超市的消费者经常会拿冠军超市的购物舒适感和它比较人性化的大小跟城郊的大型超市进行对比，他们会觉得大型超市非常不人性化：‘大超市真的很恐怖，完全不是给人开的，你想在那里买1500法郎（约320欧）的东西简直就是活受罪。你得花一天的时间才能逛完每个柜台，然后你还得来回折腾’（D女士）。而对于R女士来说，‘大超市很容易让人厌倦，因为你得花很长时间挑选商品’，但如果是逛小超市的话，‘我们可以体验到生活的滋味’（C女士）。”

“我们似乎可以说商店是什么样，顾客就是什么样。也就是说，让人舒适的超市接待的也似乎都是比较平和的人。经常光顾冠军超市的C女士说：‘来到这个超市购物的人都是附近生活比较不错的人，他们都是些比较和善的人，没有那种很刺头的人。’”

“消费者们还告诉我们说，去家附近的超市购物还可以让他们结识一些别的顾客，因为‘人们很多都是住在同一个住宅区’（M女士），或者‘去超市每次都能看到同样的面孔’（G女士）。冠军超市的消费者很容易将其推荐给他们身边的亲人或朋友，加上他们的邻居也会经常去到那里买东西，冠军超市可以说是他们的一个社交场所，他们在超市里面会感到非常惬意。超市的这种社交作用是非常重要的，因为它会为消费者提供一种安全感。比如F女士便把去冠军超市买东西形容为自己重新融入了社会。”

对购买行为的民族志记录：在自我约束和心血来潮之间徘徊的消费者，以及他们的生活小技巧

“我们在一些购物场所里所做的民族志观察让我们更深刻地了解了我们通过采访所了解到的消费者在控制开支方面的行为。这些观察再次证明了价格的重要性和相对性，同时也为我们提供了许多关于省钱策略的事例。”

“我们可以根据消费行为把超市消费者分成几种不同的类型。首先，有一些

消费者对打折并不是很感冒。G女士和M女士便是其中的代表，她们对品牌的忠诚度是比较高的。比如，即便有打折的咖啡，M女士也会更倾向于买圣马可（San Marco）牌的咖啡：‘打折咖啡的确更便宜，但我有我的牌子。’第二类消费者会对自己感兴趣品牌的打折信息比较关注。当他们感兴趣的商品打折的时候，他们会大批量地购买。比如，当V女士喜欢的爱芒特干酪打折的时候，她会一下子买上三四公斤。还有一些消费者会在肉打折的时候成箱购买。第三类消费者会关注所有的打折信息，因为即便有些商品并不是他们最初需要的，他们也会因为这些商品打折而去购买。R女士便是其中一位，她的购物清单会按照打折信息来制定。另外，当她看到一些她从来没有买过的东西打折的时候，她有时候会买来尝试一下，但如果她或者是她的孩子感觉不是特别好的话，她下一次是不会再买的。”

“但以上这些行为分类并非是绝对的，现实中的消费者会因为某些商品而对自己的消费习惯做出一些调整。比如M女士，她一般很少关注打折信息，但她对于三文鱼的打折信息非常关注，只要三文鱼打折，她就会买回家很多。”

“反之，有一些消费者平时非常关注打折信息，但即便某些品牌的商品不打折，他们也会买。当然，每个人热衷的品牌都会有所不同。比如，V女士只会买克里姆利（Kremly）牌子的酸奶和尚布尔西（Chambourcy）公司的一个叫雅可（Yocco）的酸奶，R女士喜欢买乐斯都库（Lustucru）、里瓦尔（Rivoire）和卡瑞（Carret）牌的意面，而J女士在碳酸饮料方面只买可口可乐，等等。”

“在整体开支的管理方面，消费者会运用不同的手段，在控制开支的同时尽量增加自己的消费自由。除了会关注单件商品的价格之外，消费者还会用各种各样的方式对自己所购商品进行总体价格上的把握。”

“不过，某些消费者，比如D女士和G女士，他们对自己的开支似乎并没有太多的控制。另外，D女士会明显低估自己的开支。这两位消费者也从来都不列购物清单。G女士觉得‘按照购物清单买东西容易错过自己需要的一些东西，因为有了购物清单，有些柜台就不去逛了’。所以G女士会凭自己的感觉来挑选商品。”

“相反，另外一些消费者会控制自己购物车的总价。这种控制可以只是一种大体上的控制，它旨在避免购买一些‘没有用的’东西。V女士便是这种自我约束型消费者中的一位，另一位R女士也会大体计算自己所买商品的总价：‘每次我买东西的时候我都会对购物车里商品的总价有个大致的估算，误差不超过30到40法郎（约合6到8欧元）。每次往购物车里放东西的时候，我都会进行累加计算。’对于这类消费者来说，购物清单可以很有效地帮助他们控制自己的总体开支。它不仅可以让消费者记住自己想要买的东西，也可以帮助消费者避免购买自己不需要的东西。不过，R 女士会允许自己稍微有一些超支，她‘总会比预计的多花一些钱，但不会多太多’。另一位 J 女士也是按照自己的购物清单买东西，除非有商品打折，否则她是不会买计划之外的东西的。”

“最后一类消费者会非常精确地控制自己的开支。A 先生就是其中一位：‘我把价格都记在我的购物清单上，因为我不喜欢估算价格，那样容易出错’。不过，过高的估计价格可以让消费者最后有一定的自由消费空间，对于经济状况比较紧张的消费者来说，这是让自己获得惊喜的一种方式。”

“C 女士的消费行为也体现了同样的消费策略。她给自己订了一个非常精确的每周支出计划，然后她会估算购物单上每件要买的商品的价格（她会稍微估得高一点）。到了超市以后，她会拿出计算器计算每件商品的实际价格跟估算价格之间的差值。尽管这些差值都很小，但总的差值多多少少算是一笔节省下来的钱，这笔钱对 C 女士来说比较像是一种象征性的奖励，她会用来买点‘犒劳自己的东西’。”人类学家丹尼尔·米勒（Daniel Miller）曾在其 1998 年发表的《购物理论》（*Theory of shopping*）一书中分析过这种消费者的自我奖励现象，他称之为“treat”现象。

“现金支付是控制和管理开支的重要手段之一：‘用现金支付，我能知道我到底花了多少钱’（R 女士）。现金支付可以让消费者把花费控制在预算范围之内。不可否认的是，消费者的一些省钱策略实际上是为了给自己带来一种省钱的错觉，好让自己在消费的时候罪恶感没那么强。不过，消费者的自我控制，甚至是自我惩戒的意识还是非常强的。其中，A 先生的一段话便很有代表性：‘当我往购物车里装东西的时候，我会或多或少地计算一下，尤其是当我要用现金支付的时候，因为我不太喜欢结账的时候发现自己还缺 50 法郎（约 10 欧元）。当有这种情况发生的时候，我会放回去一样东西，但这多少有些丢人。当然，这也不是什么坏事，因为它让我知道自己已经超出预算了。’”

“虽然消费者对价格的关注，以及他们为控制开支所采取的策略都是真实存在的，但这并不意味着消费者们的行为都是完全受理性支配的。通过观察，我们发现，当消费与情感联系到一起的时候，消费者们对价格的控制就没那么严格了。比如，那些平时很注意省钱的人在给别人买礼物的时候就会对价格的要求有所降低。”

“当消费者给孩子买东西的时候，他们对钱的控制也会有所放松。比如，J 女士会为自己的孩子买法奇那（Orangina）牌的橙汁和一些比较知名的苹果汁。A 先生会买自己心仪牌子的香肠（‘虽然这些香肠只比普通香肠贵上一毛钱’）。

给宠物买东西的时候对钱的控制也会有所放松。我们惊奇地发现，很多平时对价格极为关心的消费者在给自己的宠物买东西的时候会完全不看价格。比如，C女士就会给自己的宠物猫买一些比较贵的东西，因为‘它们跟一般的产品比起来真的非常不一样’。同样，J女士也不给自己的宠物猫和宠物兔买最便宜的宠物用品，因为‘猫是很难伺候的’。”

“总的来说，消费者对价格的关心并不是无条件的，而是会根据买什么和为谁买而发生程度上的变化。”当然，消费者对价格的关心是毋庸置疑的。

小　结

在这次调研期间，我在一位被采访的先生家里吃了顿午饭。这位先生是一名工人。午饭过后，他去到厨房写购物清单。他在单子上写着他需要买盐、面包、黄油等等。之后，我们一起驱车去超市。他中途下车去取款机取了400法郎（约合80欧元）。他告诉我说，他取这笔钱是为了最后结账的时候不超出这笔钱。购物清单和现金是这位经济条件有限的先生用来管理自己开支的两个并不起眼的方法。但我们同样也看到，只要经济条件提升，消费者的选择方式就会发生改变，他们会更倾向于买比较贵的和非必需的商品。

在关于经济条件有限的消费者如何管理开支的问题上，我与法布里斯·克洛查德（Fabrice Clochard）在十年之后所得到的调查结果是一致的。比如，他在2001年的时候观察到了一些消费者通过远程批发购物来节省自己开支的行为。这种消费行为在2008年的经济危机爆发之后又再次流行起来，因为这两次的经济背景是比较相似的：2000年到2008年的时候，法国消费者的必需品消费支出增加，这是他们购买力下降的一种表现；而2008年经济危机爆发之后，法国人受失业的困扰也降低了自己的消费。从社会人类学角度来看，消费者从来都不是被动的，他们一直都是很有计策的（参见Fabrice Clochard，Dominique Desjeux，dir.，2013）。

购物清单的使用也展现了规律性之于消费管理的重要性，因为它可以让人们不用花太多的时间和精力去想自己买什么和不买什么。这同样也意味着，对于消费者来说，品牌并非永远都是最重要的。随着我们在90年代所做的研究的不断深入，我们发现，广告并非总能让人产生消费的欲望，它的主要作用只是让消费者在同类产品中选择广告吸引人的那一个。我们在研究购买路径时所使用的动态观察模式显示，促使人们做出购买决定的是一些启动事件或者是日常习惯——前者包括节日、应急、搬家等等，后者比如周末的习惯性购物。对消费过程起决定性作用的是社会情境，至于个人动机，它是无法离开社会情境而独立发挥作用的。

在这些研究中我们还有一个更为重要的发现，那就是物品系统（système d'objets）的重要性。其实，在研究非洲的农业生产时，我们就已经发现，某一样具体物品的使用事实上都是在一个更为广泛的物品系统中进行的。体现物品系统的一个比较好的例子，是90年代中期发展起来的家庭多媒体办公：随着科技水平的提升，家庭在安装了电视之后，继而又有了座机电话、移动电话、电脑、平板、游戏机等。这些东西大都安装在客厅，我们很少会在洗浴间看到它们。使用这些东西需要用到电源、电线、变压器、充电器、电脑插口、打印设备与耗材等等。也就是说，由这些物品所组成的系统只要缺少一样东西，那么家庭多媒体办公就会出现问题，所以消费者必须要买齐系统正常运行所需的所有东西。

这正是为什么我们说，最能促使消费者消费的其实是物品系统，而这也是消费中最难创新的一部分。要想用打印机就得买墨盒，要想用咖啡机就得买咖啡胶囊，要想用剃须刀就得买刀片，要想用一种操作系统或是软件就得买跟它兼容的电脑。物品系统的存在会让寡头企业获益而让消费者的行动余地大为缩减，后者只能期待寡头企业的“廉价”竞争对手出现才能打破这种局面。不过，近年来数字网络平台的发展让当代消费者获得了更大的行动余地。

网络购物平台是在2008年经济危机前后开始发展起来的，它的成功在一定程度上是因为它为消费者在购物方面所遇到的困难带来了多种解决方案。它可以帮助消费者比较价格，也可以帮助他们解决购物距离问题。另外，在网上买东西，人们不需要忠实于某一个商家或是品牌。总之，对于所有那些认为去实体店购物痛苦多于快乐的消费者来说，网购是个非常好的选择。

通过对物品系统的认识，我们也能够更好地理解计划报废（obsolescence programmée）现象，虽然产品的淘汰并不都是被计划好的。事实上，如果一个生产企业想要在激烈的市场竞争中存活下来，它就必须不断地改变自己销售的物品系统，因为只有这样，生产企业才可以让消费者为了继续使用这一物品系统而重新购买其中的部件。

第十一章

1994 年在谢勒镇发生的城市暴动

进入到 20 世纪 90 年代之后，法国大城市的郊区显然已经不是泽维尔·沙彭蒂耶（Xavier Charpentier）在《在这里我曾经很快乐：第一代郊区人》（*Je me suis bien plu ici*：*Banlieue*，*première génération*）一书中所描绘的郊区风貌。泽维尔·沙彭蒂耶是我记得给中联华文发过来的中文稿上把所有外国公司名都翻译成了中文。可是我发现有些他们没有添上去。FreeThinking 咨询公司的创始人之一，他在书中记录了布朗-梅尼尔镇居民关于郊区生活的一些回顾。这些记录所呈现的是 20 世纪 60 年代比较有幸福感的郊区生活。在 60 年代，布朗-梅尼尔镇隶属于巴黎城郊的塞纳-瓦兹省，也就是今天的“93 省”。与所有的社会现象一样，郊区也是既有积极的一面也有消极的一面的。这一点，我们在本书关于入城口的第九章内容中已经有所了解。

与第九章相似，本章所要介绍的还是 20 世纪 90 年代关于城郊的社会现象。高层社区是现代郊区的一个标志。虽然在 1983 年的时候，里昂城郊的维尼西厄镇的明盖特（Minguettes）区已经发生过一系列的以反对不平等和反对种族歧视为口号的城市暴动，但我们在 1990 年所做的关于入城口的研究很难让我们预测到四年之后，也就是 1994 年发生在谢勒镇斯威特-朗耐克社区的新一轮城市暴动。

在境内安全高等学院（Institut des Hautes Etudes de la Sécurité Intérieure）的让-保罗·格雷米（Jean-Paul Grémy）教授的邀请下，我与索菲·塔玻尼尔在暴动发生的当年组织了一项关于这次暴动的人类学研究。这次研究是由人类学家伊莎贝尔·戈巴托（Isabelle Gobatto）和若艾乐·西蒙乔瓦尼（Joëlle Simon-giovani），以及她们所带领的四名索邦社会学研究生与我们共同完成的。该研究运用了民族志方法，分别描绘了当地别墅住宅区与高层住宅区在生活环境上的差别，还描绘了由当地一名年轻人的死亡而引发的社会矛盾、暴力的表达方式与控制，以及最后矛盾的暂时缓和的过程。接下来的内容主要节选自当时的研

究报告。（参见 Gobatto I.，Simongiovani J. 等，1994）

“法国人”和“阿尔及利亚人”之间的居住矛盾

谢勒镇的斯威特-朗耐克（Schweitzer-Laennec）社区位于一片别墅住宅区附近。在成为高层社区之前，斯威特-朗耐克在 1950 到 1960 年期间是一个棚户区。经过改造之后，这里在 1988 年开始重新收纳居民。“这里的大多数居民是马格里布移民及其后裔。但从前几年开始，来自法国东部的一些家庭因为职业调配原因也陆陆续续搬了过来。”

斯威特-朗耐克社区“由将近三百个廉租房组成。在商业上，这里只有三家店：一家面包房、一家肉制品店，还有一家食品杂货店。有一家超市正在建，但还没有建完……这附近有一个为伊斯兰教居民而建的祈祷室，看管这个祈祷室的人同时也负责看管一个提供给小孩的露天娱乐场。但对于居住在这里的年轻人来说，他们没有一个像咖啡馆那样的社交场所，这里的年轻人见面会去到别墅区附近的一家快餐店”。当地的一位教育负责人跟我们说：“这里的麻烦并不比别的地方多。”

廉租房办公室的一位负责人告诉我们：“当地的年轻人有一套自己的监视体系：他们中有一些‘眼线（chouffeurs）’（chouf 在阿拉伯语当中是‘看’的意思），专门留意从外面进来的人。”针对这些年轻人，当地社会中心的一位工作人员这样跟我们说道：“这里是他们的地盘，这里的生活是属于他们的。”

“斯威特-朗耐克社区的一些移民妇女曾希望政府开设一些法语扫盲班。但是，据社会中心的一位秘书反映，开设扫盲班是一件非常难办的事情，因为更多的移民妇女觉得扫盲班毫无意义。另外，许多女人的丈夫并不希望他们的妻子去上法语课。不过，政府在三年前还是为移民妇女开设了法语班，而且现在报名的人还是很多。这些移民妇女想要学法语的原因很实际：她们希望自己去市场或是‘不二价’（Monoprix）超市买东西的时候能看懂价签，同时她们也希望自己找工作的时候能更容易些。值得一提的是，从法语班开设到现在，还没有一位男士报名。”

“虽然当地的社会中心希望全体居民都能够提出一些关于社团活动方面的建议，抑或是能够踊跃参与到既存的社团当中，但有两类人群是非常难动员的：一类是当父亲的，另一类是二十五到三十五岁年龄段的年轻人。前者似乎很难融入社团活动当中；而后者早就对社会失去了信心，因为社会中心并没能够给他们提供适应社会的方案。”

社会中心为斯威特-朗耐克的高层社区居民提供了许多社团活动，其中包括缝纫、烹调、舞蹈、话剧等等。这些社团活动的目的之一是避免高层社区成为一种封闭的“贫民区”。然而，别墅区居民和高层居民之间的关系还是很难处理的：“‘当时（1988—1989）我们试图接纳所有人。其中包括一帮年轻的阿尔及利亚妇女。但她们很不遵守秩序，把整个社区搞得乱七八糟。于是，法国妇女就都搬走了，而且再没回来过。’从这次事件之后，别墅区居民就开始排斥斯威特-朗耐克的年轻人。”

不管怎样，“每个社团都在用自己的方式努力打破居民之间的偏见。它们试图在斯威特-朗耐克的高层社区、旁边的别墅区和整个谢勒镇之间建立一个良好的关系。但所有这些社团只能吸引到十八岁以下的年轻人和个别的成年人。达到工作年龄的人是社团最难吸引到的一群人，因为光是失业问题就已经让他们对社会感到非常的失望”。

别墅区居民“提到的更多的是旁边蒙费梅伊镇的一个名声很糟糕的叫博斯盖（Bosquets）的社区，而不是诋毁自己的社区：‘我们住的地方挺安宁的，我们并不是一群恶魔。’斯威特-朗耐克的居民认为自己跟博斯盖社区那些真正受歧视的居民相比完全是两类人”。不过，在谈到负面的事情时，人们首先想到的不是别墅住宅区的居民，而是高层住宅区的居民。“（住高层的年轻人们）之间都很熟，他们显得像是高层社区的守护者，尤其是针对执法者。大家都承认：‘条子很难进到社区里。’”

事实上，别墅居民与高层居民完全是生活在两条平行线上，尽管镇政府和会说阿拉伯语的镇长在居民融合方面做了非常多的努力。别墅居民害怕高层居民，而高层居民则觉得自己被社会抛弃了。对于当地警察来说，高层社区“比正常地方是‘多了那么一点犯罪气氛’”，除此之外，也没什么不正常的。不过，镇上的警察“跟斯威特-朗耐克的年轻人还是很少接触的，在警察眼中，他们是一帮只知道喝酒的无业游民”，因为经常有那么“三四个年轻的、喝醉了的人朝警察扔啤酒罐”。

1994年4月的时候，当地爆发了群体性的暴力事件。对于事件的发生和控制，我们得到了两种不同的说法。按照第一种，也就是官方的说法，4月23日星期六“大概晚上九点半左右，一具尸体被发现，警察在接到报案后立刻到了现场。警察听到的传言是说，死者是被种族歧视主义者杀的。警察先是竖好了警戒区以防周围的人破坏现场，之后再询问其中的一些人了解情况。与此同时，警察也通知了救护人员到达现场。警方调查从此展开”。

“从这一阶段开始，案子已经不归谢勒镇的派出所管，因为案子已经被定性为刑事案，所以是凡尔赛的地区司法警察局负责调查这件案子。谢勒镇派出所的所长助理因此告诉我们，即便有人来派出所问这个案子，他们也无法提供任何信息，因为案子已经不归他们管了。”

4月24日星期日，“大概早上五点半左右，死者的哥哥来到了派出所，说他的弟弟（B.A.）失踪了”，警方于是知道了死者B.A.的身份。警方原计划是要到死者的住处做搜查工作，但最终没能成行，因为有一百来个年轻人聚到了死者所住的大楼底下。警方只好尝试在房子周边做一些搜查工作，但这时，整个斯威特-朗耐克社区的气氛开始紧张起来，“一些年轻人开始朝别墅区扔石头”。

“当天晚上，镇派出所通知司法警察局说，有一个叫B.B.的年轻人向他们提供了一条信息。这个叫B.B.的年轻人告诉他们，事发的前一天晚上，他与死者B.A.在一起，当时他们想‘打碎’一座别墅的窗户，结果别墅的主人出来了并袭击了B.A.，而他自己则跑掉了。晚上的九点到十点左右，B.B.在现场向警方指认了那座别墅。一小时过后，大约150名住在高层区的年轻人聚到了一起，并开始扔石头和烧车。消防队员迅速赶到，然后那群年轻人开始朝消防队员扔石头。同样，当镇长来到现场试图跟那些年轻人进行对话的时候，也被扔了石头。这时，警察决定驱散这群年轻人，并逮捕了其中的三名。为了缓和局势，镇长陪同被捕的年轻人一起去了派出所。警察在问完话之后便把这三个年轻人给放了，然后镇长又再次陪他们回到了社区。”

4月25日星期一，地区司法警察搜查了好几处别墅，但没有一处符合B.B.的描述。“当天晚上，派出所决定开车把B.B.带到地区司法警察局进行询问，在路上，B.B.承认了自己才是杀害B.A.的凶手。他解释说，虽然他跟B.A.是朋友，但B.A.总是欺负和勒索他。他的原话是：‘我就是他的出气筒。’”

晚上九点半左右，警察来到了谢勒购物中心附近，因为那里已经聚集了一群年轻人，他们做出了随时发起暴动的威胁。“截至深夜，总共有七辆车受损，其中包括一辆公交车和一辆卡车，另外有十名警方人员被石头打伤，还有三名普通市民受到了攻击。同时，另有五十多名年轻人开始在别的社区，包括派出所所在社区朝汽车投掷火瓶。五名年轻人因此被捕。”4月26日星期二，局势开始得到缓和。下午五点左右，警方召开发布会公布了犯罪嫌疑人身份。“但当地的年轻人完全不相信警方的说法。他们认为是警察逼迫*B.B.*认罪。”

按照当地年轻人的说法，4月23日星期六，他们“听说有一具尸体在社区旁边的树林里被发现了，‘有人跟我们说林子那儿死了个人’”。4月24日星期日，“整个高层社区都对B.A.的死感到痛心……下午的时候，死者的哥哥找到

B. B. 问他究竟发生了什么，B. B. 的回答是：他当时打算偷一辆停在一座别墅旁的自行车，那个别墅主人发现后差点杀了他……到了晚上，高层区的年轻人开始投掷石头，并烧了两辆车。根据其中一名年轻人的说法，当晚报警的是别墅区的人。当警察到达现场的时候，暴动已经开始了。之后，镇长和他的助手也来到了现场试图与年轻人进行对话。但没有人听他的，有些人甚至还朝他扔石头。……参与暴动的年轻人还反映说，警方当晚有许多的违规行为"。

"暴动基本上都是在深夜发生的。白天的时候，年轻人都是在做准备。在他们眼里，24 日和 25 日夜里发生的暴动属于同一个行动。不过，25 日的暴动似乎更有计划一些，因为年轻人在下午还专门准备了晚上用的石头和火瓶。"

4 月 26 日星期二的下午，年轻人们去到了镇长和派出所召开的发布会。"在会上，镇长宣读了一份报告，报告指出 B. B. 是杀害 B. A. 的凶手。……'我们当时都惊了，我们都在怀疑他是不是警方找的替罪羊，总之我们都不是特别相信这一说法。'……之后的会议内容是关于高层社区的社会问题，比如失业问题、毒品问题，还有犯罪问题等。会议还提到了当地年轻人和执法人员之间的沟通障碍。……会议结束之后，年轻人们打算自己去验证镇长给出的说法：'通过走访 B. A. 和 B. B. 的朋友，我们了解到 B. A. 和 B. B. 的关系的确有些问题……我们于是相信了警方的说法，怒气也消了许多。'"

到了 1994 年 12 月的时候，警方的调查依然还在进行当中，"当地的年轻人并不知道 B. B. 最后怎样了，并且依然怀疑警方和媒体所给出的信息"。

在暴动期间，"虽然民众并没有表现出对暴动者的支持，但他们还是呼吁警方不要伤害到参与暴动的年轻人……我们可以认为，这次暴动有一种仪式性质。……每一个参与者所做的都被别的参与者放在眼里。如果一个人是暴动中的'核心成员'，那么他会获得其他年轻人的欣赏。另外，很多年轻人也告诉我们，他们一大清早就开始为周一甚至是周二的行动做准备，包括穿着方面的准备。其中一名年轻人告诉我们说：'我很注意我要穿的衣服，它得让我跑起来很容易，同时不能让人抓住我的领子。'他们在谈论暴动事件的时候，会将其描述成一种很有英雄感的游击战，不管是在自己还是在同伴描述时，他们都感到很兴奋。这些年轻人所制造的暴动有点游戏性质。他们会跟其他郊区的年轻人进行比较，以此来衡量自己的能力：'我们比其他地方的人要强，我们烧的车更多，警察完全拿我们没有办法。'"

暴动期间，在年轻人中间散播的流言是让这些年轻人情绪十分激动的重要原因。用镇长的话说，正是这些流言把一件"普通的案件"变成了"种族主义案件"。这与我们之前分析过的巫术中的被害妄想模式和政治阴谋论有些相似。

有些传言是说，B. A. 是被一个前警察，或者是一个别墅区居民，抑或者是一个来自海外省的人用砍刀或是匕首杀害的。还有的流言是说，B. A. 是个同性恋，被人勒索的时候死掉了。而女人们则被认为是流言散播的主力军。

“我们所分析的城市暴动是由一个关于种族主义犯罪的流言引发的。当人们知道了犯罪嫌疑人是死者的一个朋友之后，暴动也就随之结束。也就是说，暴动是在人们相信种族主义犯罪并不存在的情况下结束的。”

“在整个事件中，流言让信息变得不透明，同时也让人们的情绪更加激动。由于流言，高层社区的居民对所有信息都持有怀疑态度，包括尸检报告和官方的发布会。在犯罪嫌疑人的身份公布出来之后，年轻人也选择亲自去证实这一官方消息的可靠性。某些报纸也在事件中散播了一些流言。因为报纸对于大众来说是具有权威性的，所以社区年轻人在跟警方对质的时候会引用这些报纸的流言。”

“社区年轻人也怀疑警方的调查过程。他们将调查的保密性解释为警方对某些事实的掩盖。不过，警方的确没有向社区居民解释他们的司法程序。另外，防暴警察的出现也被年轻人们视为是一种挑衅。而一些缺乏依据的逮捕和来自警方的一些过激行为更激起了年轻人的愤怒。”

“不过，与其他几次发生的城市暴动不同的是，政府在斯威特-朗耐克社区暴动中是一直在试图与暴动者进行对话的。谢勒镇的镇长在其中发挥了核心作用。在事件的一开始，他便亲自前往现场，而且也为了结束暴动组织了一些居民会议。我们基本可以认为，政府之所以能够与暴动者进行积极的对话并且减小暴动规模，是因为谢勒镇的镇长从几年前开始便致力于与谢勒镇的居民建立互信关系。”

“总之，暴动只持续了短短两天，而且之后也没有什么太大的波澜。”

“不过，值得注意的是，这次暴动是在一个整体社会危机背景下发生的，所以暴动的结束并没有从根本上解决暴动背后的社会问题。另外，这次暴动也让参与暴动的年轻人有了暴动经验，让他们相信自己有能力通过暴动来快速实现自己的社会诉求。”

我们需要明白的是，在城市暴动中，流言的威力并不在于它可以以假乱真。埃德加·莫兰（Edgar Morin）和包括后来成为饮食社会学专家的克劳德·费什勒（Claude Fischler）在内的研究团队曾在一项研究中证明社会生活充满了捕风捉影的消息。这项研究的结果收录在了 1969 年出版的《奥尔良流言》（*La rumeur d'Orléans*）一书中，该书重点指出，人们相信流言是因为流言的内容很符合人们的情绪。也就是说，所有那些成功散播的流言，它们的共同点是：它们都能够戳到生活在焦虑中的人们的痛点上，尽管人们焦虑的原因可以是各种各样的，比如对自己的社会归属、性别，抑或是社会制度的担心。当然，这并不意味着流言中发生的事情都是不存在的事情，只不过，流言的核心不在于事实，而在于人们的情绪。所以，控制暴动需要的不是摆事实，而是要舒缓人们的情绪。

城市暴动：社会稳定和非稳定因素的分析工具

通过社会行为人自身的视角去对城市暴动进行不偏不倚的民族志描写并非是件容易的事情。虽然人类学研究的目的是要抛开事情在道德上的对与错和在效果上的好与坏来分析人们行为中的社会逻辑，但人类学家有时候也会被批评为有偏袒心理。比如，在斯威特-朗耐克社区暴动问题上，我们有可能会被怀疑，要么是在偏袒高层区的年轻人，要么是在偏袒别墅区居民，要么是在偏袒镇政府，要么是在偏袒警方或是媒体。

当然，每个研究者都可以任意切换自己的观察视角，比如说他可以把注意力更多地放在郊区年轻人的生活困难上，也可以放在公共安全上。政党在政治宣传中便是这样，它们有时候会把重点放在社会公平上，有时候会放在公共安全上。而社会人类学家的一项很艰苦的工作，便是要不偏不倚地考虑到行动系统中的方方面面。在奥利维尔·费耶勒（Olivier Filleule）主编的发表于1993年的《抗议的社会学：当代法国集体行动的形式》（*Sociologie de la protestation: Les formes de l'action collective dans la France contemporaine*）一书中，皮埃尔·法布雷（Pierre Fabre）在书的序言部分这样写道："要想对一种社会互动有一个完整的认识，我们就不能忽视互动中的任意一方，即便有一方是特别'不受欢迎'的。"（p. 20）不过，研究者并非总能做到这一点，因为研究者难免会有自己的观点和感受。

对暴力和治安混乱的原因分析绝不是对秩序或者反秩序的辩护，它的目的是要提供一些有效的理解工具和有用的信息，以便更好地理解和处理暴力和治安之间的矛盾关系。这种理解性社会学经常与道德斗争性"社会学"有分歧，因为从理解性社会学角度来看，没有任何社会行为人是完全受压制的，即便在社会博弈中，每个人的优势会有所不同。社会行为人在社会博弈中的优势会随着情境和权力关系的变化而变化。就像奥利维尔·费耶勒在他1993年出版的那本很有先锋性的书中写的那样："不管对个人还是对集体组织来说，行动策略是

在长期的适应和不断的摸索中总结出来的，它很少符合经济学的理性主义范式。”（p. 34）

就像我 1972 年 5 月在马达加斯加（参见 D. Desjeux，1979，pp. 23-36）、1975 年在刚果（参见 D. Desjeux，1980），以及 2015 年在巴西观察到的那样，阶级、代际、性别和文化方面的宏观矛盾是贯穿整个社会的，而城市暴动可以很好地展现这一点。

直到 21 世纪初，虽然宗教在法国的高层廉租社区生活中依然扮演着重要角色，但它扮演的更多的是一种文化角色而非信仰角色。2002 年到 2003 年，我指导纳塞尔·塔弗兰（Nasser Tafferant）在芒特拉若利镇做了一项研究，这项研究的成果发表在了纳塞尔·塔弗兰题目为《Bizness，一种地下经济形式》（*Le bizness, une économie souterraine*）的书中，他在书中指出：“如果要说那里信教的人很多，但必须指出的是那里真正有宗教行为的人并不多：首先，年轻人中没有任何一个人会经常去做礼拜，祈祷也不是他们经常做的一件事情。当年轻人说起自己信教的时候，他们想要表达的只是一种团体归属感。”（2007，p. 49）

通常情况下，社会抗议活动都是在一个很有象征性的地方进行的，比如某个广场或是某个大道。罗恩·史夫曼（Ron Shiffman）在《祖科蒂公园》（2012，*Beyond Zuccotti Park*）一书，以及克里斯蒂娜·弗莱什·弗米娜亚（Christina Flesher Fominaya）在《社会运动和全球化》（2014，*Social movements and globalisation*）一书中，便分析过冰岛、希腊、美国（纽约祖科蒂公园）、法国（巴黎共和国广场）、西班牙（巴塞罗那加泰罗尼亚广场）、土耳其（伊斯坦布尔加济公园）、埃及（开罗解放广场）、突尼斯、以色列（特拉维夫罗斯柴尔大道）、巴西（圣保罗保利斯塔大街，里约热内卢莱布隆购物中心）、德国（柏林墙）、英国（伦敦海德公园演讲角）等地区发生在公共区域的社会运动。

对于参与暴动的年轻人来说，城市暴动还有一种在同龄人面前显得“很有身份”的作用：“如果一个人被警察带走，不管是被讯问还是被关押，当他出来的时候会让身边的朋友感觉格外有男人味。”（引自 N. Tafferant，2007，p. 69）这正是为什么，就像我们在前文中看到的那样，很多参与暴动的人会把暴动当成一种暴力游戏，一种反统治权威的仪式。这样的分析可以避免夸大对城市暴力的政治解释，但同时也不会忽视高层廉租社区所存在的真正问题。

克里斯蒂安·巴赫曼（Christian Bachmann）和尼科尔·勒盖内克（Nicole le Guennec）在他们 1995 年发表的《城市暴力》（*Violences urbaines*）一书中曾引用过阿兰·图赖讷写过的这样一段话：“城市结构的特点是它用隔离代替了歧视。城市的重心从工作地点转移到了居住地点，曾经的平等主义诉求也都不复存在。

社会排斥与空间排斥一起形成了一种流刑（relégation）。”（1995，p. 487）不过，作者们在参考罗伯特·卡司戴乐（Robert Castel，1995）关于当今“社会问题转型”（1995，p. 487）的分析时另外强调，在“国家统治”无处不在的背景下，“从社会学角度来讲，除非极个别的情况，真正‘被驱逐的人’其实是不存在的”。所谓被驱逐的人，尽管社会地位的确有所下降，他们也还是生活在社会之中：“他们只是在社会地位上比较受歧视，但他们依旧是消费者人群中的一员。不过，不可否认的是，他们的消费水平受到了很大的限制。”

这也是为什么我认为暴动与消费之间的关系是很密切的。消费不仅是“参与到社会生活的主要形式”（参见 Christian Bachmann，p. 452），因为无法消费也是没有工作和收入的表现，消费同时也是社会的一个制度性符号。超市的发展与郊区和廉租高层的发展也是统一的。在城市暴动中，超市会经常成为打砸抢烧的对象，就像1990年10月在沃昂夫兰发生的城市暴动那样。相反，像生活补助机构这样的地方往往会在暴动中免于遭受破坏，这是纳塞尔·塔弗兰在2002年的研究过程中告诉我的。也就是说，在暴动者的暴力情绪背后还有着让人感到意外的理性功利主义，因为暴动者知道自己平时领补助的地方是不能动的。

小　结

我曾在2003年发表了一篇题目为《大教堂、购物车、摄像机：消费制度化的隐秘途径》（D. Desjeux，L'almanach 2003，*La cathédrale*，*le caddie*，*et la caméra*：*les voies cachées de l'institutionnalisation de la consommation*）的文章。受奥利维·巴多（Oliver Badot）的启发，我在文章中指出，消费从20世纪80年代开始成为一种制度。

2002年，农民与大型超市之间产生了一起争端。这起争端最终以双方的一项和解告终，而这也意味着消费的制度化成为现实。“消费的制度化最初是一个并不引人注目的社会变化。20世纪80年代由玛格丽特·撒切尔领导的英国政府是最早开始推行消费制度化的，紧接着是比利时，而现在则是法国。消费制度化的标志是政府对压力集团的承认与重视。在2002年的那次农民与超市之间的争端中，国家、农民组织，还有超市组织最终选择坐下来进行协商，消费者虽然在表面上没有参与到协商当中，但他们在其中既扮演裁判的角色，又扮演人质的角色。所有这一切都让人们清楚地看到了法国消费的制度化。”事实上，如果我们回顾让·梅诺（Jean Meynaud）1964年发表的《消费者与权力》（*Les consommateurs et le pouvoir*）一书，以及米歇尔·维沃尔卡（Michel Wieviorka）1977年发表的《国家、老板和消费者》（*L'Etat, le patron et les consommateurs*）一书，我们会发现，消费制度化从20世纪60年代和70年代便已经开始起步了。

“有些人也许会觉得‘制度’这个词用得有些重。的确，消费很少会被视为是一种制度，人们更能注意到的是市场学所展现出来的消费中的个人主义和享乐主义层面的内容，抑或是广告的异化影响。而我觉得，我们可以给制度这个概念赋予一个人类学含义，就是说，我们可以把消费视为一种行动系统，这个系统包含了行动者、冲突、反权力、调节、实际空间和象征符号，而这些因素的恒定存在并不会因为冲突和谈判而发生改变。……弗朗索瓦·度贝（François Dubet）曾在其2002年发表的一本书中提出过‘制度衰落’的概念，但是我所运用到的制度概念要比该作者在内容上更为广泛，因为我希望避免用一种末世论或者救世论的论调去分析制度现象。……作为一种社会现象，消费既能表现社会联结，又能表现社会排斥；既能反映社会秩序，又能反映反权力现象。”

城市暴动也能够帮助我们很好地分析当今城郊社会中的一个很严重的分歧，那就是对移民有着敌意的“别墅区”居民和感到自己被社会抛弃的“廉租高层区”居民之间的分歧。不管是在我们为法国电力集团所做的研究（参见Sophie Alami等，1996），还是在我们应弗朗索瓦兹·布鲁斯通（Françoise Bruston）之邀为法国邮政所做的研究当中（参见D. Desjeux等，2005），我们都能够观察到，由于廉租高层社区的服务性场所的逐渐消失，那里的一部分居民会感到自己被国家遗弃了。但在很多情况下，正是暴动行为造成了那里服务性场所的减少，因为服务行业的经营者在看到这些暴动之后会不太愿意在那里投资。

在本书第九章，我们提到过克里斯托弗·吉吕（Christophe Guilly）和克里斯托弗·诺伊（Christophe Noyé）在2004年共同发表的《法国新的社会分裂图集：被遗忘和无保障的中产阶级》（*Atlas des nouvelles fractures sociales en France: Les classes moyennes oubliées et précarisées*）一书。作者在该书中还指出，由于住房压力的原因，法国人的必需品消费支出将会大大增加。在本书后面关于世界中产阶级的章节中我们会再次谈到这一点。2010年，克里斯托弗·吉吕又发表了《法国的分裂》（*Fractures françaises*）一书。我们发现，与社会分歧加剧同时发生的是法国国民阵线的壮大，这一极右党派在2008年经济危机爆发之后发展得尤其迅速。事实上，全球范围内的房价增长，以及交通、医疗、教育等公共条件的恶化使民粹主义在许多国家盛行，比如，民粹主义在美国的兴起便让唐纳德·特朗普在2017年的总统选举中最终胜出。

第十二章

通过 90 年代的美国来看消费现象（1994）

小　序

2015 年 2 月 7 日，柯特·安德森（Kurt Andersen）在《国际纽约时报》发表了一篇文章，他在文中提了这样一个问题："美国历史上最美好的十年是哪一个十年?"作者自己是这样回答的："当然是 20 世纪 90 年代。"那是克林顿的执政年代。作者还回忆道，20 世纪 90 年代初的时候，几乎没有人听说过网络、搜索引擎、移动电话、笔记本电脑、社交软件。而到了 90 年代末的时候，这些东西已被所有美国人熟知，而且史蒂夫·乔布斯也重新回到了苹果，并让这个品牌获得了重生。与此同时，也几乎没有人会去真正担心二氧化碳排放和全球变暖问题（p. 9）。90 年代同样也是星巴克"这家出色的咖啡店在整个美国兴起的年代"，它从 90 年代初的一百家连锁店起步，发展到十年之后的两千家。今天，美国的星巴克连锁店更是达到了 13 000 多家。

与当时的法国截然不同的是，1992 年到 1999 年期间，美国经济的年增速一直保持在 4%左右。与此同时，美国的失业率从 1992 年的 8%降到了 1999 年的 4%。家庭收入的中位数也以每年 10%的速度增长——要知道，进入到 2000 年之后，这个数字陡然变成了-9%。另外，1992 到 1999 年期间贫困人口率从 15%降到了 11%，股市总市值也增加了三倍。不过，我们之后会看到，21 世纪是个新的经济转折点。从进入 21 世纪这一刻起，不同国家的中产阶层之间展开了时而和谐时而紧张的互动，其中表现最为突出的是中国的中产阶层，他们是世界新中产阶层的重要组成部分。

我是在 1994 年到 2001 年期间开始接触美国社会的。当时，我通过富布莱尔奖学金，以及通过与一位写东西很逗也很刻薄的名叫盖坦·布鲁洛特（Gaétan Brulotte）的魁北克作家的交流，有了一个到南佛罗里达大学担任访问教授的机会。布鲁洛特是在罗兰·巴特（Roland Barthes）的指导下完成的博士论文。之后，他成了坦帕大学法语学院的教授。专门研究17世纪法国的克莉丝汀·普罗博斯（Christine Probes）此时在这个学院担任院长。我先是在南佛罗里达大学工作了四个半月，之后我每年会到那里教一个月的课，直到2001年。对我来说，这是一次很宝贵的跨文化体验，与我在70年代研究非洲巫术和在1997年开始研究中国人的日常生活一样，在美国的这段经历也很颠覆我的认知。

我通过对我生活区域的观察开始渐渐了解美国消费，我住的那个地方从外观环境上讲可以说是很完美（参见 Virginia Scott Jenkins，1994）。那时我经常去大众超市买东西，大众超市是一家主要分布在美国东南部的连锁超市，就像超市入口处的牌子上写的那样，这家超市是“where shopping is a pleasure”（“一个让购物成为娱乐的地方”）。当我去到大众超市的时候，我进到的实际上是一个综合购物中心，那里有巨大的停车场，还有饭店、电影院、大商店以及像家得宝（Home Depot）这样的家装店。家装店是50年代在美国中产阶级兴起的“男性家务”的一个重要象征标志（参见 Steve M. Gelber，1997）。就像奥利维·巴多（Olivier Badot）在他的博士论文中分析世界最大的购物中心之一——埃德蒙顿购物中心时指出的那样，美国的购物中心象征着消费与娱乐的结合。这种商业模式很受中国企业家的青睐，所以后来中国的购物中心经常会在迪士尼乐园式的外观基础上，加上一些具有中国文化和19世纪百货商店特色的元素。

我在美国期间参观了一些高级中产家庭的住房。在跟我的同事兼朋友马克·纽曼（Marc Newman）的交流过程中我意识到，这些房子里的客厅其实就像是一个家庭博物馆，人们会通过客厅来展现自己的家庭传承和社会地位。客厅是家庭成员平时很少用到的一个房间，与之相反的则是起居室。人们会非常重视起居室的舒适度，因为它直接关系到人们的日常起居。

不过，在理解不管是东部的还是西部的美国人的日常生活时，有一个问题曾困扰过我。在南佛罗里达大学的一些社会学家、人类学家和历史学家的帮助下，我找到了这个问题的答案。

16到18世纪，现代消费在英国、法国、荷兰和美国的诞生

与当时的法国不同的是，南佛罗里达大学图书馆的所有书都是可以自由借阅的。当我在那儿的图书馆里“闲逛”的时候，我找到了几本关于消费的历史学和人类学书籍，而这些书我在法国从来没有听说过。

法国之所以缺少这类书籍，其中的一个原因是90年代的法国社会学主要被劳动社会学所占领，而关于消费的社会学研究几乎是不存在的。不过，皮埃尔·布迪厄是个例。他在《区隔》一书中通过宏观分析展现出了70年代法国社会中，阶级、收入、学历与品位和消费之间的关系。比如，普通收入人群中有66%的人喜欢约翰·施特劳斯的《蓝色多瑙河》，而高等收入人群中只有15%的人喜欢这首曲子。相反，高等收入人群中有12%的人喜欢拉威尔的《拉威尔》，而普通收入人群中没有一个人喜欢这首曲子（p. 616）。

莫里斯·哈布瓦赫（Maurice Halbwachs）在其1912年完成的关于工人阶级消费的论文中就已经指出，即便一个工人由于成了工厂里的小领导而收入增加，他曾经的消费模式也不会有所改变，因为对于工人的消费模式而言，工人消费文化要比实际经济收入更有影响力。1994年，克里斯蒂安·鲍德洛（Christian Baudelot）和罗杰·埃斯塔布莱（Roger Establet）合作出版了一本书，题目为《莫里斯·哈布瓦赫，消费与社会》（*Maurice Halbwachs, consommations et société*）。从那时起，人们开始将哈布瓦赫视为20世纪法国消费社会学的一个代表性人物。布迪厄是在继哈布瓦赫的研究将近七十年之后发表的《区隔》一书，但在书中他丝毫没有提及莫里斯·哈布瓦赫的研究。所以我是通过鲍德洛和埃斯塔布莱的那本合著才了解到哈布瓦赫的作品。

所以，当我从图书馆的书架上找到了尼尔·麦肯德里克（Neil Mckendrick）与约翰·布鲁尔（John Brewer）以及J. H. 普伦布（J. H. Plumb）合著的《消费社会的诞生》（1982，*The birth of a consumer society*）一书时，这对我的学术认识是一次非常大的震撼。在这之前，我一直觉得消费历史是从20世纪50年代才开始的，但这本书让我意识到，消费史至少应该追溯到18世纪中期乔治一世、二世和三世在英国的统治时期，甚至可以一直追溯到16世纪。在我2006年发表的《消费》（*La consommation*）一书中，我曾对这些美国作者有过简短的介绍（pp. 40-46）。

1993年，约翰·布鲁尔（John Brewer）和罗伊·波特（Roy Porter）共同编辑了一本很有深度的合辑，题目为《消费与商品世界》（*Consumption and the world of goods*）。其中的作者有柯林·坎贝尔（Colin Campbell），他是一位遵从韦伯理论的英国社会学家，他在1987年发表的一本著作中阐述了18世纪在英国兴起的浪漫主义和享乐主义思想与现代消费理念之间的关系。还有一位作者名叫简·德弗里斯（Jan de Vries），他是一位美国的历史学家，在2008年的时候，他分析了家庭在17世纪西欧消费发展过程中的重要作用。另外还有一位名叫悉尼·明茨（Sydney Mintz）的美国人类学家，他在1986年出的一本书中曾分析过由殖民者、从事蔗糖生产的殖民地奴隶以及欧洲购买糖产品的贵族消费者所组成的行动系统。在书中，作者还分析了糖对现代消费者的影响，尤其是糖产品的高热量所带来的糖尿病和肥胖问题。

健康经济学家埃里克·A. 芬克尔斯坦（Éric A. Finkelstein）和从事记者工作的劳丽．祖克曼（Laurie Zuckerman）在他们2008年共同发表的《美国的填鸭式饮食》（*The fattening of America*）一书中也做过类似的分析。对于这两位不怎么支持国家干预的作者来说，美国过多的糖产品消费是由罗斯福新政造成的。因为罗斯福新政给了美国农民许多的国家扶持，这就造成了玉米生产过剩，而为了消化这些玉米，食品工厂只能在食品中添加更多的玉米糖浆。所以那两位作者认为美国人过多的糖消费是由国家干预造成的。

我虽然不完全认同这一解释，但我的确承认肥胖是美国人日常生活中的一个核心问题。肥胖的产生与生活方式以及社会从属之间的关系很大：收入越低，肥胖风险就越高。现如今，中国的中产阶层也很受糖尿病和血管疾病的困扰，因为在中国中产阶层消费水平提高的同时，他们的糖消费也增长得很快（参见Ma Jingjing等，2017，待出版）。

2016年的时候，与约翰·布鲁尔（John Brewer）共事过的历史学家弗兰克·特伦特曼（Frank Trentmann）出了一本总结全球消费的书，书名为《物品帝国——从15世纪到21世纪，我们的世界是如何变成消费世界的》（*Empire of things: How we became a world of consumers, from the fifteenth century to the twenty-first*）。这本书很大的一个优点是它没有局限于描写欧洲和美国的消费历史，而是同样也分析了亚洲国家的消费历史。作者在书中也分析了彭慕兰（Kenneth Pomeranz）的能源“大分流（la grande divergence）”理论（p. 71），在本书的第二十六章中我们会再次提到这条理论。在此之前，法国历史学家丹尼尔·罗什（Daniel Roche）写过一本很有先锋性的书，书名为《日常用品的历史》（1997，*Histoire des choses banales*）。之后类似的研究还有阿兰·沙特里奥（Alain

Chatriot）与马修·希尔顿（Matthew Hilton）于2005年合作发表的《以消费者的名义》（*Au nom du consommateur*）一书，该书很重要的一点是它着重分析了消费者的社会行为人属性。另外值得一提的还有玛丽-埃曼纽尔·切赛尔（Marie-Emmanuelle Chessel）在2012年发表的《消费史》（*Histoire de la consommation*）一书。

所有这些具有鲜明人类学特质的历史研究，很大的一个优点是它们还原了以下几样事物的重要性，即物质文化、物品系统、物流、生产与消费的关系、社会博弈、“前数字时代”的社交网，以及经济与文化的关系。我在索邦大学的同事兼朋友让-皮埃尔·瓦尔尼（Jean-Pierre Warnier）让我了解到了一位名叫丹尼尔·米勒（Daniel Miller）的英国人类学家，他是消费与物质文化研究领域中一位非常重要的人物。在其1994年发表的一本关于特立尼达岛的著作中，作者提到，民族志研究的目的是“描绘一个社会的生产、分配与消费模式，并且分析这三者之间是如何相互作用的”（p. 2）。

历史学研究也告诉我们，文化、物质、社会、经济，其中的任何一样都无法单独解释现代消费的诞生。更为重要的是，现代消费并不是一下子产生的，而是在16到18世纪期间逐渐发展起来的。对于这一点，一位加拿大籍的名叫格兰特·麦克拉肯（Grant McCracken）的非正统人类学家在其1990年发表的《文化与消费》（*Culture and consumption*）一书中曾做过很好的分析。我是在1999年通过媞娜·维尼耶·弗朗索瓦（Tine Vinje François）了解到的这本书。弗朗索瓦是丹麦欧登塞大学的一位学者，我们当时一起做了一项关于法国鹅肝在丹麦的市场潜力的研究（参见本书第十八章）。在《文化与消费》一书的第三章内容中，作者分析了家具或者其他用品上的绿锈的象征作用是如何在18世纪前后发生变化的。在16世纪的时候，绿锈可以用来彰显消费者的贵族身份，但到了18世纪的时候，绿锈失去了这一作用，因为由于潮流这一概念的出现，有钱人越来越倾向于通过新东西而不是旧东西来表现自己的社会地位。

受益于消费历史学在英国、美国以及法国的发展，我从90年代开始更加明白了消费如何可以帮助我们分析“工业生产、城市扩张、大型物流体系、以市场学为代表的认知体系，以及中产阶级扩张之间的关系。从最早的纺织业，到后来的汽车和家电工业，再到现在的高新信息与传媒技术，它们中的每一个都在各自的年代推动了经济的发展，同时也刺激了不同阶层、性别、文化和年龄的人们在社会地位上的竞争”（引自D. Desjeux，2006，p. 45）。

消费现象并不只局限于消费者的感受、动机、心理认知以及“享受至上”的消费原则，也绝非只体现了广告的魅化作用，或者是帕特里克·赫泽尔（Patrick Hetzel）在其 2002 年发表的《消费星球》（*Planète conso*）一书中所介绍的“体验型”营销，也就是将消费者的感官体验作为核心的营销原则。消费是一个具有两面性的社会现象，“它既可以造成社会排斥，也可以方便社会融入；它既可以为人们带来一个世界将会变得完美的‘救世主’印象，也可以给人们带来一个世界将会充满灾难的‘末世论’印象”（引自 D. Desjeux，2006，pp. 45-46）。

消费人类学

颠覆我知识体系的还有另外一本书，那就是英国人类学家玛丽·道格拉斯（Mary Douglas）与经济学家巴伦·伊什伍德（Baron Isherwood）在 1979 年合作发表的《消费品世界——迈向消费人类学》（*The world of goods*：*Towards an anthropology of consumption*）。在此之前，我读过玛丽·道格拉斯的《洁净与危险》（De la souillure），该书的法语版出版于 1971 年。这本书的第三章，也就是关于《利未记》中的食物禁忌的章节，可以说是消费结构主义分析中的一个经典。比如，她分析道，《利未记》之所以认定猪肉是不洁之物，并非是出于卫生方面的考虑。与所有有蹄类动物一样，猪的脚是分叉的，但它并没法像其他有蹄类动物一样反刍，也就是说它不具备有蹄类动物的所有特征，它是有缺陷的。所以，出于象征方面的考虑，《利未记》将猪肉视为一种肮脏的食品。

那时我并不知道道格拉斯很早便研究过消费。她与伊什伍德合著的那本书为消费成为正统的学术课题做出了重要贡献。作者在书中证明，在所有的人类社会，特别是现代社会中，消费是具有象征功能的，它可以表现出社会关系，而不是像普通经济学家所认为的消费只具有实用功能。

在玛丽·道格拉斯看来，商品和服务都是一种社会标签，它们可以表现消费者的社会地位，也包括欧文·戈夫曼（Ervin Goffman）在《互动仪式》［（*Les rites d'interaction*），该书法语版是皮埃尔·布迪厄在 1974 年负责编辑出版的］一书中所分析的仪式性社会互动。

这也是为什么我们说消费行为并非只是微观经济学家所说的个人理性行为。丹尼尔·米勒（Daniel Miller）在其 1998 年发表的《购物理论》（*A theory of shopping*）一书，尤其是在该书标题为《在超市（制）做爱（意）》（*faire l'amour dans les supermarchés*）的章节中曾认为，消费也是为了向身边人表达自己的友好和爱意。不过，加上这条也无法展现消费的全部。消费其实还包含另外一个层面，那就是意义交换。这一层面，我们可以在让·鲍德里亚（Jean Baudrillard）的《物体系》（1968，Le systèmes des objets）和《消费社会》（1970，*La société de consommation*）这两本书中看到，虽然鲍德里亚的分析有着更多的哲学成分。

在玛丽·道格拉斯和巴伦·伊什伍德（Baron Isherwood）看来，经济学家通常会认为人们是因为个人心理方面的原因而渴望得到某些东西；而人类学家则会认为，人们渴望得到某些东西，是因为人们需要以此来履行送礼或者分享之类的社会义务。也就是说，消费是为了表达自己对他人的重视，或者是为了纪念某一个日子，为了完成一个人生阶段的过渡，抑或是为了强调自己的一个身份。这也是为什么，对于那两位作者来说，没有社会生活的理性人是一个毫无意义的抽象概念。消费品不仅具有象征符号的作用，还具有社会作用。

道格拉斯的理论与哈布瓦赫的理论是一致的。后者在1913年的一项分析中指出，消费是社会融入的一个指示器。同样，消费能力的丧失也是社会地位丧失的一个表现。穷指的不光是金钱的缺少，也是社会关系的缺少。道格拉斯把低收入阶层的消费叫作小规模消费，与之相对应的是高收入阶层的大规模消费。

我与索菲·塔玻尼尔以及埃玛纽尔·恩迪奥内（Emmanuel Ndione）1992年在塞内加尔做的一项调研也同样分析到了这一点。在研究中我们发现，最穷的人其实并不是没有钱的人，而是被家庭抛弃了的人（参见Ndione，1992）。

我们在2000年做的关于无固定居所人群的研究中也获得了相同的结论。一个无固定居所的人不光是居无定所，他同样也没有属于自己的家庭关系。而这些人群重新融入社会的标志之一便是获得了消费能力（D. Desjeux等，2003）。所以说，消费是能够让人们之间相互联结的社会化工具之一。伯纳德·科法（Bernard Cova）于1995年在阿尔马丹（L'Harmattan）出版社出了一本书，题目为《超越市场——当社会关系重于市场商品时》（*Au-delà du marché：quand le lien l'emporte sur le bien*），这是法国最早探讨消费社会化作用的书籍之一。

在道格拉斯和伊什伍德看来，消费的社会联结作用——不管是大家在一起聚餐还是参加悼念活动——都是通过一些具体物品实现的，比如食物、饮料、鲜花、礼服等等。对于这两位作者来说，物品、工作和消费是被人为分离开的，它们实际上都是整体社会系统的组成部分。

玛丽·道格拉斯是个非常风趣的人。她住在伦敦北部，我在90年代的时候曾经拜访过她，她带我去海格特墓地参观了马克思陵墓，她指着马克思对面的一个陵墓告诉我说那是哲学家赫伯特·斯宾塞（Herbert Spencer）的陵墓，她感觉这像是一家玛莎百货。

小 结

在英美历史学家和人类学家的推动下，消费人类学从20世纪90年代开始成了一个正统学科。消费再也不是人们先前所认为的只跟女人有关系的异化现象，而是成了帮助人们理解整个社会运行模式的分析工具。

与只关注消费者个人享受的市场学研究和全盘否定消费社会的传统社会学研究相比，人类学视角下的消费是一个更为复杂的社会现象。消费者在做选择的时候的确会有经济学家所关注的理性计算的成分在内，但人类学家会在这一基础上加入象征因素和文化因素。不过，这些不同的消费研究方法也表明，我们既可以用微观个人视角来分析消费在个人身份构建过程中发挥的作用（参见Russel Belk，2003），也可以用宏观社会视角来分析阶级、性别、年代或者文化对消费产生的规律性影响。

人类学和微观历史学研究也可以体现出生产、分配、消费和垃圾处理之间的关系，以及它们各自所对应的行动系统。这一点，我们会在下一章关于美国人的DIY和草坪修剪的分析中再次提到。用人类学比较经典的一个概念来说，消费是一个总体性社会现象。与我们之前提到的刚果农业系统一样，消费系统也是具有物质、社会和象征这三种性质的。

在研究消费问题时，有些人类学家会强调消费中想象层面的内容，而有的人类学家则会强调物质文化层面的内容。丹尼尔·米勒曾解释说，他之所以会对行为观察更有兴趣，是因为他是以物质文化作为自己的研究基础的。这也是为什么他并不会把社会行为人口头上说的作为社会现象的解释依据，而只会把其视为社会行为人为了表现自己行为的合理性所做的一种辩解（1994，p. 4）。

米勒在2000年的时候做过一项关于互联网使用的人类学研究，这是关于该主题最早的人类学研究之一。通过以物质文化为出发点的研究方法，米勒向我们展现了来自网站、聊天室、论坛等大量关于当地宗教的互联网信息是如何全方位地改变特立尼达岛居民自我身份构建的模式的（参见D. Miller，D. Slater，2000，p. 20）。比如，虽然国际上的福音主义者希望通过诋毁特立尼达岛印度族居民的传统宗教来转化他们的信仰，但这些印度族居民却能够通过互联网与之抗衡，并成功地保留了自己的传统宗教信仰（pp. 174-175）。在这项研究的十五年之后，我们看到，甚至极端组织“伊斯兰国”也是在通过互联网来发展自己在全球范围内的宣传活动。

第十三章

通过美国中产阶级来看人类消费社会的根源（1994—2001）

小 序

1994 年到 2001 年我在美国做访问教授期间，我并没有针对某一个课题做过系统性的研究，只是时不时地对当地人的日常生活做一些非系统性的观察。这比较类似于雷蒙德·卡罗尔（Raymonde Carole）在其 1991 年发表的《看不到的显而易见——日常生活中的美国人和法国人》（*Evidences invisibles: Américains et Français au quotidien*）一书中所展现出来的观察方法。那个时候，我每次去到美国都会在那里待上一到三个月，这让我了看到了美国人常去的大型购物中心、他们开的车子，还有他们是如何在家里做家具（DIY）以及修剪草坪的。同时，我也理解了消费在美国中产生活的构建和运行中所发挥的部分作用。

在美国，我经常会去购物中心，在那里买日常用品，给汽车加油，去自助取款机取钱，在饭店吃饭，以及看电影、理发，还有陪着我的同事兼朋友马克·纽曼去家得宝建材店买他 DIY 要用的东西，等等。我在二十年前第一次看到美国建材店里的“DIY 学堂”，还有各种各样金额的（比如 20 美金、50 美金或者 100 美金的）购物卡。我还见证过一个人从建材店买购物卡到他的朋友结婚时送购物卡的整个过程——这种购物卡是一个非常受欢迎的结婚礼物。

20 世纪 90 年代，法国还没有像美国这样的便民购物中心。我们也只是在做关于入城口的调研时才略微感受到类似的消费模式在法国的悄然兴起。在美国，购物中心是中产阶级构建的一个核心元素，它与汽车在身份构建上的重要性是等同的，只不过汽车更多的是一种能源作用，它让人们在居所、工作地点和购物地点之间的往返变得更加方便。当美国的购物中心取得成功之后，全世界的中产阶级也都开始纷纷效仿。

我是在坦帕市考的美国驾照。我先是过了路考，但早上的交规考试我没过。我在中午把交规复习了两个小时，然后下午又考了一次，接着我就拿到了驾照。我讲这件事情是想说，在美国，衣食住行中的行是件头等大事，所以驾照是美国人的一个必备品。检查身份的时候，驾照可以说是美国人最需要出示的身份证件。

我在佛罗里达生活期间也观察了当地人是如何给自家的草坪、外墙和泳池做维护的。这些维护工作可以体现出当地人的社会生活准则，同时，它们也具有一定的经济意义。要知道，住房是人们生活保障的一部分，而2007年在美国爆发的次贷危机则摧毁了底层中产阶级的这一经济保障。也正是这些在次贷危机中受挫的小业主在之后的总统选举中投了特朗普的票。

在美国，我还参加了当地人的一些节日，比如万圣节。通过报纸我看到了美国人对这一节日所展现出的宗教热情。但对于正统的牧师来说，万圣节是个异教节日，所以应该受到抵制。在法国，我们也会看到类似的宗教争论，比如马槽派和圣诞老人派之间围绕圣诞节的庆祝方式所展开的争论。美国社会比较矛盾的一点是，虽然在法律上美国是一个非常追求世俗化的国家，但宗教在美国人的生活中是无处不在的，很多关于日常生活的争论都是围绕宗教展开的。

为了纪念1620年第一批来到美国的英国移民，美国人在每年十一月的第四个星期四会过感恩节，饮食是这个节日中的一个重要话题。一方面，传统派的人们坚持认为感恩节应该遵从当年五月花移民的食谱，也就是火鸡、土豆泥、肉汁酱、地瓜以及其他许多当季蔬菜；而现代派的人们则认为，感恩节的食谱里还应该加一些甜食。

感恩节第二天的星期五叫黑色星期五，是个非常盛大的打折日。这一天，整个美国的商业营业额会达到500亿美元左右，所以黑色星期五也是美国消费情况的一个重要风向标。在中国，阿里巴巴集团也建立了一套类似的名叫“双11”的系统。每年的11月11日，也就是中国人所说的“光棍节”，整个商业营业额会达到180亿美元左右。

我在美国还看到了故事家（Story Tellers）。这是美国的一个古老传统，故事家一般都是在节假日的时候在街头给大家讲故事。加里森·凯勒尔（Garrison Keillor）是其中非常有名的一位，他每个星期天都会在美国国家公共电台（NPR）讲一些很哲学但同时又很逗的故事。他讲的有一个故事我特别喜欢，叫《狄俄尼索斯的中年危机》（*The midlife crisis of Dionysus*）。故事讲的是狄俄尼索斯在五十岁的时候才发现自己只是个半神。我是1996年听到的这个故事的，那年我也五十岁。

在理解我所观察到的美国人的日常生活时，我并没有依靠我的主观印象，因为这些印象多半都是被我的个人经历条件化了的。当然，主观印象是有它的方法论作用的，因为在做文化对比时，主观印象可以是一个出发点。但这之后，我会更多地去收集和汇总来自别处的信息，我会跟我的同事进行讨论，或者是阅读一些关于消费的中产阶级构建作用的文章和书籍。

与欧洲大教堂相媲美的、象征着国家之宏伟的科罗拉多大峡谷

1996年，我在南佛罗里达大学见到了马克·纽曼（Mark Neumann），也就是《身处边缘——寻找大峡谷之旅》（*On the rim*：*Looking for the Grand Canyon*）一书的作者。该书发表于1999年，是一本很难被归类的书。书中，纽曼用一些让我们意想不到的方式展现了自然、上帝、娱乐、印第安人、社会秩序等元素在美国文化中的表现形式。作者用多年时间夜以继日地观察了科罗拉多大峡谷地区人们的生活。该书的内容不仅包含了纽曼对当地人们物质文化的观察，还包含了一些让人想象不到的事件，比如对一个小偷的抓捕行动，还有当地旅游指南手册里的宗教元素等等。更为重要的是，作者还分析了科罗拉多大峡谷是如何成了像欧洲大教堂一样的能够用来表现整个美国历史的名胜。另外，作者还向我们展现了大峡谷在创世论与进化论之间的对抗中所扮演的角色——因为许多创世论支持者认为大峡谷的地貌便是上帝用七天创造了世界的最好证明（p. 107及后文）。

在分析大峡谷用来运输游客的火车时，纽曼还参考了德国历史学家沃夫冈·施维尔布什（Wolfang Shivelbusch）在1977年发表的一部题目为《火车旅行——十九世纪时间和空间的工业化》（*The railway journey*：*The industrialization of time and space in the 19th century*）的著作，这让他做出了一个非常新颖的关于铁路交通的分析。通过作者的分析，我们可以意识到，火车并非只是彭慕兰在分析19世纪英国的煤炭运输时所说的工业化支柱，火车更是将旅游变成了消费品的关键——因为火车的窗户可以展现周围的全景（p. 154），也就是说，坐火车的体验在某种程度上成了一种观光体验。的确，火车并不只是一个方便运输的技术手段，它同样也改变了我们对空间与时间的认知。

纽曼同样也提到了火车与电影之间的某种联系——电影用到的是画面的移动，而人们透过火车窗户看到的景色移动就在某种程度上让火车成了电影的鼻

祖。在纽曼之前，历史学家乔纳森·克拉里（Jonathan Crary）也对这一点有过类似的分析。像许多科技产品一样，火车是社会新生事物的一个分析工具。19世纪，消费社会以一个网状社会的形式诞生，人们先是有了铁路网，继而又陆续有了电力网、电报网、公路网、微波通信网、电话网，以及今天的数字网络。

通过铁道的增加和旅游景观的规范化，火车也参与到了旅游的标准化进程中。从这个角度上讲，火车对大众消费的发展有过重要的贡献，因为大众消费的发展基础便是在美国最早建立起来的标准化文化。这一文化是泰勒制工业生产的一个延伸。

运气和好奇心是文献研究中很重要的两个因素，因为正是出于偶然和好奇，我在我爷爷的书柜里找到过一本书，书名叫《标准——一个法国工人眼中的美式劳动》（*Standards*: *Le travail américain vu par un ouvrier français*）。我的爷爷在退休前是名工程师，他书柜里的这本书是1929年出版的，书的作者曾经是法国总工会成员，名叫亚森特·杜布勒伊（Hyacinthe Dubreuil）。他用一种比较激进的方式写道，泰勒制其实就是让工人机械性和重复性地工作，这跟农活里的“撒种”和“打麦”没什么区别。事实上，1971年到1975年我在马达加斯加调研期间看到的打水稻的场景的确是很机械性的。作者还写道：“最现代的纺织机难道不是比当年的老纺车更让人感到无聊，以及让人的肌肉运动更加失衡吗?”（p. 222）

杜布勒伊的这段话其实很符合尤瓦尔·赫拉利（Yuval Harari）2015年发表的《人类简史》（*Sapiens*）中的一个结论。他在书中指出，对史前人类的骨骼所做的分析告诉我们，当农业取代捕猎和采摘之后，犁的使用同时也带来了比如关节炎和疝气之类的疾病（p. 104），这证明了人类的肌肉骨骼疾病已经有了很长一段历史。因此，我们在判断一个现象是否是新生现象的时候一定要持谨慎态度。当然这也并不是说老问题就不是问题。

杜布勒伊在书的最后总结了劳动与消费之间的关系，他这样写道：“如果我们要想真正实现社会主义，那么劳动的科学组织方法是必不可少的。只有科学地组织劳动，‘全民幸福’才有可能成为可能，因为只有这样，我们才能实现大众生产，也就是让全体社会成员都能享受到文明带来的成果；也只有科学地组织劳动，我们才能够减少人们为了满足自己的物质需求所必须花费的劳动时间。要知道，如今的人们已经没有时间去从事艺术活动，而想要成为艺术家，就只能把工作甩给别人。”（p. 422）

我和马克·纽曼后来成了非常好的朋友，我们之间有很多交流。后来我还在坦帕结识了杰纳·琼斯（Jana Jones），他是美国实验艺术电影方面的专家，我们相识的场景有点像是在戴维·洛奇（David Lodge）1975年发表的小说《换位》（Changement de décor）中出现的场景。在我尝试理解美国文化和美国生活的演变过程时，他给我的帮助是最大的。是他教会了我用瓦尔特·本雅明（Walter Benjamin）的视角去观察美国的购物中心，在这一视角下，美国的购物中心其实是巴黎、米兰、布鲁塞尔等欧洲城市有名的封闭长廊的一个现代版本。

法比安·福尔霍特·柯萨巴（Fabian Faurholt Csaba）于1999年在丹麦的欧登塞大学完成了一篇题目为《美国购物中心》（*The mall of America*）的博士论文，多米尼克·布舍尔（Dominique Boucher）是当时这篇论文答辩时的评审团主席。这篇论文主要分析的是位于明尼阿波利斯的一个购物中心，它是全美最大的购物中心之一。当时还不太为人知的一件事情是，美国购物中心的历史根源其实是在欧洲。被誉为“现代购物中心之父”的维克多·格鲁恩（Victor Gruen）是一位后来才移居到美国的奥地利建筑师，他设计购物中心的初衷其实是想在美国建一个类似于欧洲小镇广场一样的生活场所。从这个角度来讲，现代购物中心的前身应该是法国南部的那些槌球场。其实，现代购物中心的某些元素还是很能够让我们联想起欧洲以前的那种封闭长廊。

就像我们在前文中已经看到的那样，购物中心同样也是一个示威游行的理想场所。2001年，我陪同马克·纽曼采访了一些墨西哥籍的示威游行者，他们抗议塔可贝尔连锁餐厅给的工资太低。当时他们的抗议地点便选在了一家购物中心旁边。他们在抗议牌子上写着“我们不是奴隶”，或者“是我们在养着美国”这样的标语。抗议者大概有几十个左右。他们还在马路旁边立了个牌子，上面写着“如果您是站在我们这边的，请按喇叭”。这是一次很有戏剧感同时也挺欢快的示威游行。之后，马克·纽曼在当地的广播电台报道了这次游行，以及抗议者们的诉求。

对于在20世纪50年代诞生的美国中产阶级，以及在70年代和21世纪初分别被称为“城乡人（rurbain）”和“城郊人（périurbain）”的法国中产阶级来说，在美国、欧洲和中国先后发展起来的购物中心既是一个休闲消费的地方，也是一个让其中的某些人深刻感受到社会分化的地方。

购物中心所在的城郊区域同样也有许多别墅区，所以那里会有很多跟家庭园艺和DIY相关的消费行为。这类消费早在二十年前便已经在美国流行开来，亨利·雷蒙（Henri Raymond）和他的三个同事也在1966年的一次研究中对此进行过描述。但与美国开放式的别墅区不同的是，法国郊区的别墅区都是独立封闭的，因为住在那里的人不希望在邻居的眼皮底下和社会控制下生活。

自己动手：50年代美国男人们的家装不求人

跟西欧一样，美国在1865年到20世纪初这段时间也经历过属于自己的黄金年代。这是美国内战之后的一个重建时期。在这段时期，英语所说的DIY，也就是自己动手，完全不像今天这样流行，它还完全不是美国资产阶级男士们用来表现自己很有闲暇时间的一种方式。也就是说，在那个时候，DIY跟消费社会经济学领域的鼻祖式人物——凡勃伦（Thorsten Veblen），在1899年所分析的“有闲阶级”还完全挂不上钩。通过马克·纽曼，我读到了史提芬·盖尔伯（Steven Gelber）在1997年发表的一篇关于DIY的文章，其中有这么一段话：“在19世纪60年代，美国传统家庭里的丈夫，即便收入并不高，也会请工匠做与家装有关的事情，哪怕只是一个很简单的修补或者改善工作。”（p. 67）总之，那时的人们并不把DIY看作是很有档次的事情。

在史提芬·盖尔伯看来，19世纪中期到20世纪中期，美国男人们之所以对DIY没有兴趣，是因为工业化的发展造成了生活地点与劳动地点的分离；相反，在农业盛行的年代，这两者是重合的。而今天，我们会意外地发现，远程办公已经越来越常见，对于那些在家里办公的人来说，生活地点和劳动地点也是重合的（参见http：//bit. ly/2017-Desjeux-logement-hub-Dominique）。

在早期的工业社会，男人主要负责挣钱，女人主要负责家务，所以男人在家里并没有什么需要做的事情。另外，那时候的中产阶级大多是租房子住。比如，1890年的时候，美国的有房人口只有三百万左右。但到了1960年，这一数字变成了三千万，也就是当年的十倍。所以，DIY是在二战之后，也就是当城郊住房多起来之后，才成为了美国男士们用来展示自己是个好丈夫的行为。

史提芬·盖尔伯的核心结论是，DIY是现代男士们在家庭中找到自己的位置的一种方法，因为在50年代之前，男人们会觉得自己在家里毫无用处。那时男人们的生活主要集中在家庭之外，他们过的是一种哥们儿文化支配下的生活，这种生活中比较典型的一个画面是工友们下班之后一起去酒吧。总之，1890年到1930年期间美国有房人口的增加是DIY普及的首要原因。

第二个原因则是20世纪20年代发展起来的以福特T型车为代表的经济车型的普及。这类车还包括纳粹德国在30年代末推出的有“人民车”之称的大众车、法国雷诺公司的4 CV和2 CV，以及意大利的菲亚特。这些经济车型都是标准化流水线生产的，这种生产方式极大地促进了大众消费的发展。

经济车型的发展带动的是家庭车库的发展，而车库也很快变成了一个 DIY 场地，因为男人们会在自家车库里自己动手修理汽车或者自行车。另外，因为别墅一般都有院子，男人们也开始需要维修割草机和剪枝机。在史提芬·盖尔伯看来，一战结束到二战爆发这段时间，DIY 成了美国男士们的一个业余爱好。但对于中产阶级男士和工人们来说，这种业余爱好还是比较矛盾的，因为这有点像是在苦中作乐。与这种矛盾相对应的概念是我们后来所说的“劳动消费者（consommateur au travail）”，它正是在 20 世纪 50 年代的美国发展起来的。

从 50 年代开始，美国家庭中开始有了“男人空间”。从此，美国男人们多了一个身份，即盖尔伯所说的“持家男人”（domestic masculinity，p. 73）。所以说，DIY 不只是一种省钱的方式，也是现代男人们在家庭中建立新型丈夫身份的方式。

而这一现象之所以能够普及，也是得益于现代家庭建筑中的一个特点，那就是现在的业主们可以自定义储藏室的设置。这便为男人们提供了车库之外的另一个 DIY 空间。

“近期的研究显示，对于富人来说，DIY 是一种休闲娱乐，而对于穷人来说，DIY 是一种生活必需。”（引自 Steven Gelber，p. 97）随着 DIY 的流行，墙纸、滚刷，尤其是以百得牌为代表的手提式电钻的需求量暴增。百得牌的第一款手提式电钻是在 1914 年推出的，但那款电钻跟现在的比起来还是非常的笨重。不过，1946 年的时候，百得牌电钻已经比最早的小了整整一倍。从那时起，百得牌电钻成了美国 DIY 市场的一个象征符号，并在之后的不久席卷了整个西欧。DIY 的流行使家务活的性别分工发生了很大的变化。男人们成了家务活的主力，而女人们则成了副手。甚至有研究显示，三分之二的美国男人在 DIY 的时候，妻子是毫不参与的。事实上，通过 DIY 节省下来的钱并不多，所以 DIY 的流行除了经济原因之外，更多的是象征层面的原因。在盖尔伯看来，DIY 已然成了男人的新象征，这在美国白人群体中尤为如此。

不过，DIY 并没有在当今的中国取得成功，尽管我们在 2002 年的研究中发现，自从改革开放以来，大众消费在中国获得了极大的发展，中产阶级的有房率也增长得很快（参见 Anne Sophie Boisard 等，2002）。而俄罗斯则完全不同，萨拉·卡尔顿·德·格拉蒙（Sarah Carton de Grammont）在《莫斯科装饰文化的改变》（1995，*Changement de décor à Moscou*）一书中便为我们描绘了 DIY 在 90 年代俄罗斯社会的兴起。

举个例子，2016 年，乐华梅兰在俄罗斯拥有 49 家家装店，但在中国却只有 1 家（参见 2016 年 9 月 22 日的《回声报》）。中国人对 DIY 的冷漠多多少少有些让人感到吃惊，因为有些中国人是很推崇美国的现代物质生活的。而且，当我们充分了解了美国人的日常生活之后，我们通常也可以更好地理解中国高级中产阶层的生活，毕竟中国的一些高级中产阶层成员本来就在美国生活过。不过，我们还是可以认为，只要中国的男士们也希望自己能够在家庭范围内发挥自己的作用，他们应该也会喜欢上DIY。

自家草坪，一个对于中产阶级来说具有强制性的道德标准

对于城郊的中产阶级来说，房地产和汽车的发展也带来了草坪市场的发展。就像弗吉尼亚·斯科特·詹金斯（Virginia Scott Jenkins）在《草坪》（1994，*The lawn*）一书提到的那样，有个带草坪的院子已经成了“美国人的强迫症”。草坪的历史能够为我们提供一个很好的结构同型的例子，那就是以草坪生产和维护为代表的美国标准化工业，与以标准化集体生活为目标的美国国民身份建设之间的结构同型。在这一结构同型下，一个人后院草坪的状况会被认为是反映了这个人的道德状况：“草坪象征了家庭的价值观和管理状况。”（p.184）可以说，自家草坪是美国中产阶级的一个身份象征。

“草坪好意味着家庭好。邻居之间会对比每家的草坪是不是够干净，是不是没有蒲公英一类的杂草。对于美国人来说，草坪的干净与否不光关系到一个家庭的卫生问题，也反映了这个家庭是不是有美学眼光和道德心。草坪是人们对周边环境控制的一个很好的写照。”（p. 184）

弗吉尼亚·斯科特·詹金斯另外还指出，从20世纪七八十年代开始，部分美国人开始意识到化学物品的滥用与危害。“对于参加过越南战争的人来说，反抗自然的理念已经变得无法接受。在一次采访中，一名越战老兵更是把草坪维护形容为‘对自然景观的一种极权管理’。”这也是为什么，80年代的“美国人开始倾向于保持事物的原始状态，开始承认生态学的科学性”（p. 160）。最后，作者在结论中说道：“80年代末的时候，一些美国人已经开始非常注意节约石油化工业中所用到的水和其他能源。”（p. 179）但当我们看到由干旱造成的美国西部大火灾的时候，我们很容易明白，水资源问题在今天的美国依然是个很重要的问题。

覆盖整个美国的草坪市场是一个更为重要的消费现象的前兆，这个消费现象就是服务业的标准化。在韦伯的理论启发下，美国社会学家乔治·瑞泽尔

（George Ritzer）在1993年发表了《社会的麦当劳化》（*McDonaldization*）一书。“麦当劳化”这个概念指的其实就是服务业的标准化，或者说泰勒主义化。

社会制度同时也是道德制度。这个道理的一个物质方面的表现便是，美国人的院子通常都不会装栅栏，因为非物理性的社会限制要比栅栏的物理性限制更为有效。在美国，即便有人装栅栏，也基本上都是装在房子的后面用来防止宠物走丢的。

总之，在社会压力的制约下，美国人会非常注意草坪的整洁、篱笆的大小、泳池的洁净以及房屋的保养。而美国人这样做还有另外一个原因，那就是房子的市场价值是与房子所在小区的环境质量挂钩的。要知道，房子的市值对美国业主来说是很重要的，因为美国人经常会因为工作需要从一个地方搬到另一个地方，而自己房子的市值越高，搬家的时候就越有利。

詹金斯还分析道，美国人用一百五十年的时间建立起了一套标准化商品体系，而正是因为这个体系的存在，美国的草坪市场才得以发展到如此规模。这个系统让“割草机、浇水管道、城市供水系统、化肥、除草剂、杀虫剂被发明和生产、包装。美国的草坪工业收集了全世界各个地方的草种，然后再通过杂交技术制造出一种可以在全美任何一个地方生长的草坪”（p.4）。

我们看到，美国草坪市场的发展得益于二战前期发展起来的别墅住房的普及、标准化工业的发展、电力和水利系统的改良，以及伴随着现代中产阶级诞生而流行起来的DIY文化的发展。这一切所构成的既是一个物品系统，又是一个分配系统。它们为草坪和DIY这两个新兴市场提供了物流条件，并让其能够充分发挥物质、社会和象征层面的作用。

这一社会现象其实也体现在特百惠在美国的普及上。特百惠在美国的普及在二战之前便已经开始了，二战之后它的发展也同样迅猛。曾跟丹尼尔·米勒合作过的英国人类学家埃里森·克拉克（Alison Clark）在其题目为《特百惠：五十年代美国塑料工业的允诺》（*Tupperware: The promise of plastic in 1950's America*）的书中曾专门分析过这一品牌的成功模式。

我在前文中曾提到过，特百惠这个名字取自它的创始人特百先生，他是一个“兰杜式”人物，因为他想让女人们都成为“火炉里的女人”，也就是家庭妇女。特百惠的目的很明确，那就是“设计”和“规定”一套针对家庭主妇的、反浪费的道德机制，在这一机制下，家庭主妇们会为了减少浪费而使用特百惠所推出的一种节省冰箱空间的塑料盒。在营销方面，特百惠会组织直销会，让家庭妇女们在购买特百惠产品的同时可以组建成一个联谊团体。

回到DIY。这一消费现象发展的基础，是人们将原先的一些只在工业领域使用的工具转化成了家用工具。DIY 的成功既得益于战后美国推行的一系列鼓励房地产业发展的政策，也得益于低收入阶层的购买力限制。另外，美国男士们想要在家庭中扮演更为重要的丈夫角色的诉求也是 DIY 成功的一个关键因素。换句话说，在 DIY 普及之前，现代社会留给了男人一个重新获得家庭权力的机会，而男人们在 50 年代的时候把握住了这个机会。不过，这一现代男权对于今天的一些美国人来说已经受到了威胁。

就像 J. D. 文斯（Vance）在其《乡巴佬——关于一个处于危机的家庭和文化的回忆录》（*Hillbilly*：*a memoir of a family and culture in crisis*，书名中的"乡巴佬"指的是阿巴拉契亚地区的人）一书中讲到的那样，唐纳德·特朗普在其 2016 年的竞选活动中似乎就是利用了美国白人在工作和家庭方面的危机感。贾克森·凯兹（Jackson Katz）在 2016 年 10 月 15 日的《解放报》所刊登的一篇采访中也指出，美国男人的这种危机感让他们特别不希望看到女总统的出现。所以说，身份问题不只是一个国家政治问题，它同样也包含性别身份问题。

小　结

在研究日常生活时，不同的研究者会有不同的关注点，这是为什么关于日常生活的研究会呈现出多样化的特点的原因。

而人类学在研究日常生活时的特点是，与社会行为人的"所说"相比，人类学家更重视他们的"所做"。1994 年，我在南佛罗里达大学结识了埃里克·阿诺德（éric Arnould），他曾经写道，在研究人们的日常生活时，人类学家更倾向于观察人们具体都做了什么，而不是人们都是怎么想的（1994，pp. 485-487）。丹尼尔·米勒也持相同观点，他认为人们说的话并不是人类社会学研究的主要素材（1994，p. 4）。

上述的研究原则来自 20 世纪 90 年代在美国、英国和法国兴起的人类学思潮。这一思潮中的人类学家将人类学研究的重点放在了对城市消费行为的观察上，所以他们也经常会与非学院派的商务人类学家有交集（参见 Rita Denny，Patricia Sunderland 等，2014；Hy Mariampolski，2006）。当我这么说的时候，我首先想到的是国家人类学实践协会（NAPA，National Association for the Practice of Anthropology）。我在 1994 年曾参加过这个协会在亚特兰大召开的会议，当时这个协会有 500 个成员。

21 世纪初的时候，埃里克·阿诺德是消费文化理论（CCT，Consumer

Culture Theory）“后现代”理论的推广者之一。他与梅兰妮·沃伦多夫（Melanie Wallendorf）在1994年11月的《营销研究日志》（*Journal of marketing research*）杂志上发表了一篇关于民族志方法在市场研究中的应用的文章。这篇文章的主旨与我和索菲·塔玻尼尔在1990年提出的民族市场学概念是一致的，民族市场学侧重的是对家庭行为的观察。

今天，我们已经很清楚所有这些研究是如何把消费变成家庭权力关系的分析工具的。家庭居所已经不仅仅是工作之外的休闲空间，它同时也是人们从事园艺、DIY以及烹饪等内容丰富的活动的核心场所。另外，它也是最能体现家庭矛盾的一个地方，其中包括父母与孩子之间的矛盾、夫妻矛盾，还有代际矛盾。最后，家庭居所也是人们学习和掌握文化风俗和社会准则的地方。

这也意味着家庭居所里的不同房间之间有一种类似于地缘政治的关系。比如，对于希望通过电视、电脑、游戏机或者手机屏幕来控制整个家庭物品系统的高科技企业来说，客厅和起居室是家庭居所中最有商业战略性的房间，也是家庭成员之间为了某样东西的使用权而展开竞争的地方。另外，在早上谁用洗澡间、音乐多大声、暖气多少度这样的问题上，家庭成员之间也会有很大的分歧。对此，我们会在本书下一章关于“按钮之战”的分析中加以详述（参见D. Desjeux等，1996）。

对美国消费的观察给我带来的一个比较意外的发现是，当我们把消费视为一个总体社会现象并将其与生产现象联系在一起的时候，我们会观察到中产阶级的出现与发展，以及中产阶级在消费现象中所扮演的重要角色。二十五年前，对于许多社会学家来说，中产阶级并不是一个社会学概念，因为那时候的社会学并不关注消费，而是只通过劳动、生产和生产资料所有权的角度去定义社会阶级。

在路易·肖韦尔（Louis Chauvel，2006，2016）、朱利安·达蒙（Julien Damon，2013）、塞尔吉·博斯克（Serge Bosc，2008，2013）、尼古拉·布祖（Nicolas Bouzou，2011），以及用一种很新颖的方式分析过“谷歌、亚马逊、脸书、苹果”（GAFA，Google、Amazon、Facebook、Apple）的乔尔·科特金（Joel Kotkin，2014）等人的研究推动下，我们从2015年开始更好地理解了中产阶级消费在经济生产中发挥的决定性作用，即便人们在中产阶级问题上还远没有取得共识。这一点，阿兰·图赖讷（Alain Touraine）在其1969年发表的《后工业社会》（*La société postindustrielle*）一书中就有过分析。当消费发生变化的时候，生产与劳动的组织形式也会发生相应的变化。就像马克·戈特迪纳（Mark Gottdiener）在2000年出版的一本合辑中分析消费新形式时指出的那样：“消费与生

产之间有着剪不断的联系。”（p. x）

这正是为什么我们可以把消费视为解释现代社会的正常运转或者失衡的核心因素。如果中产阶级的消费停滞，那么整个经济生产都会陷入瘫痪，失业率也会增加。当然，如果中产阶级的消费过多的话，自然环境会受到损害。另外，如果中产阶级认为自己的社会地位在下降，国家没有保障好他们应有的权益，那么他们也会去到街上或者中心广场进行示威抗议，并把希望寄托在民粹主义政客身上。人们的群体归属感是建立在消费品、收入、流行趋势和生活方式的基础之上的。这是一个全球现象，在欧洲、美国、中国、巴西、中东、以色列还有其他国家都是这样。总之，消费已经成为一个政治现象，对消费的研究也因此需要我们将其与政治研究相结合，这对于处在政治核心地位的中产阶级的研究尤为如此。

第十四章

20世纪末法国人对电力资源的使用及其表征（1996）

小　序

在美国中西部一个叫“鲜花岗”的居民区，夜幕已经降临。从事房屋中介工作的巴比特正在自己的起居室里读《美国人》杂志。“在起居室靠窗的角落里放着一个很大的留声机（住在鲜花岗的人们十有八九都有留声机）……对于鲜花岗的居民来说，留声机里传出的躁动的爵士乐足以让他们感觉自己很有钱也很有文化品位，尽管他们的音乐天赋仅限于调一调留声机上的竹针。”当巴比特读完杂志最后一页之后，他起身来到了暖气旁边，并把“暖气的通风管阀门调到了第二天早上自动开启”。入睡之前，巴比特洗了个澡，并用“安全的刮胡工具，微型推子”，把胡子刮了一遍。刮完胡子之后，他开始放浴缸里的水：“排水管的声音简直是首明快的歌，这让巴比特感到非常喜悦。他看着自己结实的浴缸、美丽的镀镍水龙头和上了彩釉的墙面，他感到自己无比的强大。”所有这些被广告一直吹捧着的日用产品——“牙膏、袜子、轮胎、照相机、热水器等等，对巴比特来说，都象征着卓越……”（引自 S. Lewis，1992，pp. 96-101）

刚刚描述的是1922年的一个生活片段，那时的美国普通人家里还没有收音机和电视。然而，留声机、热水器、暖气这类让人们能够在工作之后获得放松的东西已经在许多的美国家庭中出现。50年代，当这些东西进入到包括法国人在内的欧洲人家庭的时候，现代化家庭生活在欧洲也拉开了帷幕。其实，刚刚提到的一些东西我们至今都还在用着，只不过形式更为高级，比如室温调节设备（参见 D. Desjeux，S. Taponier 等，1997），还比如热水设备（参见 D. Desjeux，M. Jarvin，S. Taponier 等，2001，p. 79）。

1996年，我与索菲·塔玻尼尔和阿尔戈（Argonautes）公司的其他成员共同出版了一部题目为《电的人类学》(*Anthropologie de l'électricité*) 的合辑，里面收录了我们用五年时间为法国电力集团所做的关于法国人用电行为的各项研究。2007 年，我们还参加了瑞士电工协会举办的一次座谈会，会上我们概括介绍了我们所做的关于“电器”的人类学研究。这些研究让我们了解到电力能源是如何在 20 世纪五六十年代开始进入到法国的千家万户的。人们先是在家里的核心区域，也就是壁炉位置和厨房先用上了电器，之后又在卧室、客厅、餐厅和洗浴间安装了电器。这一切都跟辛克莱·刘易斯（Sinclair Lewis）在小说《巴比特》(*Babitt*) 中描绘的 20 年代美国中产阶级的家庭生活是一致的，只不过法国人是在四十年之后才享受到这些。

法国家庭中无处不在的电器[①]

“需要提醒的是，之前基本只在工业领域使用的电力能源，是在拿破仑三世的统治末期，也就是 19 世纪中期开始逐渐进入到法国城市家庭中的。但那时，也只有大资产阶级家庭能够用上电，而且他们也只会在客厅当中安装一些电器（参见 JP Rioux，1971；F. Caron，F. Cardot，1991）。事实上，家庭用电是在 20 世纪 60 年代才开始真正普及的。它为西欧 50 年代开始的第二次消费革命，也就是大众消费的发展提供了基础性条件。总之，电的家庭化和民主化是贯穿整个 20 世纪的。”

“我们只要稍微看一下电力资源的发展史，就会发现，在一个世纪左右的时间内，电力从工业和公共领域逐渐扩展到了家庭和私人领域。这与我们在研究电子信息设备时观察到的是同样的结构——因为电子信息设备也是从最初的工业应用发展到了家庭应用。不过，在这一过程中，设备原先的工业用途会在家庭应用中发生很大的变化。比如，在 70 年代的时候，电脑的作用是帮助企业进行会计核算，那时的人们曾以为这一功能也应该是未来家用电脑的主要功能，但当家用电脑在八九十年代真正发展起来的时候，人们发现家用电脑更多的是用来娱乐。”

就像安妮·蒙亚莱特（Anne Monjaret）在 1996 年指出的那样，“过去的三十年以来，电力的发展让工作与生活之间的差别不再像以前那样明显，因为人们先是在 80 年代有了电话，然后在 90 年代又有了互联网，而人们接到的电话

---

① http：//bit. ly/2006-desjeux-usages-electricite-logement.

和收到的邮件中有很大一部分是不在工作范围内的”。到21世纪的第一个十年，工作与生活的融合趋势变得更加明显，法国一些特小型公司的老板直接是在自己的家中通过互联网经营自己的公司。

“电力的家庭化发展让电的社会表征发生了变化，用电变得不再像是一种只有贵族才能拥有的奢侈品，而更像是一种公民权利。不过，这种权利有时会因为失业率和贫困率的增长而受到挑战，就像法国人在1992到1997年间所经历的情况一样。比如，对于一个无固定居所的人来说，如果他没法使用电的话，那么他的生活状况会变得更糟糕——因为那样的话，他就没法给手机充电，也就很难找到工作。”（引自D. Desjeux，I. Garabuau，C. Pavageau等，2003）

“电的普及也伴随着家庭中用电房间的逐渐增多。二战刚刚结束的时候，家庭用电只是为了照明，而人们也只有在客厅里才会安装电灯，因为在当时，电灯的社会作用跟火炉是一样的，它可以让家庭成员聚在一起。之后，随着电力输送技术的提高和电源的增多，‘电器’逐渐进入了房子的每个房间。”

“事实上，从60年代开始，电在法国人的家庭里已经有了六种不同的用途。首先是供热，比如取暖和烧水，这是耗电量最大的一块。然后是照明，这是最基本的一块。第三个是做饭，也包括所有跟做饭有关的电器的使用。第四个是清洁，比如洗衣机、洗碗机、吸尘器、电熨斗等电器的使用。第五个是DIY和园艺。最后一个是多媒体，比如电视，还有后来出现的电脑、录像机、高保真（Hi-Fi）音响、游戏机、手机、随身听、充电器，等等。这些电的用途会被分配在不同的房间。”

“厨房是电器最为集中的地方。从20世纪50年代开始，厨房电器变得越来越多，目的是合理化家务劳动，节省人们的时间，尽管当时的很多的厨房电器现在都已经被淘汰掉了。厨房电器中的一部分其实是女主人们在母亲节收到的礼物，因为一直到90年代，厨房依然被视为一个女性空间，人们的脑子里一直都有‘母亲把持家务’的传统画面，当然事实也的确如此。在今天（1996年）的法国，厨房似乎又找回了它原先的交流功能，因为现在的人们会在冰箱上贴便条，在厨房装收音机和电视，在墙上挂留言用的小白板，一起在厨房里吃饭，尤其是吃早饭。”（引自D. Desjeux等，1998，关于便条的章节）

“起居室是电器第二多的房间。起居室里的电器主要是跟多媒体有关的。起居室是家庭成员进行代际交流的一个地方，同时也是招待客人的地方。这与厨房是不同的，因为厨房更像是一个家庭内部成员的空间。因为高保真音响等电器的缘故，起居室给人的感觉是电线又长又多。不过，蓝牙和Wi-Fi的出现让起居室里的电线少了很多。从1995年开始，各大信息通信企业都将目光瞄向了起居室，不管是在电话领域（live box，free box）、电视领域（Noos）、电脑领域，还是在数码照片打印机（HP）以及游戏机领域，市场竞争都变得空前的激烈。”

“另外一个多媒体设备比较集中的房间是卧室，里面也经常会有电视、电脑、游戏机、手机，以及充电器之类的东西。”

“因为用水的原因，洗浴间的电器比较少，人们一般只在里面放吹风机和电动剃须刀。”

“家用电器的普及快慢跟社会阶层是有关系的，高收入阶层会比低收入阶层更快地实现住房电气化。另外，电器也会有性别上的分配，通常情况下，使用电器的一般都是女主人，因为男主人会把更多的时间用在 DIY 上。从 60 年代到现在，这一现象基本上没有什么变化。比如，2005 年的时候，女人平均每天依然只花四五分钟的时间进行 DIY，而男人会花 30 到 36 分钟。”（引自 D. Desjeux，2012，关于 DIY 的章节）

“电力能源之所以越来越重要，是因为电器的种类和数量越来越多。除了传统的电视、电冰箱、电子游戏机和电脑之外，人们还要给自己的手机和 Ipod 充电。另外，电动牙刷和电动螺丝刀之类的电动产品也变得越来越常见。随着家庭自动化的发展，家电市场上还出现了温控设备，以及防盗、防火、防漏等报警设备，尽管在 90 年代的时候，人们对此还并不是特别的感冒。”（引自 D. Desjeux，S. Taponier，S. Alami，I. Garabuau，1997，关于家庭自动化的章节）

“所以说，电在家庭生活中是具有战略性地位的，它关系到父母与孩子之间、夫妻之间，还有代与代之间的关系问题。除了就谁用洗澡间的问题而引发的家庭矛盾之外，我们还可以看到就暖气温度和电费问题而引发的‘取暖之战’，以及就听歌音量问题而引发的‘按钮之战’。当然，随着耳机的出现，‘按钮之战’比以前相对平静一些。而之所以有这些家庭矛盾，是因为代际间或者夫妻间在温度的高低或者声音的大小上有着不同的标准。”

“同样，电器的使用权问题也是家庭矛盾的一个导火索。电视就是一个很好的例子：家庭成员会就到底是看球还是看电视剧，抑或是该不该早点吃完饭好看《晚间新闻》这类的问题产生分歧。不过，随着电脑、平板、智能手机等带屏设备的增多，上述的家庭矛盾缓和了很多。但随之出现的是另外一个困扰着家长们的问题，那就是他们没法再像以前那样监管孩子使用多媒体设备了。”

“不管是从用途角度还是从影响力角度来看，能源都是具有多面性的。它既能促成人们的合作，也能导致矛盾的产生。总之，能源是始终都处在运动变化过程中的社会生活的一个缩影。所以，对电力能源的管理不仅仅是一个物理技术问题，它还关系到人们的家庭社会关系，以及人们对电的一种矛盾的心理印象。”

90年代法国人对电的心理印象：生对死

“人们对电的整体印象是：它是一个用安培、瓦数和伏数计量的‘流体’，它表现的是一种力量和运动。不过，在我们的采访中，人们很难用词汇去形容电流。人们只是觉得电流是一个实际存在的东西，但它看不见也不能碰，多多少少有点像神。的确，人们对电的心理印象有些类似于宗教信仰，因为信教的人也会认为宗教是实际存在但又超越实际的。”

从大自然产生的闪电到人类文明创造的插座

“通过分析人们对电的心理印象，我们发现人们对电在‘原始状态下’的印象还是比较积极的，因为人们会由此联想到大自然中的闪电。人们会觉得闪电跟水、阳光、风一样，都是大自然力量。而人会通过一些人为的方法去集中这一自然能源：‘电本身是存在于大自然的，而电流则需要人为制造。’虽然人们的确也认为闪电是危险的，但人们强调的还是闪电纯净和自然的积极特点。”

“而当人们考虑到电的人为生产环节时，人们的情绪会受到很大的激发。人们会想到核电对自然环境的威胁。在人们眼里，这种威胁存在于核废料以及核事故当中。然而，当人们抛开核电去看待电力能源时，他们又会认为电是一种积极的纯净能源。也就是说，只要人们透过自然的角度去评价电，电就是一个好的东西，而透过工业角度去看的话，电就是一个让人十分担忧的东西。”

“当考虑到电的传输环节时，人们对电的担心会有所减少，虽然还是会比较矛盾。对于传输环节，人们在提到电的时候主要会想到‘高压电塔’‘电线’‘高压电’‘电缆’‘地下电缆’‘架空电缆’‘变压器’‘光纤’等传电装置。从这个角度上看，电是非自然的，因为它需要许多人造设备。人们一方面会觉得电力输送是比较体现人性的一件事情，比如人们会特别想到1999年特大暴雨的时候法国电力集团采取的非常有效的措施；但另一方面，人们也会常常提到电业人员的罢工，并认为这些罢工很难让人接受。在电力的传输设备问题上，人们还会觉得高压电塔十分的丑陋，或者是觉得它对周围居民的身体有危害。后面这一点十分类似于后来人们对手机信号塔的印象，很多消费者联盟，比如‘屋顶上的罗宾汉（Robin des toits）’，都曾就手机信号塔的问题提出过抗议。”

“总之，与电的生产环节相比，人们在提到电的输送环节时情绪明显缓和了许多。人们甚至觉得，跟天然气或重油等其他能源比起来，电力能源是相对安全的，人们的一种印象是，当天然气‘乱飘’的时候会有爆炸危险，而电虽说也看不到，但它的传输还是相对安全的。”

“对于最后一步，也就是电的家庭使用环节，人们会觉得家里的电源和电器虽说是有风险的，但都是可控风险。也就是说，人们对电在这一环节上的印象还是比较积极的。另外，人们还会联想到电器给生活带来的方便、舒适、明亮和美观。至于负面印象，人们会想到触电危险，不过这对人们来说是一个可控风险。另外，人们也会联想到电线的杂乱和电费的昂贵。但最重要的是，人们一致认为电是现代生活中不可或缺的一样东西，就像一位被采访者（在1996年）跟我们说的：‘没有电的生活会是一种地狱生活。’”

“综上所述，我们发现，人们越是从工业角度去看待电，不安感就会越强烈；相反，越是从自己所熟悉的家庭角度去看待电，就越会对电有一种积极的印象。”

人们对电的双面印象：末世论、救世论和双性论

“总的来说，在1996年的时候，人们还是会把电看作是人类的一种进步，尽管进步主义思想本身是备受质疑的。但不管怎样，人们对电的心理印象还是具有双面性的。人们一方面会把电奉为救世主，认为电让这个世界变得更加美好，因为电是科学的产物，而科学本身只会给人类带来幸福，即便有一些科学应用曾造成过不良的后果。这种救世论涉及的其实是一个人类在自然环境中的位置问题。对于某些人来说，‘进步’意味着自由与智慧，这有点类似于可持续发展的理念。”

“但同时，人们对电也会有一种末世论的印象，认为电代表的是科技对人的奴役，人类会因此走向灭亡。”

“我们能够看到，人们对电的双面印象源自人们对美好生活的渴望，和这种渴望会造成的异化风险。”

“与这种矛盾心理相对应的，是（1996年）我们在研究中所观察到的关于电的性别联想。传统上来讲，电，尤其是电气，会让人们首先联想到勤劳能干的家庭主妇，所以人们会觉得电是一个比较偏女性的东西。但在今天，人们对电的印象更像是一种**双性论**（androgynie），也就是说，电既具有男性特点，也具有女性特点。在我们所做的联想测试中，人们会把电同时联想成尖形的和圆形的，而在人类学中，尖形通常代表男人，圆形则通常代表女人。电‘有时是

尖的，它很锋利；但有时是圆的，因为它柔顺，很有可塑性，让人感觉很舒服’。双性论表达的是一种整体论，是中国人所说的阴阳结合，而电也的确有阴极和阳极、公头和母头的区分。总之，电既让人舒心又让人担心。”

“电也会让人联想到社会关系。我们所采访到的人经常会说电是日常生活中不可或缺的能源。它是人们衣食住行的基本保障，也是人们物质联系和感情联系的纽带。当一个人因为没有付电费而被断电的时候，这不仅是一种物质上的困境，它在象征层面上所表达的更是这个人的社会边缘化。从这个角度上讲，电是一个关乎生存的能源。”

“电也会让人联想到幸福、自由和巢居生活。这里的幸福指的是电器带来的家庭生活智能化、对人力的解放，以及由此产生的更多的休闲娱乐时间。另外，各式各样与影音、游戏和多媒体信息有关的电子设备的发展也让人们的娱乐生活得到了质的提高。当一些女性被访者提到自己能够通过电子设备在家庭办公的时候，她们也会觉得自己不再只有持家女主人的角色，而是在家庭中扮演了更为重要的角色。最后，由电联想到的巢居生活指的是一种家庭和睦的生活。比如，当我们在联想测试中问道：‘如果电是一道菜的话，你认为它会是一道什么菜？’有个人的回答是：‘周末家庭大餐，布吉尼翁火锅。’”

“不过，虽然人们对家庭用电的印象是比较积极的，我们最后还是能够看到电在人们脑海中的两面性。人们最常想到的一个危险是触电，尽管人们平时对这一点是很小心的。而更让人们对电感到害怕的一点是，电有点像出其不意的武术招式，让人们很难一下子察觉到。当我们在联想测试中问道：‘如果电是一项体育运动的话，它会是哪项运动？’有个人的回答是：‘太极拳，因为太极拳看似很慢，但实际上它的力量很大。’值得一提的是，尽管水和电是无法兼容的，但人们对电的印象很接近人们对水的印象，因为在人们眼中，水也是具有两面性的，它既能载舟，亦能覆舟。”（引自 Dominique Desjeux 等，1984，关于水的章节）

小　结

“生对死，自由对依赖，阴对阳，所有这些双重因素所展现的是电力能源能够激发出的丰富想象。而电力能源之所以能够如此触及人们的内心深处，是因为它的确是现代人生存的必要条件。对于一个现代人来说，当他的生活失去了电的时候，这意味着他也有可能因此失去社会联系，失去消费能力，失去工作机会，失去所有电力能源所带来的生活自由度。这对家庭主妇、农民和工人来说尤为如此，因为这些人平时特别需要用到体力。”

1994年，我们为法国电力集团做了一项研究。在这项研究中，我们采访了二十位在巴黎二十区生活或者工作的人，他们在1993年的11月19日（19点47分）到11月20日（20点30分）期间遭遇了5到26小时不等的停电。停电时，我们首先能够观察到的应急方法是点蜡烛，而所有人似乎都会在家中存有蜡烛。人们在提到停电的状况时会用到“中世纪”“战时”“我爷爷的年代”这类的字眼，这体现出电的家庭化是件相对比较新的历史事件。

至于如何在停电时保暖，除了穿厚衣服之外，我们还在研究中发现，有些人会专门去到超市享受那里的暖气。这跟我们2010年在巴西里约热内卢做的一项研究中观察到的颇为类似：那里也有很多人会去到超市解暑，或者现吃现买一些东西，因为这样就相当于用超市的冰箱冰东西。这些都是让我们感到比较意外的消费者对超市作用的再诠释。

而在1994年的研究中，最让我们感到吃惊的观察是，“停电时，冰箱是让人们最为揪心的一样电器。有些人会选择把冰箱里的东西转移到别人家的冰箱里。还有的人会选择保持冰箱门一直关闭，但效果会因冰箱而异”。［引自D. Desjeux（dir.）等，1994］。如果是现在，也就是2017年，我们更能想象停电会给家庭生活带来的巨大困扰：饭没法做了，冰箱没法用了，电视没法看了，电话没法打了，游戏没法玩了，电脑没法开了，电子设备没法充电了。

这正是为什么我们说能源与政治关系密切。任何时期的任何人类社会都试图控制能源并保证能源的再生，不管是人力能源、动物能源、自然能源，还是工业能源。纵观历史，每当能源紧缺或是供应出问题时，强权政治系统就会出现。最后一点，电力能源问题不仅仅是一个技术或经济问题，它还是一个关系到人们的心态和政治环境的问题。电力能源既会让人们联想到生，也会让人们联想到死，它既展现科技，也表达社会关系和个人心理。总之，它是全球中产阶级存在的必要条件之一。

第十五章

中国中产阶层进入全球消费舞台（1997）

小　序

“1997年11月的一天，我们来到了广州西站附近的一个居民区，因为那天我们要观察和采访一个住在那里的中产家庭。这是个高层小区，建筑有点类似于法国的廉租高层，高层中间有一条很窄很暗的过道，当我们穿过那里的时候，我们看到有四个老人在那里打麻将。进到楼里，我们能够看到各家各户暴露在楼道里的、显得有些杂乱的电线。每家的窗户外都安装了铁网。大多数人的阳台上都种了花，并支着很长的晾竿。总之，我们的第一印象是这个小区里没有什么特别的，没有什么是让我们感觉特别‘中国的’，一切都显得很平淡。”

以上节选自我和我的同事兼朋友郑立华编辑的一本关于中法跨文化比较的合辑，这本合辑出版于2000年，题目是《中国—法国》（*Chine-France*），其中一个章节记录的便是我们1997年在广州做的这个研究。我认识郑立华是因为在1995年时，我在阿尔玛丹（L'Harmattan）出版社负责编辑出版了他写的一本题目为《巴黎的中国人和他们的面子游戏》（*Les Chinois de Paris et leurs jeux de face*）的书。这是一本题材非常新颖的书，内容取自郑立华的博士论文。1997年，他邀请我来到广州为他们学校的法语专业学生进行为期四个半月的人类学研究培训。机票是我自己买的，学校负责我在当地的开销。这是我第一次接触中国。其间，我在来自中产家庭的学生家里做了十几次采访和实地观察。如果把研究中国比作是一个庞大的拼图游戏的话，那次研究经历让我得到了一小块拼图。

中国，一个特殊但又不完全特殊的社会

每天早上，我都会拿办公室里的一个装开水的公用暖瓶往我的保温壶里倒水冲茶。这是对我来说非常有颠覆性的一次文化体验，尤其是因为我周边的信息全都是我听不懂的汉语。我最开始的生活靠的全都是学校里会说法语或英语的老师和学生的热心帮忙。为了不再一头雾水，我从 2006 年开始决定学习汉语。

在见证了法国 60 年代发生的重大社会变革，以及 70 年代马达加斯加和刚果这两个农业社会的商品经济发展之后，我感觉自己又一次见证了一个重要的社会变革，那就是中国消费经济的崛起，以及中国之后将要面临的由 2008 年经济危机带来的转型挑战。这是我在来广州之前完全没有想到的。

在研究中，最让我感到吃惊的其实并不是中国社会中的一些特殊方面，而是它与 50 到 60 年代，也就是“辉煌三十年”时期的法国社会的相似处，因为法国人也是从那个时候开始有了家用电器，并开始享受到舒适的物质生活。在 1997 年的时候，中产消费在中国只是刚刚萌芽，这一现象还完全不在研究中国经济和中国政治的汉学家们的视野范围内，只有像来自美国的黛博拉·戴维斯（Deborah Davis，2000）这样的日常生活消费方面的专家才会对这一现象有所察觉。我在刚来到中国的时候，也是通过人类学的微观社会研究才隐约感受到中产消费在中国的悄然兴起，尽管我们只在五到十年之后才能肯定地知道，随着改革开放以及消费社会发展方针的制定，中国是在 1995 年左右进入了大众消费阶段。卡洛琳·普约尔（Caroline Puel）在 2011 年出版了一本书，题目为《改变中国的三十年——1980—2010》（*Les 30 ans qui ont changé la Chine*. 1980 - 2010）。2015 年，这本书再版，但有了一个更为贴切的书名：《中国的辉煌三十年》（*Les 30 glorieuses chinoises*）。

“（1997 年）我们以人类学研究者的身份进入了中国人的日常生活当中。我们的被访者住的都是比较小的房子，但只要是四十岁以上的人都会告诉我们说，他们现在住的房子比二三十年前的已经大了很多。他们以前住过集体宿舍，结婚后也只有一间房，大人和小孩的床是用隔板隔开的。有时候，工作地点离家里有好几百公里，在这种情况下，家里人不得不分开住。总之，我们在（1997 年的）研究中的确能够感受到人们的生活开始有了一定的舒适度，至少对生活在城市里的中产来说是这样的。”

“如今（1997年）的老人们会经常到外面打麻将或者练气功，但他们的家庭生活依然还是非常的丰富：他们会经常帮着子女看孩子，也会帮着洗衣、做饭、收拾东西。”

“家里电线的存在意味着家用电器的出现。人们已经开始用上了日光灯、空调、冰箱、洗衣机、微波炉、电饭锅、抽油烟机、碗筷消毒机、电热壶等家用电器，以及象征着中国城市中产阶层的——确切说是高级中产阶层的——电视、电脑、*BP*机和手机。克里斯汀·罗斯（Kristin Ross）在其1997年出版的《跑得更快，洗得更白——进入到六十年代的法国文化》（*Aller plus vite, laver plus blanc: La culture française au tournant des années soixante*）一书中曾描绘过以法国为代表的西欧国家如何在五六十年代进入了大众消费阶段，而我们在中国所看到的跟在书中所描写的非常相似，只不过现在的中国人和当年的欧洲人比起来多了两样东西：手机和彩电。另外，窗户上的铁网、防盗门还有大楼门口的对讲开门装置也让我们感受到消费增长所带来的私人空间意识和防盗意识的加强。而这或许也意味着中国社会分化的加剧。”2016年10月4日的《回声报》刊登了这样一组数字：中国人口中最有钱的1%所占的财富比例增长了许多，也就是说，贫富差距受到消费社会的发展影响。

广州人的日常生活和家庭空间，以及电对他们的重要性

下面将要描写的是我们1997年采访到的一位姓徐的女士，她的住房状况以及日常生活。这位徐女士当时二十五岁，在大学工作，已婚，但是还没有孩子。为了能够进行代与代之间的比较，我们当时一共观察了十个家庭的住房，徐女士的住房就是其中之一。从1997年的那次研究开始到2017年，我们总共拍摄了一千多张记录了中国南方二十年消费发展史的、具有极其珍贵的比较作用的照片。

“我们在楼底下就已经开始了观察。楼下的大门有个对讲机，上面的人可以通过对讲机给外面的人开门，这在当地应该是个很常见的装置。进到楼里，我们看到楼梯口放着十几辆自行车，还能看到楼里有很多电线，但都安装得非常凌乱。这说明，对楼里的人来说，能用上电比电线的安全和美观更重要。

“进到人们的房屋中，我们可以再次体会到实用和美观之间的对立。特别在乎房屋美观的人会把家里的电线藏起来，但大多数人是不太关心这一点的。每

家每户几乎都有日光灯管，但有些人的家里已经开始在天花板中央安装更加好看的吊灯，不过这些吊灯之后也会跟日光灯一样渐渐被壁灯淘汰掉。渐渐地，电线也变得越来越隐蔽，因为人们在美学上已经受不了电线的存在。

"徐女士的房屋没有门厅，进门便是一个12平方米左右的客厅。我们后来发现，徐女士家的客厅同时也是餐厅。开大门的对讲机在房门的右边，对讲机的上面是总电闸，电线放在一些板子后面，虽说没有嵌入式电线好看，但比裸线要美观许多。

"鞋子要么是放在地上，要么放在门旁边的一个小鞋柜上。跟在许多的亚洲和地中海国家一样，中国人习惯进门脱鞋。有些人的家里会为此铺地毯，这在中东和地中海文化中也是很常见的。

"进门后右手边的靠墙处摆着一个电视柜，这是客厅里最显眼的家具之一。电视上蒙着一块红布。电视机在中国人家里的地位有点像是佛像在寺庙里的地位，总之它是家里非常重要的一样东西，这跟60年代的法国家庭是一样的——当时法国人也会在电视上盖一块布，而且他们还会在旁边放着蜡烛、照片或是一些小摆件。就像在四十年前的法国或瑞典一样，电视机在中国是个很有价值的东西。它在一个家庭中的'社会生命'（参见Arjun Appadurai，1986）是从客厅开始的，然后在卧室、书房，最后通常在储藏室或者地窖结束自己在这个家中的'社会生命'。之后它会出现在类似于'艾玛纽斯（Emmaüs）'这样的慈善组织里。尽管在回答为什么要在电视机、电话机、空调之类的电器上盖布时，人们基本上都是回答说为了防尘，但这还是证明了刚刚进入到消费社会的人们对这些电器的重视。"

在2016年的时候我们发现，中国人似乎已经不在电器上盖布了，这基本意味着对于中国消费者而言，电器在象征方面的意义已经没有以前那么重要了。

"电视机柜上摆着徐女士和丈夫的结婚照。对于很多家庭来说，结婚照是个非常重要的东西。照片中人们穿的衣服和照片背景会随着时代的不同而有所变化。五十岁左右的人会把年轻时的结婚照摆在床头柜上，照片中他们穿的是简朴的中山装。这些人的影集里一般都是跟同事朋友在工厂里或者旅游时拍的照片。相反，年轻人会有好几十张结婚照，不同的照片中穿的是不同的衣服。徐女士的电视柜上摆着两张结婚照，其中一张她在里面穿着西式婚纱，而在另一张里面她穿着中式旗袍。一套结婚影集有时会高达好几千块钱，而当时人们的月收入只有六七百块钱。与中年人不同的是，徐女士的其他照片一般都是她跟她丈夫的生活照和旅游照，跟朋友在一起的照片并不多。我们在想，这是不是中国家庭'核心化'的一个标志？"

1998年，我们为当时由克劳德·肖莱（Claude Chollet）领导的益普生制药公司做了一项题目为“广州人与记忆有关的行为和表征”（Les pratiques et les représentations de la mémoire à Guangzhou）的研究。在研究中我们发现，在家庭记忆方面，中国人很少留有照片或者其他能够纪念家庭生活的东西。被访者对此的解释是，战争还有自然灾害曾让部分中国人流离失所，所以东西都没能留下来。

家里照片的日期可以象征着家庭的社会地位，因为穷人家里几乎不可能有80年代以前照的照片：“我有一张30年代照的全家福，里面有我的父母、我的哥哥们，还有我。这是我们家很有纪念意义的一个东西，我的哥哥们也都有这张全家福，而且也都保存得很好。”与照片无处不在的今天相比，1997年的时候，照片一直都还是比较少有的东西。

“过去”其实是一个很有意思的话题，它对消费所代表的“现代”具有一种参照作用。对于某些人来说，过去是美好的，因为它代表了一种朴素的生活和道德环境；而现在的人们经常把钱花在没有用的地方，这十分不利于小孩子的成长。但对于另外一些人来说，过去是毫无意义的。对于我们采访到的所有家庭来说，他们都感到中国发生了巨大的变化，在这种背景下，家庭记忆既可以有好的影响也可以有不好的影响。事实上，在90年代末的中国，我们已经能够看到今天还存在着的一个社会争论，那就是学校教育到底应该重视传统，还是应该重视创新。

对传统价值、代际关系，还有消费好与坏的争论都体现了中国社会隐藏着的变化，而这些变化也对政治产生一定的影响。因为与这些社会争论相对应的是发生在社会层面上的一些矛盾，比如推崇儒家传统思想的意识形态与推崇改革的意识形态间的矛盾。

在徐女士家的“电视机柜上，还有一些具有实用功能或者装饰功能的物件。而在另外一对五十岁左右的夫妻家里，所有的柜子上全都摆满了家人、朋友，尤其是同事送的礼物，比如曾经的一位老同事送的菩萨像。他们在另外一个房间也摆着一尊菩萨像，旁边有个贡品台，上面放着些苹果”。

“在广州的商铺和饭店里，我们也经常会看到菩萨像。另外，不管是我们自己观察到的还是被访者告诉我们的，我们有这样一个印象，那就是广州人会经常去寺庙拜佛，他们很重视宗教行为（包括祈祷、斋戒、供奉、庆祝、祭祖等等）。”

今天，广州的佛教寺庙可以说是非常繁荣，清明节对于人们来说是一个非常重要的日子。在广东，人们并不说“死人”而是说“不在的人”。而在广州很现代的居民楼里面，电梯有时候是没有“四楼”按钮的，而是用“副三楼”代替，因为“四”跟“死”谐音，人们会觉得四楼不吉利。所以说，尽管四十年前人们曾试图彻底破除迷信，但这种行为在中国还是很有市场的。

“在徐女士家客厅的左侧有一台洗衣机和一台冰箱。冰箱的颜色比较接近粉色，上面盖着布，布上摆着花瓶，冰箱门上还有些用磁铁吸上去的小玩意儿。对于西方人来说，在客厅里放冰箱会显得有些‘奇怪’。但是，中国人的房子普遍比较小，像法国住在小房子里的年轻人，他们也只能把一些厨房用品放到厅里。但除此之外，这也能体现出中国人对大件家电的重视。其实，法国人也有让美国人感到很震惊的家电摆设，那就是法国人经常把洗衣机放在厨房，而美国人会觉得把洗衣机跟吃的东西放在一个地方是很不卫生的。不过，当我们去到广州新建的比较大的房子的时候，我们发现住在大房子里的人们也会选择把冰箱还有洗衣机放在厨房里。

“在徐女士家客厅的深处，也就是电视柜的对面，有一个皮质的沙发。与传统的木质沙发相比，皮沙发给中国人的感觉是更‘年轻’、更‘时尚’。徐女士的家里没有餐厅，客厅里有一张折叠桌既当餐桌用，又当办公桌用。在采访徐女士那天，我们还跟她一起去买了菜，同时做了观察，之后我们就是在那张折叠桌上一起吃的午饭。在广州，折叠桌是个很常见的东西。一般只有在新建的大房子里才会有专门的餐厅和餐桌。在中国，餐厅似乎是用来表现家庭的社会地位的，它很少被真正地用来吃饭，而是有些类似于美国人和部分法国人家里的客厅。

“客厅的最后一侧摆着的是一个六层的大书架，它显示着房子的主人很重视脑力活动。书架里面摆满了书和文件。这个书架对徐女士的意义并不一般，因为这个书架在她搬到这个房子之前就一直跟着她。”

1997 年，搬家行业是一个正在蓬勃发展的新兴服务行业。“搬家行业的发展体现的是中国物质文化的发展，以及中国人对家庭装饰品越来越高的重视程度。在未来，中国人或许都会把家庭装饰品视为家产的一部分。与此同时，中国的二手市场产业也有可能会随之扩大。广州有一条古董街，虽然我们还没有系统地观察过那里，但是，知道什么人去和因为什么去应该会是个很有意思的研究。”

2013 年，我与王蕾（2015）为香奈儿公司做了一项关于中国高级中产阶层奢侈品消费的研究。研究中我们发现，跟在其他许多国家一样，对于部分中国高级中产阶层来说，古董既是一种投资，也可以用来彰显自己的社会地位。2017 年的一项数字显示，中国已经是仅次于美国和英国的世界第三大艺术品和古董市场（参见2017年1月12的《回声报》）。

“在看到徐女士家客厅里的家电、具有现代感的沙发，还有象征中国传统贵族生活的书架之后，我们感觉这一切似乎都在展现中国现代消费社会的诞生。尽管人们在口头上并不怎么承认，但我们还是能够深切地感受到现在的中国家庭对照片、电器、电视、书籍、礼品等消费品的重视。

“另外一个跟饮食有关的房间是厨房。徐女士家的厨房只有大概两到三平方米，而且非常窄，但设备很齐全，有煤气灶、抽油烟机、微波炉、一个三层的装满了调味品的架子，这是很典型的广州厨房。另外，厨房里还有很多汤锅和‘药膳’，这也是很有中国南方特色的。总之，广州人把饮食和健康的关系看得非常重要，非常注意食物的‘阴阳协调’。餐具是碗筷勺子，刀叉几乎是不存在的。

“广州人的厨房基本都有的三样东西徐女士也都有：炒锅、菜刀和圆形的厚木菜板。因为用筷子的关系，食材都会被切成小块放到锅里炒，炒是广州家庭最常用到的一种烹饪方式。另外，绝大多数我们观察过的中国家庭都没有烤箱。

“最后，厕所跟饮食也不无关系，因为它是人们饭后去的地方。广州人家里的厕所一般都是蹲便器，旁边有个冲厕所的盆以及一把刷子。”

2013年我们再看的时候，中国高级中产家庭的厕所已经都是西式的坐便器了。

“厕所和淋浴是在一起的，这跟英美国家、北欧国家，还有北非国家是一样的，但在法国的很多家庭，厕所跟淋浴是分开的。徐女士家的淋浴间有三平方米左右。让我们印象比较深刻的是，与法国人和美国人的淋浴间相比，中国人的淋浴间里，化妆品、护肤品还有保洁用品非常少。我们只看到了洗发水、牙膏、牙缸、润肤膏、地面清洁剂、水桶、地板擦、煤气热水器、淋浴头等十到二十样东西。相比之下，据克莱尔-玛丽·勒维斯克（Claire-Marie Levesque）1998年做的关于法国人的淋浴间的研究，欧美人的淋浴间里会有几十样甚至几百样物品。值得一提的是，我们观察的不少淋浴间里都会摆放着三套牙具，这表现的是由独生子女政策所带来的新型家庭结构，即三口之家。

“卧室在阳台那一侧，大概有六平方米。床垫是直接放在地上的，旁边有个CD机。卧室与饮食基本没有什么关系。”

日常饮食过程：动身、到达、购买、做菜、开吃

“在准备出门买菜的时候，徐女士找出200块钱装进了自己穿的短裤口袋。徐女士的月工资在700元左右，所以200块钱是一笔不小的数字，它用来买一星期生活和这天午饭所需的东西。

“接着，她拿上购物篮去家附近的一个市场，步行大概需要一刻钟。这段路上有许多的小商铺，基本上都是楼的一层。这种小商铺在居民区以外的地方并不会这么集中。”

1997年，广州还没有超市，超市的出现是2000年之后的事。2009年的时候，我还曾去到位于珠江南岸的广州最早的家乐福超市之一做过一些拍摄（参见 http：//bit. ly/2009-desjeux-carrefour-Chine）。

“市场的尽头上是肉摊，这跟非洲和法国的露天市场是一样的。肉是‘敞着’卖的，这是美国人特别‘受不了’的一件事情，因为他们会觉得这样无法保证肉的卫生和质量。

“再往里面走是卖鱼和海鲜的。鱼和虾基本都是活的，它们都放在水缸里，里面有一些水管连着空气压缩机，目的是保持水里的养分。对于当地人来说，鱼的好坏与否在于它是不是活的，所以死鱼基本上是卖不出去的。

“鸡也是同样的，人们只喜欢买活鸡。市场上的活鸡都是装在一个个的小笼子里，每个笼子里大概有十来只鸡。在广州的所有市场里面，不管是特别大的清平市场，还是小的街边市场，人们都把鲜活视为质量的保证。饭店也是，门口经常会摆着活的兔子、野禽、蛇或者鱼。”

不过，2003年非典的时候，清平市场的许多摊位都被取缔了。而且，现在门口摆着活动物（比如蛇）的饭店也比以前少了许多。

“市场的另一头是卖蔬菜和鸡蛋的。蔬菜要么是摆在台子上，要么是摆在地上卖。而鸡蛋摊位的特点是那里都装着一个灯泡，供人检验鸡蛋是不是新鲜。

“回到家以后，徐女士把买来的东西分成了两份，一份是当天午饭要用的，另一份是这个礼拜要用的。徐女士把当天不吃的肉放在案板上切成了许多块，然后用塑料袋装起来放进了冰箱里。

“准备午饭的时候，徐女士先用凉水把肉洗了一遍，然后切块，菜也同样。徐女士一共做了五菜一汤，用了大概一个半小时。这是一顿招待客人的午饭，所以比平时丰盛许多。让我们感到比较震撼的是，徐女士可以在一块儿很小的

空间内（大概五十平方厘米）用一种很‘合理化’的方式完成所有的做饭步骤。每做一道菜，徐女士都会把菜洗干净，切成块儿，倒油炒，然后再把炒好的菜盛出来放到旁边的架子上，或者是地上，如果架子已经满了的话。而每炒完一道菜，徐女士都会把所有东西都清理一遍，所以最后一道菜做完的时候，厨房依旧整洁。

“做完最后一道菜之后，徐女士把所有菜一道一道地全部摆在折叠桌上。中国人吃饭没有欧美人讲究的‘顺序’和分餐，所以随时想吃哪个都可以。筷子是摆在桌子上的，但是筷子头是悬空的，因为这样干净。桌子上没有桌布。骨头和皮之类的东西都是直接放在桌子上，吃完之后再一起收拾。米饭都是端起碗用筷子吃。电饭锅放在客厅角上的一个凳子上面，谁想再多要点米饭，徐女士就会帮他去盛。吃完以后，女人们会把桌上的垃圾清理掉，同时把剩下的东西都拿到厨房，除了牙签。我们吃饭大概花了半个小时的时间。之后，我们并没有像在法国一样坐在餐桌旁聊天，因为吃完饭以后折叠桌就马上收起来了，餐厅立马变回了客厅。”

小　结

“这天的吃饭过程就这么‘结束了’，尽管我们还可以继续跟踪下去。我们目前所做的都是只有描述性质的分析，之后我们会就信任、记忆、饮食、家庭等话题做更进一步的质性分析。总之，在获得更进一步的结果之前，对观察数据的积累是必不可少的。

“我们的一个推测性方法论前提是，对消费，尤其是日常消费品的观察，可以帮助我们分析当今（1997 年）许多社会的社会关系和社会演变。该方法论前提是不会对市场经济或者消费经济现象做任何的道德评判的，我们最多会认为，任何社会都必然会有消费现象，因为消费跟生产是同样重要的，没有消费就没有交换，也就没有了社会联结。”

第十六章

法国人对新型家用产品的需求结构（1997）

小　序

在研究“文革”后的中国人是如何进入到消费社会的同时，我们仍然在法国继续着关于消费品的研究。就像我们在本书第十二章介绍过的那样，这段时期也是美国中产阶级非常享受的一段时期。

与美国和中国不同的是，法国国家统计局的数字显示，法国的消费增速从1991年的1.4%降到了1993的0.4%。那时候我们收到的大多数企业诉求都是希望获得心理学和宏观经济学以外的关于消费者行为的解释。法国人在这次的消费降级中感到自己的社会地位受到了严重的威胁。就像我们在2011年法国高等商学院举办的研讨会上指出的那样，法国消费者的危机感在进入到21世纪之后——尤其是2008年经济危机之后——变得更加强烈了，而这也在一定程度上解释了民粹主义极右势力在法国乃至整个欧洲的壮大（参见 http：//bit.ly/2011-desjeux-anthropologie-energie）。

关于用于日常行为观察的归纳研究法的回顾

本章的目的是展现消费品的购买和使用行为背后的人类学逻辑，也就是我们在大多数不同形式的文化中都能够看到的消费机制。对这些人类学消费机制的总结，加上之前我们提到的路径法、生命周期法和行动系统视角，可以帮助我们更好地比较全球不同国家的中产阶级。

我们之所以能够看到这些人类学逻辑，是因为我们一直沿用前文多次提到过的归纳研究方法。但需要再次强调的是，绝对的归纳法是不存在的，因为对被观察事物的先验认识是观察的必要条件。先验认识通常可以帮助我们更好地观察文化差异。比如，1997 年的时候，当我看到有人在客厅里最好看的一个家具上面摆着几卷卫生纸的时候，我对客厅装饰的先验认识便会让我对此产生疑问。由这种惊讶感而获得的发现其实是归纳研究的一个核心。

归纳研究也同时需要我们有一套分析方法，比如 1969 年的时候我从米歇尔·克罗齐耶那里学到的系统分析方法。总之，归纳原则并不意味着我们“脑子里什么都不能装”，它只是要求我们要通过观察社会行为人所处的真实的社会情境来审视我们自己已有的认识体系，而在观察真实社会情境时，我们需要用到动态视角和系统视角来具体观察人们的互动、物品系统的限制，以及人们赋予事物的象征意义。而观察之后的理论分析永远都是对具体事物特点的一个抽象概括。这种概括是一种“有限概括”（参见 D. Desjeux 等，1998，p. 170 及后文），它会为我们之后的观察提供先验认识。

观察家庭情境中的行为是我在做微观社会研究时最常用到的方法。行为指的是人们在个人情境下或者集体情境下具体做的事情，比如收拾房间、DIY、梳妆打扮、工作、看电视、开车、分拣垃圾等等。在本书第十二章中我们曾提到过，英国人类学家丹尼尔·米勒（Daniel Miller）在 1998 年出版的一本书中有一个章节题目为“在超市（制）做爱（意）”（faire l'amour dans les supermarchés），作者在里面描绘了一位在个人情境中的女消费者，尽管她是一个人在超市里购物，在买东西的时候，她还是会考虑到家里的每一位成员。也就是说，即便在个人情境中，我们还是能够看到社会集体因素的存在。

当社会行为人在计算自己在社会情境中所有的优势和困难时，他的这种考虑通常既有有意识的成分也有无意识的成分。人们的策略性计算是围绕着三种类型的限制性条件进行的，即物质限制性条件、社会限制性条件和象征限制性条件。这三种限制性条件构成了社会互动的整体框架，并为互动中的人们带来了不确定性、矛盾、合作机遇，以及在遵守规则和绕过规则之间做选择的自由。而行为的意义在于它能够表现出人们在各种社会场景中——比如家庭、工作地点、娱乐地点等——做出的策略性计算。这正是为什么我们说对限制性条件下的具体行为的观察能够防止我们过高地估计个人动机或者自我解释的分析作用。

事实上，最能够观察到行为的是介于微观个人和中观社会之间的微观社会观察梯度。微观社会和中观社会观察梯度其实是比较接近的，只不过后者关注的是规模相对较大的组织系统，比如企业、政府部门或者是市场。

以家庭空间为例，人们的行为模式会因为房屋空间的变化而变化。不同的空间，比如饮食空间、多媒体交流空间、工作空间、洗漱空间，会对应不同的物品系统，所以行为也就必然会产生变化。

行为也会随着社会准则而变化。社会准则规定了什么东西必须用，什么东西可以用，而什么东西不能用。不过，社会准则一般不是明文规定，而是大家默默遵守的。

行为还会随着时间的变化而变化。这其中包括消费路径的推进而产生的行为变化，以及生命周期的推进而产生的行为变化。而生命周期本身也会随着年代、文化和社会的历史推进而发生变化。

显性与隐性之间、计算与被动之间、稳定与动态之间的模糊界限解释了行为观察的方法论的重要性，因为行为是糅合了象征想象、限制性条件、策略性计算和情境影响的社会系统的产物，它可以让我们相对客观地研究社会系统。

在微观社会梯度下管理家庭日常生活的四种行为模式：寻求帮助、形成习惯、设定计划、随机应变

1993年，应法国邮政和法国住建部的建筑工程项目组之邀，我们在法国西部的一个中型城市做了一项关于“家庭自动化”的研究（参见 D. Desjeux, S. Alami，S. Taponier，1997；http：//bit. ly/1997-desjeux-alii-domotique）。

“在研究之前，我们决定不使用工程师和家庭自动化设备的生产者对家庭自动化所做的‘技术正确’的定义，而是去观察社会行为人为家庭自动化所赋予的意义，尤其是通过他们的实际行为所展现出来的意义。另外，在研究‘服务’或‘外包’问题时，我们选择观察人们在试图解决生活中遇到困难时动用到的所有人力和物力，不管这种寻求帮助的行为是在家庭内部还是外部进行的，也不管它是在商业还是在非商业背景下进行的。总之，我们决定用解构（déconstruction）的方法去重新分析家庭自动化和外包服务的概念。为此，我们来到了一个住宅区，开始对那里居民的日常生活进行民族志观察。”

“那是一个别墅区，每家都有一定数目的家庭自动化设备，抑或是人们所认为的家庭自动化设备，比如带设置功能的暖气、电动卷帘、远程遥控器，以及一个从墙上探出来的中央吸尘器。每个房子在建的时候都提前为一些预警装置布好了线路，人们只要交钱购买，马上就能开通。它有四个选项供人们任意选择：防盗报警、漏水报警、漏气报警和防火报警。另外，人们也可以给自己的车库安装自动门，以及给自己的花园安装自动浇水系统……”

“在分析一项新技术能否顺利推广时，我们采用的方法论假设是，一项新技

术要想推广，就必须与人们日常生活的所有框架，比如路径、习惯、仪式、社会和文化准则相匹配，另外，它还要与代与代之间或者性别之间的充满了策略、意义和想象的家庭互动相匹配。消费者真正的需求其实是隐藏在这些日常生活的框架，以及与之相关的象征性表征和社会互动之中的，这是新消费品或服务的推广者必须考虑到的。换句话说，我们要看的不是社会行为人的个人意愿和动机，因为人们往往也没法明确描述出自己真正想要的；我们要看的是消费者的'需求结构'。"

"需求结构"（structure d'attente）其实是一个来自天主教传教士的宗教术语。当时他们在撒哈拉沙漠以南的非洲传教时的一个策略，便是寻找当地文化中与天主教神学比较契合的结构，而这便是所谓"需求结构"。所以其实它与市场营销非常类似。以我们之前看到的刚果为例（本书第六章），巫术现象背后就有一个需求结构。当一个人死了的时候，他的家人会认为他一定是被别人用巫术害死的，这时，死者的家人会特别希望找到害死他的人并把矛盾解决。他们的方法是每个人都把自己跟谁有矛盾说出来。这种家庭"忏悔"行为就曾被视为是一种对于传播天主教忏悔非常有利的需求结构。

"在研究中我们发现，没有任何一户人家开通了预警系统，哪怕只是其中的一个选项。所以家庭自动化，至少在我们做研究的时候，是一个买方市场，而非一个卖方市场。这正是为什么我们需要运用一种特殊的研究方法去寻找消费者对家庭自动化设备的潜在需求——当然，这要建立在这种潜在需求的确存在的基础上……"

"我们的研究告诉我们，不管是在家庭还是在整个居民区范围内，科技产品的消费与使用并非无规律可循。在家庭的社会互动中，不管是男人还是女人，大人还是小孩，每个人都希望扩大属于自己的空间和关系网。于是，不同的空间便会在家庭中相互叠加，相互冲突。而包括家庭自动化设备在内的家庭科技产品的推广就是在这些空间的碰撞中进行的。

"在研究中我们还能够看到：首先，家务活可以很好地体现性别关系；其次，最能展现家庭社会关系网的时机，是家庭需要外界帮助的时候；第三，家庭娱乐可以很好地体现代际关系。

"家庭科技产品通常是由女主人来管理的，其管理策略大致分为四种类型：寻求帮助、形成习惯、设定计划和随机应变。这四种类型的策略构成了争夺家庭空间控制权时的互动基础。但它们本身也是建立在日常生活的社会框架基础之上的。日常生活的社会框架包括阶级、性别关系、代际关系、民族间或文化间的关系，以及生命周期。

“形成习惯指的是建立一种内化的，不需要主观意识提醒的，可以让人们下意识行动的‘自动指挥’体系。它可以减少人们因为需要做决定而产生的心理压力。比如：一个人如果有习惯走的路线，他就不需要思考走哪条路；如果有固定的做家务的日子，就不需要思考哪天做家务；如果有固定的购物清单，就不需要考虑买什么；如果习惯周一吃饺子，就不需要考虑周一吃什么。另外，只要大家对已有的生活习惯没有提出异议，那么生活习惯也可以减少人们耗费在处理家庭分歧上的精力。

“设定计划是一种主动的家庭管理策略。它指的是人们通过合理的时间安排来处理生活中可以预见到的障碍。这种策略的实施有时需要借助科技产品，比如定时器，抑或是法国电力集团提供的暖气设置工具。设定好的计划之后也可成为习惯。总之，它是社会行为人组织和掌握自己身边人的行为的一种生活策略。

“随机应变是与形成习惯和设定计划相反的一种生活策略。它一方面是用来解决生活中的突发状况的，另一方面则是用来打破某些生活常规的。它为人们的行为增添了一种不确定性，因而也可以限制其他人对自己的控制。

“寻求帮助指的是人们在家庭内部和外部寻找自己解决不了的问题的解决办法的行为。这种策略有种比较简单的说法是‘找别人做’（‘faire faire’，参见 J. C. Kaufmann [éd.]，1996），但它也可以指借助工具的力量。不管是不是免费的，工具可以让我们使用到人力能源之外的能源，比如电力、天然气、重油、汽油、木炭、沼气等。”

这项研究中的一个具有实践意义的结论是，如果我们从供给的角度出发，一样新产品或新服务的受欢迎程度取决于这样产品或服务在上述四种策略所组成的生活管理系统中的位置。如果它能够符合人们的生活管理模式，那么，用传教士的话说就是，它能够符合人们的需求结构。

以家庭自动化设备的推广为例，暖气自动化装置之所以能够推广，是因为它符合人们在习惯形成方面的需求。但如果要推广预警装置的话，那么推广者需要考虑的是它能否符合人们在寻求外界帮助方面的需求。

用以组织家庭生活行为和物品使用的社会准则

“家庭生活中的大多数行为都是以下面三种区分形式被社会规定的：劳动的性别和年龄区分，私人家庭空间和公共家庭空间的区分，以及必需的、被允许的和被禁止的行为之间的区分。

“不管是购买的还是赠与的，物品在家庭空间里的使用和流通也是受上述三种社会区分形式约束的。

“比如，自己家的人在厨房吃饭时喝的酒可以是普通牌子的便宜酒，但是在客厅招待客人时就不能上这种酒，否则客人会觉得主人是个‘吝啬鬼’，虽然也有人会选择用好瓶子装便宜酒。当然，社会准则是可以变化的，但它相对是比较稳定的。当人们由于经济危机而不得不改变原先的行为习惯时，社会准则的作用会发挥得尤为明显。”（参见 http：//bit. ly/1994-desjeux-pastis）

1995 年，法国邮政委托我们做一项关于人们在日常生活中使用纸张的研究，起因是在短短的十年间，法国的信件邮递量从 1985 年的十五亿封锐减到了 1995 年的七亿封。在这项研究中，我们发现了人们对什么是必需的，什么是可以的，什么是不可以的通信方式这一问题的重视（参见 http：//bit. ly/1995-desjeux-alii-anthropologie-du-papier）。

“不同的通信方式，比如见面、打电话、写信、发传真、留言、发邮件、视频通话，对应的是人与人之间不同的感情距离。给朋友寄挂号信是种很侮辱朋友的行为，所以在朋友之间的交流中，这是一个被禁止的通信方式。但如果是给税务机关寄信的话，挂号信就变成了必需的通信方式。

“对通信方式的社会规定有点像是人们在交流时必须要用到的语法规则一样。但是，新技术的出现也会伴随着新准则的出现。比如，当电话出现的时候，打电话就比写信更能表达情感。又比如，年轻人用电脑交流与年长的人用信交流在情感表达上的效果其实是相同的。

“通过分析寄信行为我们发现，人们选择寄信要么是在一种仪式背景下，比如寄节日贺卡、生日贺卡，或者旅游明信片，要么是在行政‘强制’背景下，比如给银行、税务部门或者社保部门寄信。但如果是私人通信或者是给小企业和小组织寄信的话，人们很多时候用的是电子信件，而非手写信。

“但我们同时也发现，对于法国人来说，手写信不仅仅是为了遵守某种社会准则，或者是为了表达自己的爱意或者职业素养，它也是让人们取得相互信任的一个条件。尽管人们对纸张浪费的担心是合理的，但我们同样需要看到，手写信可以帮助建立社会关系。在手写信所建立的法国信任感市场中，法国邮政几乎是占据垄断地位的，而且我们也都知道法语中‘以法国邮政的邮戳为担保’这样的说法。从市场策略角度上讲，法国邮政应当从‘信任’这个概念出发，来思考自己未来的服务发展方向。”

最终我们可以认为，所有这些制约着人们消费行为的社会准则构成了一套广义的市场行动系统，系统中的人们或是以商业或是以非商业的形式进行着消费品和服务的交换。

小 结

本章的一个重要目的是要证明消费首先不是一个市场学的广告营销问题，它首先是一个全方位的社会问题。在宏观社会梯度下，市场结构——不管是少数民族市场、穷人市场，还是与生命周期有关的市场结构——会因为社会结构的变化而发生变化。在微观社会梯度下，消费者的选择在一定程度上是社会准则的产物。不管是要推广某种新型消费品，还是要推广某种节约型消费模式，社会准则构成了推广者们需要考虑到的需求结构。任何的创新和改革都不可能建立在一块空旷的自由地上，它必须要接受来自既存的社会力量和社会准则的考验。

第十七章

法国楠泰尔五月风暴（1998）

小　序

在1998年5月的《电影手册》杂志关于五月风暴的特刊中，法国哲学家阿兰·巴迪乌（Alain Badiou）指出，反阿尔及利亚战争的示威游行是1968年爆发的五月风暴的前兆。但对于另外一些人来说，反越战的示威游行才是五月风暴的前兆。所有这些说法都有可能是对的。

但就我个人而言，1962年到1965年在罗马召开的第二次梵蒂冈大公会议是我参加五月风暴运动的最重要的导火索，因为那次会议让我跟许多法国的天主教徒一样开始对信仰有所怀疑。

根据2007年12月28日出版的《人文科学》（*Sciences humaines*）期刊援引的布拉尔司铎的研究数据表明，在20世纪60年代，25%到50%的法国人都是虔诚的天主教徒，也就是每个周日都去教堂做礼拜的教徒。从文化上讲，那时候的法国整体上是一个天主教国家，尽管用来自公教职工青年会的两位神父，亨利·戈丁（Henri Godin）和伊万·丹尼尔（Yvan Daniel）1943年发表的一本书的书名来形容，当时的法国也同样是一个“传教国”。

我的七年中学生涯是在巴黎十六区的一个由耶稣会创办的贵族中学度过的。高中毕业之后，也就是1964年，我在楠泰尔大学读了一年书，之后我又去到了位于巴黎郊区的伊西莱穆利欧神学院。在那里，我修了哲学和《圣经》解读专业，后者为我之后的比较人类学工作带来了很大的帮助。

比如说，我在1975年到1979年研究刚果萨卡麦所的桑迪农村的亲属系统时，看到了一个利未婚，也就是女人在丈夫死后跟小叔子结婚的现象。在《马太福音》和《马可福音》中，耶稣曾经跟撒都该人就利未婚这个问题展开过争论。撒都该人是当时犹太教的四大派别之一，他们的宗教信仰中没有升天这个概念。为了向耶稣证明升天的不合理性，他们给耶稣出了一个似乎没法解决的难题：如果一个女人按照利未婚的规定在她的第一任丈夫死后接连嫁给了第一任丈夫的七个弟弟，那么在他们都上了西天以后，究竟谁是那个女人的丈夫？耶稣听完之后用天堂里没有男女这个回答搪塞了过去。然而，塔米希神父在我们的《圣经》解读课上给出了一个更加人类学的答案：她在天上跟谁结婚就是谁的妻子。而这段经历让我非常容易就理解了 1977 年我在刚果桑迪农村看到的利未婚。

1998 年，在组织社会学研究中心的玛尔塔·祖蓓尔的介绍下，美国的《法国政治与社会》（*French politics and society*）期刊联系到我，希望我能够写一篇回忆五月风暴的文章。那篇文章的法语稿我已经找不到了，所以本章后面的内容是从那篇文章的英文版翻译过来的。如今的我已经不再信教了，但我也并不是无神论者，因为无神论也是一种信仰。我只知道，任何一个社会都离不开信仰，而每个社会都会有好几种不同的信仰。的确，以前的法国是一个天主教国家，但法国的天主教徒也分成了许多不同的流派。总之，法国文化中包含了天主教、犹太教、伊斯兰教、佛教等等，其中每一个也都各自包含许多流派，虽然这些不同的派别时有冲突，但正是它们的相互交织才构成了法国文化。

由第二次梵蒂冈大公会议引发的法国天主教徒的地下革命

当 1965 年我进入到神学院上学的时候，我和我的同学们完全是按照修道院的规矩生活的。我们早上六点准时起床，晚上九点到十点之间熄灯。白天，我们按部就班地进行曙光赞、黎明祈祷和弥撒，傍晚我们念三钟经，晚上我们做晚祷，所有这一切都是用拉丁文。神学院每个小时都会敲一次钟，每敲一次钟我们就要进行下一项活动。吃饭的时候我们不能出声，只能听神学院老师朗诵圣人生活。我们只有在周四和周日才可以出神学院，周四出去是为了组织一些慈善活动，而周日只能等做完礼拜才能出去。当时，这一切对我们来说都是很正常的。

第二次梵蒂冈大公会议期间，我们的神学院内部也举行了许多会议和讨论，结果是，1967 年的时候，上面提到的大多数院规都被取消了。我们几乎可以任意出入神学院，弥撒和祷告也都使用法语。正是这些条件让我有了人生中第一次挑战权威的经历，也让我成为一次社会巨变的参与者。我学会如何对缺乏社会合理性的制度进行抗议。那时，我希望教会能够成为一个开放的教会，而不是一座只关心上帝的象牙塔。与《马可福音》相比，我那时对《约翰福音》更有兴趣。

但如果只有我是这样的话，之后的五月风暴也许根本不会发生。事实上，五月风暴的背后是当时年轻人内心对自由的一种渴望，因为那时的年轻人还生活在父权当道的传统社会家庭制度当中，这让他们有一种窒息感。

1967 年 11 月：楠泰尔大学的第一次大罢工和对集体行动的学习掌握

我在巴黎天主教学院拿到了对我后来的新现实主义社会学观念有重要影响的亚里士多德和托马斯主义哲学文凭之后，又在 1967 年 10 月来到了楠泰尔大学开始了为期两年的社会学专科课程。当时的我们是特别幸运的，因为我们的老师可以说是法国社会学最早的黄金一代，其中有图赖讷（Touraine）、克罗齐耶（Crozier）、布里考（Bouricaud）、勒菲弗（Lefebvre）、鲍德里亚、卢罗（Lourau）、斯特勒（Steudler）、特里皮尔（Tripier）、雷蒙（Raymond），以及 1998 年担任巴西总统的卡多佐，还有图赖讷介绍来的政治避难者曼纽尔·卡斯特尔（Manuel Castells），1995 年，我还在亚特兰大听过他在美国人类学协会的会议上以特邀发言人身份做的演讲。图赖讷是我在 1971 年到 1975 年间所完成的博士论文的导师。1978 年起，我先是在阿尔玛丹（L'Harmattan）出版社以作者的身份发表书籍，之后一直到 1995 年，我担任该出版社社会科学部负责人，这期间我负责编辑了各种学派作者写的书，比如“克罗齐耶派”“马克思主义派”“布东派”“布迪厄派”，抑或是无学派作者……

1967 年 11 月，楠泰尔大学、索邦大学、巴黎政治学院相继开始罢课。就像记者弗雷德里克·高森（Frédérique Gaussen）在 1967 年 11 月 23 日的《世界报》报道的那样，这次罢课潮的原因有很多。最初，运动是很自发的，因为一开始就是许多学生对将要实施的大学制度改革感到非常的担心。学生们开始组成工作小组并选举了组长，目的是跟老师们探讨旧文凭在新的大学系统中的认证问题。不过，被选出来的组长并不都是法国学生联盟的成员。学生们同时也组建了罢课委员会，里面既有工会学生，也有非工会学生。社会学专业的学生是这次运动的牵头者，他们在几位助教的帮助下分析了大学改革会造成的硬件方面和教学方面的影响。

我是参加罢课的五名非工会学生之一。罢课委员会的成员还包括几年前刚刚去世的伊夫斯·斯图尔泽（Yves Stourdzé），以及菲利普·梅耶（Philippe Meyer）——他是位非常优秀的社会学者，并且现在还是一位著名的记者。我们先是派出了一队学生代表去向格拉潘（Grapin）院长和教师代表请愿。与此同时，我参与组织一到两千名等待结果的学生们的集会。在我们等待的过程中，楠泰尔镇的共产党议员兼镇长巴尔贝（Barbet）来到了我们这里，向我们表达国会共产党议员们对学生罢课的支持。他同时强调了教育部给出的预算是完全不能够解决大学系统当前存在的问题的。

接着，教师代表宣称他们支持在每个学院巩固或组建一系列的能够将教师与学生联合起来的系统，对此，记者克劳德·纲比（Claude Gambiez）在1967年11月22日的《费加罗报》也做过报道。我们的运动最初是具有"行会主义"（corporatiste）性质的。绝大多数参加罢课的学生其实是没有任何政治诉求的，比如，有些学生只是要求学校把宿舍变为混合宿舍。学生中只有少数的政治运动者，他们的口号是支持越南、古巴或者巴勒斯坦。另外一些学生，包括像我一样接受天主教教育的学生，实际上是第一次经历学生运动。不过，有些天主教学生在先前抗议天主教教规或者在教区组织青年教徒运动时已经积累了不少社会运动方面的经验。

在这次学生运动中，我学会了如何跟媒体打交道，如何写提案，如何跟各个派系——比如共产主义、托洛茨基主义、社会主义等等——的政治运动者辩论，如何组织会议，如何发表广播演讲，如何在谈判和集会中选择合适的讲话时机，如何与其他团体谈合作，以及如何分析政治局势以避免贸然行动。这些能力绝不只对组织社会运动有帮助。它们从根本上改变了我为人处世的方式以及对行动有效性的认识。也是从那时起，我看到了矛盾、行动余地、情境变化在社会学分析中的重要性。

另外，我还学会了对阴谋论保持怀疑态度。在那个年代，把法国的社会问题归结为中共或俄共的政治阴谋的说法很多。比如，在我个人收集的关于五月风暴的资料当中，有一本题目为"谁是灾祸的幕后黑手?"（Quelles sont les origines de la gangrène?）的传单，它是由一个声称自己是基督教革新派的组织发放的。这份传单的目的是要揭露来自共产党的政治阴谋，为此它援引了一份名叫"1957年2月12日秘密备忘录106号的文件，文件的信息来自圣座的情报办公室：'共产党人打算秘密潜入天主教学校……他们试图混入到学生当中，观察和了解天主教学生们的生活，**最后再一步步地渗透进天主教会的每一个活动区**

域’”，黑体字部分是传单作者自己加的重点。

在我关于刚果巫术现象的研究中我们可以看到，阴谋的确是存在的，但阴谋和结果之间的因果关系几乎是无法证明的，因为阴谋之所以能够成为阴谋，是因为人们根本不知道这是阴谋。而人们愿意相信阴谋论则是因为阴谋论的内容非常具有一致性。

我还认识到，成功的社会运动靠的并不是地下活动和暗箱操作，尽管运动中总有少数参与者试图暗中影响事态的发展。1976 年，在刚果布拉柴维尔，我以全国高等教育工会（Snes Sup，全称 Syndicat National De l'enseignement Supérieur）大学工会支部负责人的身份参与组织了在法国领事馆门前的和平示威活动。活动开始之前，我们并不知道这次活动最终会如何发展，因为我们很难知道法国的大学老师会不会支持这次的示威活动。那时我明白了，运动领导者对于社会运动成功的贡献是很有限的。运动中的确会有运动积极分子的存在，但如果不是真正被形势所迫，参与运动的人其实是很难真正被动员的。所以说情境才是运动结果的首要原因。

总的来说，我对整体性解释和对建立在象征性表征以及价值观基础上的解释系统是持怀疑态度的，因为这些解释体系将情境的作用排除在了分析之外。但同时，我也不觉得人们的行动是没有规律的。我逐渐明白，社会是具有结构的，它是各种力量相互交织的地方，它是中国人所说的“势”，而社会行为人总是会“顺势”建立合作，寻找行动或者抽身所需的自由边际。

五月风暴：对矛盾调节的学习

在我记忆里，五月风暴既是一个非常大的事件，同时也是让人们在情绪上感觉非常不愉快的一个事件。我说的五月风暴并不是后来发生的占领街道运动，这部分的运动我并没有参加，我想说的五月风暴是 1968 年的 1 月到 6 月之间那段相对平和的“五月改良运动”。在那段时间里，我们和楠泰尔天主教会成员一起商讨大学改革，在楠泰尔大学的草坪上参加丹尼尔·孔-本迪（Daniel Cohn-Bendit，他当时是楠泰尔大学社会学专科的一名学生）用一种幽默却又有效的方式组织的静坐，我们召开会议或者建立工作小组来讨论如何改善大学制度，以及如何扩大大学生的职业前景。在参与所有这些活动的时候，我的目的都是很现实的。那时，我时常得和左派激进分子以及右派保守主义者进行辩论。我特别小心不让自己跌进乌托邦思想的陷阱里去。就像那时我们常说的一样，改革的关键是我们日常生活的“第二天早上”——也就是说，改革只能在充满限制性条件的现实主义背景下进行。

1968 年 5 月 24 日，让·穆兰俱乐部（Club Jean Moulin）发表了米歇尔·克罗齐耶致大学生的一封公开信，信中写道：“你们现在正在反抗这个不合理的世界，反抗老学究们、思想狭隘的官僚们和过去的专制革命者们建立的丑陋的学术体系……但你们的目的并不是要疯狂革命，尽管你们已经向全法国表达过了你们的疯狂想法……事实上，你们现在的运动正在建立一个封闭的、自主管理并且专制的小社会。一旦你们真的进入了这样的一个社会模式，你们就只是在重复你们希望推翻的社会传统。”我当时非常同意克罗齐耶的现实主义态度。另外，当其他许多老师——比如勒菲弗、鲍德里亚、布里考——已经不再来学校的时候，我也深刻感受到了克罗齐耶敢于参加讨论 1968 年年末免考的全校会议的勇气。当时，许多极端学生要求学校允许占领街道运动中受伤的学生免考毕业，而如果我没有记错的话，克罗齐耶和图赖讷曾一起挺身反对这项要求。

除了工作小组和集体会议之外，另外给我印象深刻的一件事，是 5 月 13 日晚上发生在巴黎的由十万名大学生参加的游行。它是早些时候发生在巴黎的百万工人游行的后续。通过这次经历，我了解了游行是如何组织的。在那次学生游行中，为了让游行显得很有秩序，大家都喊着拍子颠着小碎步往前跑。孔-本迪在学生队伍前面用喇叭筒喊着口号，队伍越往拉丁区的索邦大学迈进，口号就喊得越有激情。其中有个口号让我印象特别深刻，而作为法国人，我也对这个口号感到特别骄傲：“我们都是德国的犹太人”……

那个时候的我是非常矛盾的。一方面，我很渴望挑战权威，反对资本主义；但另一方面，我又希望站在制度这一边，用一种现实主义的态度去有效地改善我们的生活环境。我当时并不反对消费社会。当极左人士提出反对他们所谓的“腐蚀工人阶级的消费社会虚伪价值观”的时候，我感觉这其实是天主教仇富旧观念的一种延续。我在 1968 年 12 月的个人笔记中曾经写道，1968 年大学生的反消费口号并不是真诚的，因为他们很多都来自资产阶级家庭，他们的生活早已离不开他们表面上抨击的消费方式。

我也是在这段时期意识到了两种社会思想的对立。一方面，天主教文化非常深厚的南欧拉丁国家的人们强调的是铲除资本主义对“剩余价值的压榨”；而另一方面，在新教文化熏陶下的北欧国家的人们只是主张对所谓剩余价值进行民主式的再分配。

我在那个时候的个人笔记中还写道，我非常反对极左学生的新法西斯做法，他们对老师进行无端的侮辱，他们在校园和宿舍内向学生施加压力，他们要求言论自由，但却不允许跟他们意见不同的人发表观点。

1968 年 5 月，我同时学习了马克思主义的阶级斗争理论和米歇尔·克罗齐耶的权力和利益互动理论。我早先的天主教右派思想开始发生了很大的转变。这正是为什么我觉得五月风暴并不是一次年轻人的大型偶发事件（happening），而是社会矛盾紧张到一定程度时的爆发。我开始意识到“他人”带来的危险。那年我 22 岁，我觉得自己该像成年人一样的生活了。23 岁我结了婚，之后的一年，我患有唐氏综合征的女儿奥利维亚出生了。我 25 岁的时候，我们全家一起来到了非洲，并在那里生活了八年。

埃德加·富尔政策和楠泰尔 MARC 200 运动组织：对现实主义政治的学习

在 1968 年的最后一个季度，时任国家教育部部长埃德加·富尔（Edgar Faure）起草了一项关于大学教育的新政策。与此同时，我和几个朋友在楠泰尔天主教左派团体的支持下，建立了一个名叫 MARC 200 的运动组织（全称 Mouvement d'Action et de Recherche Critique，行动和批判研究运动），200 指的是我们当时需要提供 200 名全校学生代表大会候选人。MARC 200 是一个半政治半工会的组织，我们在 1968 年 12 月集齐了所有成员，然后在次年的 1 月 6 日正式成立起了这个组织。我们还有一份三页纸的宣言，宣言内容是具有不同政治倾向的学生们共同商议的，其中有来自天主教社会派的学生，有来自工人国际法国支部（法国社会主义党的前身）的学生，有来自统一社会党（从工人国际法国支部分裂出来的一个党派）的学生，还有一些无党派改革主义学生。

我们的行动纲领中有一部分是来自布迪厄和帕斯隆（Passeron）1967 年共同出版的《继承人》（*Les héritiers*）一书所阐述的理念。我们宣称既反对盲目服从又反对肆意破坏大学改革。这一立场在当时的楠泰尔社会学院是比较难立足的，因为当时的楠泰尔社会学院非常反对埃德加·富尔提出的大学改革计划。而我当时特别不能理解的一点是，为什么有些人一方面要求政府听取他们的意见，而另一方面，当政府听取了他们的意见之后，他们又出来反对。

后来我有了答案，并且是一个从人类学角度来讲非常重要的答案，那就是：人们口头要求的并不总是人们真正想要的。很多时候，人们是在通过具体的要求来舒缓自己对未来的困惑与不安，而不是真正想要改变什么。另外，我还意识到，参与和谈判并非总会成为可能，因为这需要在实力不均的社会行为人之间建立一个对自己有利的权力关系。

1969 年 3 月 2 日的《世界报》报道说，左派学生工会在全国学生代表选举中赢得了几乎一半的席位。在 100 名选举出来的代表当中，29 名左派代表来自法国学生联盟，而另外 19 名左派代表正是来自我们的 MARC 200。对于一个成立只有两个月时间，并且处于共产党和传统右派政党之间的学生政治组织，这是一个很大的胜利。这次胜利也告诉我们，只要有长远的计划和坚实的社会关系，即便准备时间再短的社会行动也可以做到立竿见影。

几个月之后，我正式进入了法国的政治体系。我和让-皮埃尔·沃尔姆斯（Jean-Pierre Worms）参与筹备了由阿兰·萨瓦利（Alain Savary）担任主席的新社会主义党的建立。我在 1969 年加入了社会主义党，并在波尔泰利（Portelli）兄弟负责主持的位于克雷泰的一个支部工作。我在社会主义党一直待到 1982 年。70 年代末，我毫无痛苦地结束了我的天主教信仰。如今，我是一个不可知论者。

小　结

今天（1998 年）的我感觉五月风暴既在眼前，又很遥远。那时的许多理念如今都已经变得十分普通。现在法国社会的绝大多数文化、经济、政治活动都是由 1945 到 1955 年间出生的这批人把控着的，所以五月风暴是帮助人们理解“爷爷潮”一代的关键性事件。但五月风暴却并没有解决什么实质性的问题，因为一代人问题的解决并不一定会为下一代人带来帮助。我们得像西西弗斯推石头一样不停地推着我们自己的石头，因为没有什么是能够让人一劳永逸的。这并不是一个悲观的想法，只是对宗教或者政治上的极权主义世界观的一种反对，因为没有人有能力和资格来指明人类的前进方向。

但从社会学角度出发，我们可以看到，年轻人的活力依旧是社会运动的重要动力。在未来大的社会变革当中，政客的作用很有可能微乎其微，而真正发挥作用的很有可能是在社会夹缝中谋求新出路的青年一代。他们或许会用组建政党的方式，或许会用社会运动的方式来试图改变社会。

第十八章

丹麦中产阶级日常生活（1999）

小　序

1999年，我们来到了位于丹麦欧登塞市的一个居民区做调研。“陪同我观察这个居民区的是一对丹麦的大学生情侣。这个居民区全部是由私人别墅组成的，跟欧登塞市中心的住宅和旁边的楼层住宅相比，这些私人别墅分布得比较‘零散’。”旁边的楼层住宅住的都是从中东过来的移民。我在我经过的所有地方都拍了照片。

这个居民区有点像个田园村庄。“每个别墅都拥有一个花园。我们走路的时候路过一个加油站，里面还卖木炭、煤气和生火用的节能泥煤。另外，人们还可以在那里买到香烟。跟我们一起的那位女大学生就经常光顾这家加油站。加油站前面还摆着一些待售的拖车，它是人们用来运木头或者花园废草的。”这是后来我把照片展示给当地人时他们告诉我的。

我拍照片是为了在研究中使用“照片启发法（photo elicitation）”或者叫“照片刺激法（photo stimulus）”。这是我1994年在南佛罗里达大学跟道格拉斯·哈珀（Douglas Harper）学到的方法，哈珀是《视觉社会学》（*Visual Sociology*）期刊的创始人。“照片启发法”最早是由约翰·柯里尔（John Collier）在1957年总结出来的一套研究方法。1967年，他出了一本书，书名为《视觉人类学：用摄影作为研究方法》（*Visual anthropology: photography as a research method*），这本书在1992年进行了再版。作者写道：“图像可以帮助研究者更好地把握研究方向和更全面地分析研究现象……我们可以就着照片对别人进行提问，这样我们可以更方便地获得照片里所包含的信息。也就是说，我们是在和被访者一起对照片里的内容进行探索。”（p. 105）

通过使用照片启发法我们发现，丹麦人对服务消费的理解更接近于美国人而不是法国人。丹麦人希望在家附近便能享受到自己所需要的服务，他们希望在家附近有美国人所说的“便利店（convenience store）”，比如刚才所提到的加油站。

“我经过了一排用于回收玻璃、纸和其他可回收品的垃圾桶。”丹麦人对环境问题非常敏感。1999年的时候，我们在丹麦村庄经常能够见到大型的风力发电机，其中的一部分是消费者合作社集资购买的。

“再往前走，我还看到了一片足球场。沿河有一条道路，道路上有几个人正在修剪树枝。那天的天气很好但也很冷，气温大概只有两三摄氏度。”

路上我们还看到了几位脸上蒙着围巾只露出眼睛的女士。“我们的右边有一块儿专供当地穆斯林移民使用的墓地。道路的尽头有一座新教教堂，还有一片新教教士住宅以及专供新教徒使用的墓地。这块新教墓地里没有灵柩，墓碑是平放在地上的，上面有一些小花做装饰，那对丹麦大学生告诉我这是非常典型的丹麦墓地。”这个场景特别能够让我联想到安娜-索菲·拉米娜（Anne-Sophie Lamine）2005年出版的一本探讨犹太教、基督教和伊斯兰教相互关系的书，题目是《众神的共存》（*La cohabitation des dieux*）。

在多米尼克·布舍尔（Dominique Boucher）的邀请下，我和媞娜·维尼耶·弗朗索瓦（Tine Vinge Françoise）在欧登塞大学为他的MBA学生开设了一个短期的实地研究培训课程。我总共去到那里三次，每次十五天，这期间，我与别人合作完成了几十个关于当地人日常购物和饮食的采访。

享受国家补助的学生租房

“我们接下来要去的是那对大学生情侣住的地方。一路上，我们看到的全都是带花园的别墅。在一处花园的门上我们还看到了一个有趣的画着狗的牌子，上面写着‘此处由我监视!’（‘Jeg vogter her!’）花园的中间有一座水池，里面摆着一些小矮人和一个蜡制的小于连。”

“那个花园很长，在花园入口处还有三个白色的信箱，与之对应的是三座房子。跟我一起的学生告诉我说，这些房子感觉有点‘廉价’，比较像是德国游客在日德兰租的度假房。”

“那对大学生情侣住的是一个出租房。一开始是男生在开学前跟自己从事木工工作的父亲一起来看的这个房子。男生的母亲是做秘书工作的。他们最初见到房东的时候，房东告诉他们说这个房子很紧俏，想要租的话就得赶快做决定。于是他们就立马决定租下这套房子。房租是每个月 4000 克朗（相当于好几百欧元），对于一套两居室的房子来说，这是一个非常高的房租。”

“这对大学生的父母们并没有给他们提供资金上的帮助，因为他们是可以享受国家补助的。一方面，国家可以给他们每月 3000 克朗的助学金，另一方面，欧登塞市政府也会给他们提供一份住房补助。不过，市政府认为房东把房租定得过高，他们要求房东把房租降到 2700 克朗，并且该决定有追溯效力，也就是说那对大学生目前不需要交房租，因为之前交得过多。他们的父母之所以不给他们经济上的帮助是因为父母们认为自己已经给国家交了很多税，所以应该由国家负责给他们的孩子提供帮助。总之，对丹麦人来说，只要条件允许就一定会向国家要钱，而且这不是什么丢人的事。丹麦除了汽车以外的所有消费品的增值税率均为 25%，汽车的增值税率为 190%。那对大学生好几次跟我谈到钱的问题。他们目前还向银行借了一笔由国家扶助的低息贷款。”跟绝大多数的北欧国家一样，丹麦的国家政府在税收和财富再分配方面起着非常重要的作用。丹麦是个非常平等的社会，其中的一个标志便是，不管什么样的社会身份，大家普遍都穿着牛仔裤。

“屋子里的地板是直接贴地的，所以地板很凉，得穿拖鞋。进屋换鞋也是这里的一个规矩。”不过，客人可以选择不换鞋，但换鞋是个更礼貌的行为。

“男生跟我说，因为身体原因，他需要在正餐之间吃一点简餐。简餐他喜欢吃一种叫作‘smørrebrød’的三明治，是用黑面包和薄肉片做成的。”

“中午的时候，女生打算给我们做一道‘典型的丹麦菜’。在做之前，她还向她的母亲请教了一番。她的母亲推荐她做一道名叫‘Hamburgerryg’的熏猪肉。”猪肉是丹麦传统饮食中的一个标志性食材。圣诞节的团圆饭里基本都少不了猪肉。但在最近几年，学校食堂里的猪肉在丹麦成了一个社会话题，因为丹麦的保守主义者和穆斯林移民在食堂的猪肉问题上有分歧（2016）。

“他们的客厅同时也当餐厅用，客厅里还养了一只鹦鹉。虽然鹦鹉有个笼子，但它经常是在笼子外面，这是为什么他们在客厅里装了一个挡板以防止鹦鹉飞出客厅。这只鹦鹉对他们来说非常重要，所以他们希望这只鹦鹉活得比较自由。”

“他们还告诉我说，因为男生的健康问题，他们比普通大学生在饮食上的开销要多。女生也会特意买质量比较好的食品：‘我需要多吃热的食物，而不是只吃三明治，所以开销也会大一些。’”

买吃的：在三明治、传统饭菜和成品之间做选择

“女生准备了一份购物清单。”

“我们步行去到了罗森加德（Rosengardcenter）购物中心的OBS超市，步行时间大概一刻钟。出发之前，女生先是看了下公交车时刻表，后来才决定步行，因为这样会更快一些。她背着一个背包，并且告诉我说她和她男朋友总是一起去购物，而且通常是去一家更近一点的打折店。她还告诉我说，她不喜欢这边的邻居。我问她为什么，她跟我指了指旁边的一座房子延伸出来的小木屋，然后跟我说她觉得这种设置非常难看，显得非常乱。”

“购物中心里面有一个商业长廊，里面有卖花、卖衣服、卖肉和卖面包的。OBS超市里卖的食物一般是熟肉片、配备好酱汁的生菜、香肠、冷冻蔬菜，比如豌豆、胡萝卜、玉米、菜花、西兰花、尖椒、芹菜等等，还有一种叫‘pålœg’用来涂面包的酱。凡是带玉米的沙拉都叫美式沙拉，那里一共有八种美式沙拉。”

“做午饭需要用到的包括用玻璃纸包装的烤猪肉、各种冷冻蔬菜、贝亚恩蛋黄酱，还有装在袋子里的煮好的土豆。让我感觉比较意外的是，丹麦的传统菜肴居然可以用所有这些现代工业产品来做。在买肉的时候，女生告诉我，肉非常难选，因为光凭看的话，肉都长一个样，很难分辨质量的好坏。作为给他们的礼物，我自己买了一瓶比较不错的波尔多红酒。超市里的许多蔬菜和水果都是用玻璃纸包装的。成瓶的蛋黄酱是比较受当地消费者欢迎的调味品。”

“在超市里我还看到了用防菌塑料盒装着的新鲜蛋黄和蛋清，这种超市商品我是第一次见。我还注意到，超市里有非常多的有机食品。最便宜的鸡蛋是关在笼子里的鸡下的蛋，稍微贵一点的鸡蛋是不用笼子养的鸡下的蛋，再贵一点的蛋是野生鸡下的蛋，而最贵的蛋是用天然饲料喂养的鸡下的有机鸡蛋。另外，超市里还卖有机面包。”

“他们是用手提篮子而不是用推车买东西的。出超市的时候改由男生背包。”

“回家的时候我们也是步行。路上我们还去了那家加油站，因为女生想要买烟。我还拍了两张照片，一张拍的是一家西贡（胡志明市旧称）餐馆，另一张拍的是一家比萨店。丹麦有很多诸如中餐馆、法餐馆、比萨店这样的国外风味的饮食场所。另外，啤酒一般都是从爱尔兰、法国（阿尔萨斯）、英格兰、美国（百威）、墨西哥（科罗娜）等地进口过来的。”

丹麦的食品市场基本是由工业食品、国外食品和有机食品构成的。人们的做饭方式极为简单，平时吃得最多的东西之一是黑面包做的三明治。

做饭：家务活里的一个经典的性别分工

“回到家以后，女生开始准备做饭。男生虽说也会做一点，但也仅限能够填饱肚子。男生还告诉我说他比他爸稍微强点，因为他爸只会打鸡蛋。”

“女生往锅里倒了些水，然后把买来的烤猪肉放进去煮。包装纸上写的是每公斤猪肉要煮半个小时，但女生母亲当时说的时间比这个要短。女生选择了折中的方式，打算煮一个小时。她做起饭来很有效率，每完成一样步骤桌面依然可以保持干净整洁。煮好了猪肉以后，她开始煮冷冻蔬菜，接着是土豆。之后，女生还准备了贝亚恩蛋黄酱。她总共用了四个锅。”

“男生负责切肉，切肉时用的是一块木板和一副很大的刀叉。”

“吃饭的桌子上摆着一个餐巾纸架，需要用纸的话就从上面撕。在我参观的大多数房子以及学生们拍的照片里面都有这么一个东西。”

“吃饭的时候，刀在右，叉在左。桌子上还有一个盐壶和一个木制的胡椒面研磨瓶，但是没有面包。我们只是吃了女生做的那道菜，之前没有开胃菜，之后也没有甜点。吃完饭后，我得说：‘Tak for mad（非常感谢这顿饭）’，对方则要回答：‘Vel bekomme（不客气）’，这是表明饭已经吃完了的一个仪式。”丹麦人跟中国人一样，他们不像法国人那样特别喜欢说谢谢。法国的家庭教育原则是让孩子每获得一样服务的时候都要说一声谢谢。

“饭后，男生为大家准备咖啡。我们喝咖啡用的是一套非常精致的从泰国带来的咖啡杯。女生告诉我，这些咖啡杯是她十八岁的时候她的外婆送给她的。她的外婆每年都会送给她一些家庭用品。房子里有一个橱柜，里面装满了女生外婆送给她的盘子、小碗、沙拉碗。女生还告诉我说，她挺烦每次都收到同样的礼物，而且这些东西她一年也就能用上一两回。她的表妹们也是，每次都会收到外婆给的同样的礼物。”

“最后，碗是女生刷的。”

这位女生家里基本都是女人负责家庭饮食，她是这样，她的外婆是这样，她的母亲是这样，她的表妹们也是这样。不过，我们很难判断丹麦人的家庭分工是不是都是这样。

对欧登塞一户丹麦人家的一个消费路径做的民族志记录

“下面要记录的消费路径是从一个中产居民区开始的。这个居民区里都是私人别墅，另外还有一个幼儿园。我们要观察的那个家庭住的是一个比较普通的房子，他们有一辆后备箱很大的、适合有两个孩子的家庭的车。厨房是美式的，也就是说做饭和吃饭是在同一个地方，这是与法式厨房不同的。对于法国人来说，厨房在今天（1999年）依旧被视为一个专门做饭的地方，尤其是家里来了比较重要的客人的时候。”

“厨房里有冰箱、洗碗机、抽油烟机、电磁炉、咖啡机和搅拌机。这在今天（1999年）应该是丹麦家庭的一个标配。在中国，我也看到过类似的厨房配置，不过是在高级中产家庭里。这个画面能够让我们感受到能源，尤其是电力能源在饮食生活中的重要性。”

“厨房的橱柜顶上有面小的丹麦国旗。国旗对于法国人来说是国家主义的象征，但在丹麦，家里面的国旗没有这么多政治意味，它更多是为了体现一种家庭温馨。”

“那天的购物清单是女主人自己在厨房里列的，她的孩子和丈夫并没有参与进来。汽车的后备箱有一个折叠塑料篮，这体现出了这家人的‘环保’意识，因为有了这个塑料篮，他们就不用一次性塑料袋了。我们在购物中心的停车场和里面也看到了丹麦国旗，大概有几十面。”

“这家叫比尔卡（Bilka）的购物中心是丹麦最大的购物中心。里面有电影院、麦当劳，还有一些很大的自行车车库。它是一个挺有生活气息的地方（就像在本书前几章我们提到的那些购物中心一样）。这个购物中心有两家大超市，我们进到了其中一家。”

“简单来说，这家超市由四个区域组成：非食品区域，生鲜、半生鲜和冷冻食品区域，干燥食品区域，以及酒水饮料区域。在最后这个区域，我们还发现了一瓶从法国进口来的名叫‘蹩脚葡萄酒（piquette）’的葡萄酒。在欧登塞的一家叫‘马戛赞（Magasin）’的大商店里，我还看到过用纸盒装的名叫‘凑合的葡萄酒（pinard）’的葡萄酒。”在丹麦人眼里，“pinard”和“piquette”并没有贬义成分，而是显得很有“法国风情”。这个现象很好地体现了人们对来自外文化的事物进行再诠释的跨文化现象。

“不同国家的超市或者不同品牌的超市之间的区别主要在于对区域的安排上。在那家‘马戛赞’店里，内衣柜台的旁边是面包柜台。而我们1990年为勒克莱克超市做研究的时候，他们的珠宝柜台是和海鲜柜台紧挨着的。”（参见本书第八章）

“还有一个文化区别在于人们所看重的食物，不管是在绿色食品消费方面还是在传统食品消费方面。在我们去过的每一个国家，我们都能够在观察消费路径时看到该国消费者的必备食品，比如丹麦人的啤酒、意大利人的面条、法国人的葡萄酒、西班牙人的橄榄油、葡萄牙人的鳕鱼、中国人的大米等等。”

“不同的文化对于什么是‘新鲜’的，什么是健康的，什么是不健康的概念也会有所不同。在丹麦和美国，很多新鲜食物是用玻璃纸包装的，而这在法国是很少见的。同样，在中国，鱼的新鲜与否在于它是不是活的，而不在于它是不是用玻璃纸包装的。不过，在欧登塞的‘马戛赞’店里，我们在玻璃纸包装的新鲜蔬菜旁边会看到散装的土豆，因为在丹麦人眼里，散装既象征新鲜又象征货真价实。”

“我们先是买了清洁洗衣机用的盐，然后是卫生棉条，再然后是为大女儿买的手表电池。孩子们还要了草莓果泥。在买肉馅的时候，女主人专门看了看上面标记的肥肉含量，最后她选了一盒肥肉含量中等的肉馅，因为她打算把肉做成全熟的，但如果是吃半熟的话，她会选择肥肉含量低的肉馅。接下来，她去挑选了洋葱、大葱、青椒等蔬菜，还买了酱油。蔬菜和水果架顶上安装有喷雾设备，目的是保持蔬菜和水果的新鲜。”

“结账的时候，女主人用的是一张丹麦特有的支付卡。她只要说出钱数和卡号就可以。如果有需要的话，她也可以让收银员划走更多的钱，然后找给她一些零钱，这样她就不用再去找取款机取钱。工作日的时候，超市会一直营业到晚上八点，但这天是周六，所以下午五点就关门了。买完东西之后我们去了一家名叫‘garden center’的商店买了二十升的种植土。”

“出来之后，女主人把买到的东西全部放进了后备箱里的塑料盒里，到了家之后，再把塑料盒整个搬到厨房。接下来的晚饭是荤素搭配的，有点像是中国菜。这顿饭有点属于节日晚宴，女主人平时是不会做的。跟我和伊莎贝尔·加拉布欧-穆萨维曾经采访过的一位法国家庭的女主人一样，这位丹麦女主人做饭惊人的细致和有条不紊。在做饭方面，她可以说是非常专业的。她做饭时的主要工具是木勺、厨房刀、煎锅、炒锅和搅拌机。在丹麦人的厨房里，我们经常能够看到拌意大利面用的勺子，而且这种意式勺子在丹麦也很容易买到。”

“大多数的文化都有自己常用的厨房用具，比如中国的木菜板、大菜刀和铁锅。美国人的厨房用刀比餐刀用得更频繁。有些国家的人，比如中国人，在厨房切东西切得比较多；而另外一些国家的人，比如法国人，在餐桌上切东西会切得比较多。一个法国年轻人常用到的厨房用具有三样：木勺、煎锅和炒锅。”

“另外，不同的文化对调味品的重视程度也会有所不同。法国的年轻人非常喜欢用香料（参见 Isabelle Garabuau-Moussaoui，2002）。而只要打开美国人的冰箱，我们就会发现美国人特别喜欢用工业酱料。”丹麦人的做饭风格，尤其是在煮东西的时候，比较接近美国人的做饭风格。

“饭做好后，厨房的台面依然保持得非常整洁，女主人的女儿还过来扫了一眼。接下来是布置餐桌。女主人摆上了三样很能代表丹麦餐桌文化的东西，一个是奶，一个是餐巾纸架，另一个是蜡烛。餐巾纸架可以是木制的，但餐桌上的那个是金属制的。如果是法国人的话，他应该不会把这个东西摆到餐桌上，因为它看起来像法国人的卫生纸架。通过这一点我们便能够看到，不同的文化会有不同的规矩。”

“蜡烛是很体现丹麦文化的一个东西。丹麦家庭里的光源比法国家庭里的要多得多，平均每个房间会有二十多个光源。蜡烛是为了营造丹麦人所说的‘hygge’。这个词可以翻译成‘气氛’或者‘惬意’，但它实际中的意义比这个要丰富。”

“丹麦人家里也有筷子，筷子象征着异域风情。餐桌如果铺上桌布的话，意味着这是一个重要的场合。我在广州做调研的时候发现，中国人吃饭一般不会铺桌布，因为人们吃饭的时候会把垃圾直接放在桌子上。丹麦人吃完饭以后的部分餐具是用手洗，厨房会收拾得非常干净。”

小　结

对一对丹麦大学生情侣和一个丹麦家庭所做的民族志记录并不能够让我们对丹麦文化做出概括性的总结。它所能够展现的是，与购买决定相对应的并不是某一个时刻，而是一个社会化的程序和路径。购买行为的背后是社会关系的交织和一系列影响力之间的相互作用。此外，本次民族志研究也展现了照片启发法的方法论作用，照片启发法可以帮助我们获取关于消费行为和消费品使用方面的更为具体的信息。

不过，这些民族志记录还是能够让我们看到，“平等”不光是丹麦人的一种价值观，也是他们的一种行为准则，并且国家政府也非常重视对社会平等的维护。丹麦的社会平等也能体现在丹麦人的饮食上，因为丹麦人在饮食上没有太多的攀比。这一点与法国是不同的，因为法国的饮食文化继承的是路易十四时期在上流社会形成的炫耀型饮食文化。对此，英国历史学家史蒂芬·梅内尔（Stephen Menell）在其1987年出版的《从中世纪到今天的英法饮食文化》（*Français et Anglais à table du moyen age à nos jours*）一书中有过分析。丹麦人——至少是我们观察过的丹麦人——更加注重的是饭菜的健康与否，而不是复杂与否。

饮食是全球中产阶级之间的一个重要文化区分方式。在某些国家，比如法国、意大利、中国，那里的中产非常看重饮食。而在另外一些国家，尤其是英语国家，饮食只是一种生存必需。

第十九章

进入 21 世纪的中国（2005）

小　序

中国给人感觉是一个地理上幅员辽阔的国家，但实际上，中国的很大一部分领土是由高山和沙漠组成的，真正有“经济价值”的领土大概也只有美国东部那么大（参见 Lester Brown，1997）。2005 年的时候，中国的经济活动基本上都集中在东部沿海，城市人口增长很快，以广东省为代表的南方经济极其活跃。中国人口中 90%多是汉族人口，在边疆地区有非常多的少数民族，那里也是中国矿产和水利资源比较丰富的地区。

2005 年，中国经济似乎还处在一个十字路口。它还是像一个一般的发展中国家，不过那时的中国已经是世界第五大经济体，这已经是一个非常了不起的成绩了。那时有不少企业找到我，希望我能够向他们介绍一下我眼中的中国。然而，那时候我还完全没有意识到，中国在 2005 年已经开始找回它在 19 世纪初所拥有的世界地位，也就是彭慕兰在《大分流》一书中所分析过的那个中国的地位；而所有我们在今天能够清晰看到的有关中国的问题，在 2005 年的时候便已经存在了。

本章内容来自 2004 到 2005 年期间我与劳伦斯·瓦尔加（Laurence Varga）一起为帕格玛迪（Pragmaty）公司做的一系列关于中国的演讲。虽然当时的中国经济已经在迅猛增长，但是今天的人们还是很难想象，那时的中国依然还是一个与它现在的“大国”和“消费社会”的形象相去甚远的国家。

2004年的中国经济：东部沿海投资，工资上升，西部大开发

我们下面要用到的数字并不能保证百分之百正确，这并不十分要紧，因为我们要用到的是这些数字的参考意义。其中的大部分数字是来自罗伯特·本尼威克（Robert Benewick）和丝蒂法尼·唐纳德（Stéphanie Donald）1999年发表的题目为《当代中国图册——1949，1989，1999》（*Atlas de la Chine contemporaine*：*1949，1989，1999*）的合著。另外还有来自《国际先驱论坛报》（IHT）、《回声报》、《金融时报》、《解放报》、《费加罗报》以及《国际邮报》的数字。

从1979年到2004年，中国的人均年收入从190美元增长到了1000美元。1993年到2004年，中国人的工资平均每年增长10%（IHT，2005年5月19日）。2005年第一季度的经济增长率为9.5%（IHT，2005年4月21日）。2004到2005年期间，中国的人均工资增长了8%（IHT）。

2003年11月4日的《解放报》援引了一位名叫张绪坤（Zhang Xukun）的教授列出的一组数字：2003年，中国人每1000元的家庭预算中，200元用于住房，300元用于饮食，300元到400元用于往老家寄钱，剩下的是零用或者买衣服的钱。

2004年的中国，尤其是广州和深圳，开始感受到非常巨大的劳动力价格压力，它也开始像西方国家一样面临企业外迁的问题，因为有些企业开始选择搬到劳动力价格更低的越南或者中国中部地区。与此同时，中国还面临国企关闭带来的失业问题，这对它的经济增长是一个威胁。

中国的经济投资大多集中在东部沿海地区，该地区1997年的投资额为1亿美元，其中3000万在广东省。另外，西部投资也开始在西安、成都、武汉等地进行（IHT，2005年5月19日）。

这个时期投往中国大陆（内地）的境外投资大都来自中国的香港和台湾地区、新加坡和其他地方的华侨。另外还有一部分投资来自日本和韩国。对此，弗朗索瓦·吉普鲁（François Gipouloux）曾在2000年之际在广州做过一次学术演讲，演讲中他还提出了“亚洲地中海”（la Méditerranée aisatique）这一概念（参见弗朗索瓦·吉普鲁的著作《亚洲的地中海：13—21世纪中国、日本、东南亚商埠与贸易圈》）。1999年到2004年，中国吸收的海外投资达到了5.5亿

美元。这段时期的经济发展模式是何飞让（Jean Ruffier，2006）所说的“温州模式”，也就是在中国南方特别常见的一种建立在家族关系上的经济发展模式。自改革开放以来，南方中小企业的资金主要有三个来源：香港、海外华侨、去外地工作的曾经务农的广东人（参见 *Atlas de la Chine*，1999）。

中国经济的快速增长主要得益于出口。比如，在 2003 年，中国的出口额只用八个月的时间便增长了 32%。2004 年，中国的出口额达到了 3200 万美元，而根据预测，这一数字在 2005 年将会增长至 1 亿美元。中国的出口是建立在庞大的原材料进口基础上的，尤其是对铁矿石和能源的进口。根据 2003 年 11 月 4 日的《解放报》给出的数字，中国这一年的进口额增长了 40%，尽管中国的原材料进口在 2005 年有所下降（IHT，2005 年 5 月 19 日）。2004 年，中国三分之一的出口产品来自广东省（《国际邮报》，2004 年 5 月 19 日）。

为了限制中国的出口，美国要求中国政府将人民币从 10 元兑 1 美元升值到 8.28 元兑 1 美元。美国和欧盟也同时要求中国设置出口限额，并增加出口税（IHT，2005 年 5 月 19 日）。2005 年 5 月，中国对六样商品的出口税增加了 15 倍，但这也只不过是让这些商品的出口单价增加了 0.02 欧元到 0.08 欧元。中国希望自己的出口持续上升，因为它需要每年新增一千万到两千万个就业岗位，而只有高出口才能让中国实现这个目标（《金融时报》，2005 年 5 月 21 日）。

中国所进入的是一个“经典”的工业革命过程。它由三部分组成：以纺织产品、汽车和高科技产品为代表的消费品发展；城市化和工业生产所需的农村劳动力涌入城市，以及由此产生的“房地产泡沫”；以及随着收入和消费的增加而产生的、让我们能够在微观社会梯度下观察得到的中产阶层。但中国的这次工业革命也让我们看到了中国经济中的三大“限制性因素”，即：政治系统，失业和社会危机，以及庞大的原材料和物质能源需求。这三个限制性因素的存在也在一定程度上解释了为何国际上个别国家表示出紧张。

2004 年，中国的制造业承担全球 75% 的玩具生产，55% 的照相机生产，29%的电视机生产，25%的洗衣机生产，以及 16%的冰箱生产。西方的劳动力价格是中国的 7 到 8 倍。中国的大型企业开始出现，并且在西方企业面前很有竞争力。比如，生产电讯设备的华为就是阿尔卡特的一个很大的竞争对手。另外比较著名的企业还有电脑生产商联想，电器生产商海尔，手机销售额超越摩托罗拉的波导，以及洗涤剂销售额超越联合利华的纳爱斯集团，等等（《解放报》，2003 年 11 月 4 日）。

中国的城市化速度也非常迅猛。1978 年到 2004 年，中国的城市人口比例从 20%增长到了 40%。埃里克·伊兹拉勒维奇另外也指出，1980 年到 2004 年，

“广东省深圳市的人口从三万变成了六百万”，他还补充道，“全球一半以上正在工作的大吊车都在中国”，“一半以上的全球水泥消费也在中国”。这是一个非常“粗犷”的城市化工程，有点像是奥斯曼男爵在 19 世纪的法国指挥的城市化工程。

与此同时，中国的中产人口也越来越多，大概有四亿。他们中的大多数生活在东部沿海地区，平均年收入在 2100 美元左右，而中国内陆地区居民的平均年收入只有 700 美元左右。根据 2004 年的统计数字，中国的中产当中还包含七千万到一亿两千万的高级中产。

夹在富裕阶层和贫困阶层的中产在中国经济中扮演着越来越重要的角色。最能体现这一点的便是消费的增长。2003 年，中国汽车的年产量增加了 35%。而据预测家分析，中国马上就会超越法国成为全球第四大汽车生产国，届时，中国的汽车年产量将达到四百万辆（《解放报》，2003 年 11 月 4 日）。中国消费的石油有三分之一来自沙特和安哥拉（IHT，2003 年 11 月 9 日）。2000 到 2003 年期间，中国以赤霞珠为主的葡萄园面积增长了 38%，达到了 26 万公顷。这也意味着中国成了全球前十大的葡萄酒产国之一。葡萄酒扩产的一个目的是减少中国消费者对白酒，也就是对大米的需求，因为大米是中国最重要的粮食之一（《经济时报》，2003 年 10 月 11 日）。

2005 年，我们可以观察到，中国中产消费增长十分迅速，同时，中国的超市业也得到了非常大的发展。其中，上海百联集团的营业额在一年间增长了 22.5%，达到了 670 亿人民币；北京华联集团的营业额为 275 亿人民币；家乐福中国区的年营业额增长了 20.9%，达到了 164.2 亿人民币；沃尔玛中国区的年营业额增长了 30.5%，达到了 76.3 亿人民币；麦德龙中国区的营业额增长了 13.2%，达到了 36.8 亿人民币（《回声报》，2005 年 2 月 9 日）。

2004 年我们能够看到的另外一个非常重要的增长是网络增长。中国的网民数在 2003 年到 2004 年的一年时间内增长了 78.7%，达到了 3630 万。根据 2004 年 7 月 28 日《回声报》提供的数字，中国 67%的网络使用是家庭使用，53.2%的网民年龄在十八岁到三十岁之间；60.1%的网民未婚；30.6%的网民有大学以上学历。

但在经济分析家看来，中国的经济增长也同样会带来一些风险。首先是房地产泡沫风险。另外需要面对的一个风险是人民币的升值（IHT，2005 年 4 月 22 日）。第三个风险是有关能源的。中国的能源需求主要包含三个方面：工业生产、运输、家电使用。中国是世界第二大石油消费国。

中国对原材料的需求对世界经济有很大的影响。据 2004 年的一份《国际邮报》显示，1998年到2003年，中国对棉花、大豆、精铜和石油的需求量大大增加。中国的棉花消费和大豆消费分别占到了世界的32%和20%，而精铜消费和石油消费也都占到了世界的8%。这就是为什么，如果把2001年1月的数字看作100的话，原材料的全球价格指数在2004年攀升至140的原因。2005年，煤炭价格从早先的每吨3.75美元升至每吨20美元。也就是说，原材料价格在进入到21世纪之后开始了爆炸性的增长。

中国的原材料消费既是中产消费发展的必要条件，也是通过出口增长来维持国内就业的必要条件，但这同时也让中国对海运和空运的需求大大增加。如果我没有记错的话，全球贸易中的90%靠的是海运。2005年5月10日的《解放报》所提供的预测数字显示，集装箱船数量从2005年的600艘增加到了2008年的1200艘。2005年，在中国南部方圆50到100公里的地方便有四个巨大的具有竞争关系的机场：广州机场、深圳机场、香港机场和澳门机场。其中货运量最大的为香港，平均每年300万吨，而货运量最小的澳门机场也达到了每年60万吨。海运的重要性也解释了中国为什么对从北到南的海域控制特别重视。

虽然日本是中国的第一贸易伙伴，但两国之间的矛盾也很多。比如，2005年，中国政府就曾抗议日本教科书掩盖南京大屠杀。

在欧亚集团（Eurasia Group）公司首席执行官伊恩·布雷纳尔（Ian Brenner）看来，太平洋地区最大的问题是缺少一个可以调节亚洲国家关系的国际组织，以前的欧洲也是因为这个原因而遭受了许多战争（IHT，2005年5月19日）。

小　结

2004年7月10的《国际先驱论坛报》刊登了一张描绘全球经济新格局的全球经济图，图的内容参考的是高盛集团所做的一份关于金砖五国，也就是巴西、俄罗斯、印度、中国和南非的报告。根据这份报告的预测，2050年，美国、中国、印度和欧盟的GDP将分别达到35.1万亿、44.4万亿、27.8万亿和12.5万亿美元，日本、俄罗斯和巴西会达到6万亿美元左右，南非会达到1.2万亿美元。所有这些数字所表达的是人类在两个世纪之前开始经历的历史上最大的一次消费变革。

第二十章

中产阶层年轻人对手机和短信的使用（2005）

小　序

通过克里斯蒂安·利科普（Christian Licoppe，2002）、卡萝尔-安妮·里维埃（Carole-Anne Rivière，2002）、杰拉尔德·加格里奥（Gérald Gaglio，2005）等人的研究我们可以了解到，欧洲的短信业在不到三年的时间内——也就是从1999年在斯堪的纳维亚地区到2001年左右在法国和意大利——获得了全面的爆炸性的增长。里维埃所提供的一份来自芬兰官方的数字显示："1999年，在只有五百万人口的芬兰，人们在这一年中总共已经发送了六亿五千万条短信。"而根据该作者提供的另外一份来自法国橙子（Orange）公司的数字，2001年法国人的全年短信发送量为十亿条。

本章内容节选自2005年日本都科摩（NTT DOCOMO）公司在其公司杂志中用日英双语刊登的一篇我们所写的文章，这篇文章的刊登还要得益于当时布依格集团的科学顾问团。本章希望借此向读者们展现我们在微观社会梯度下所做的几个定性研究，比如凯瑟琳·勒加蕾（Catherine Lejealle，2003）在法国做的研究、玛尔歌泽塔·卡米尼柯娜（Malgorzata Kamieniczna，2004）在波兰做的研究，以及安妮-索菲·博萨尔（Anne Sophie Boisard，2004）在中国做的研究，并希望这些研究能够帮助我们发掘那些并不引人注意的使用行为。这篇文章还有另外一个目的，那就是展现上述三个国家的人们在短信使用上的相同之处和不同之处。从全球范围来看，短信消费的主力军是全球中产阶层中的年轻人，他们的特点是不停地在文字表达方面推陈出新。但与此同时，越来越多的老年人也都进入了短信使用的大潮当中。

短信使用：一种无国界的年轻人文化

在我们研究的三个国家（即中国、法国和波兰）中，短信消费者大多数是青少年。“青少年”这个词的背后其实是一个十分具有多样性的社会群体。我这里用到的是一个广义的青少年概念，它涵盖了初中一年级以上到三十岁以下的所有青少年。

在法国，使用手机短信的主要是年轻人，尤其是少年群体。杰拉尔德·加格里奥指出，78.5%的短信使用者低于二十五岁（来源：益普索市场研究股份公司）。而根据安妮-索菲·博萨尔的研究我们可以了解到，中国的主要短信消费群体也是年轻人，而且他们基本上是家庭经济条件比较不错的年轻人。波兰年轻人的短信消费发展得也很迅猛，尽管在2003年的时候波兰人的手机使用率只有44%。

上述三个国家的年轻人都是围绕着三种类型的社会关系而使用短信的：家庭关系、朋友关系，以及同事关系，尤其是同年龄段的同事之间的关系。大多数情况下，年轻人在使用短信的时候都会遵守沟通交流方面的社会准则，也就是说他们会注意等级关系，以及与对方的亲疏远近关系。比如，一位受访的年轻中国人告诉我们说，他只会给同龄人发短信，而从来不会给自己的老师发短信。因为和在其他许多国家一样，在中国，短信主要是用于比较亲密的人之间的沟通。不过，虽然年轻人在理论上也可以给自己的父母长辈发短信，但并不是所有的父母长辈都会使用短信。（2005年）我们在上述三个国家都能够看到会使用短信的年轻一代和不太会使用短信的父母一辈之间的代沟。

和所有的社会使用行为一样，短信使用行为也能体现出社会准则的三元素，即必须做的、可以做的和不可以做的。比如，年轻人给长辈发短信必须注意拼写正确，给朋友发短信可以用简写也可以有错别字，而给上司发短信是不可以的。

短信消费的启动事件既可以是日常生活中的一些小事，比如定约会、打听事情、日常问候、发段子，也可以是一些重大事件，比如西方的新年和中国的春节，这时候的短信收发量会暴增。

不管是在中国、法国，还是在波兰，短信交流都具有社会交流的四种用途。首先是实用用途，比如定约会、要楼下大门密码等。第二个是寒暄功能，比如法国比较经典的“在哪儿呢？（T'es où?）”。第三个是情感功能，比如表达爱意或者解决情感纠纷。最后是娱乐功能，比如中国人通过拼音所进行的文字游戏，或者是法国人以及波兰人的笑话段子的传播。

短信收发需要考虑到手机本身技术方面的限制，比如短信储存不可以超过十条，每条短信字数不可以超过 160 个字母或者是不可以超过 70 个汉字。短信使用另外也会受到不同生命周期中的不同的经济条件，以及不同文化中的不同的社会准则的限制。

对短信现象的社会学研究既可以运用策略分析来帮助我们理解短信在降低社会交流经济成本方面的功能，也可以运用使用行为分析来帮助我们理解短信在降低社会交流情绪成本方面的功能，同时还可以运用语义分析来帮助我们理解短信在简化交流语言方面的功能。

年轻人短信使用的主要策略：在维持社会联系的基础上最大限度地降低成本

像所有新型通信技术——比如电话、互联网，甚至某些类型的游戏机——一样，手机短信是为了丰富以面对面沟通为主的交流体系。

在绝大多数的城市文化中，年轻人在短信使用方面都会受到两大类型的制约。一个是来自同龄人的朋友圈制约，因为年轻人的朋友圈对朋友间关系维持方面的要求十分严格，年轻人在这方面花费的金钱与精力也是非常可观的。另一个制约是经济制约。这两方面的制约会让年轻人运用各种策略在保证跟同龄朋友保持关系的同时最大限度地减少通信方面的开支。而他们所运用的策略受电话和互联网运营商所推出的价格政策影响，也受自己跟父母的关系影响，因为父母是年轻人的一个重要经济来源。

手机的快速普及在一定程度上解释了短信行业从 2000 年开始所取得的成功。1993 年的时候，法国只有十七万个手机用户，但到了 2003 年的时候，这一数字变成了四千万（参见 Corinne Martin，2003）。

短信的发展与否在很大程度上取决于运营商的价格战略。拿波兰为例，2004 年的时候，在波兰用手机短信要比用固定电话便宜，所以波兰的年轻人通常会选择用手机短信来进行社交。另外，手机短信也更符合年轻人获得独立空间的需求，这也是它能够成功的原因之一。

大多数研究青少年群体的学者都曾证明过，寻求独立生活是年轻人的基本行为之一（参见 Vincenzo Cicchelli，2001，2004）。但是，独立也是有代价的，因为虽然来自父母的社会控制减少了，但来自同龄人，尤其是恋爱对象和亲密伙伴的社会控制则会相应地增加，而手机短信则是这种社会控制的一个重要媒介。所以说，跟所有的新技术产品一样，短信既有积极的也有消极的影响。

因为经济的原因，波兰年轻人在使用手机的时候基本上只发短信而不打电话。通话一般都是父母打来的电话，因为接电话是不花钱的。但在紧急情况下，手机通话会被视为一个能够快速有效解决问题的手段，价格在这时就会显得非常次要。

在波兰跟在法国和中国一样，年轻人可以通过充值卡来控制自己的手机开支，并以此让自己的父母感到放心。有些波兰年轻人还会使用一种被称为“闪电”的来电显示灯，目的是让父母或者比较有钱的朋友在看到灯亮之后给自己打过来，这样自己就不用付话费。另外，还有些年轻人会在电话音响两声之后把电话挂断，然后等对方打过来。

总的来说，年轻人会根据自己是处于移动还是非移动状态来选择自己的交流方式，而手机自然是移动状态下的首选。举个例子，一位受访的波兰年轻人告诉我们说，圣诞节的时候，与其用手机发祝福短信不如用电脑发祝福邮件，因为圣诞节的时候一般都是在家，有电脑和网络的话就没有必要花钱发短信。上班时候用办公室电脑发信息的人也是同样的逻辑。总之，手机方便但是贵，而固定电话和电脑便宜但是不方便。

年轻人或多或少都会有意识地在节省开支、维持关系、寻求方便和应急之间寻找一个平衡点。但在短信使用策略方面最为重要的一个目的还是维持社会联系。

短信在降低社会交流情绪成本方面的功能

从方法论角度上讲，被观察到的行为的多样性（diversité）是定性研究中唯一具有概括作用的信息，而定性研究中的频率（fréquence）只具有指示作用而不具有概括作用。也就是说，只要一个行为被观察到，我们就可以概括地认为这个行为也可以在别人身上出现，只不过这个行为的出现频率会因为文化、年代、性别、阶层等因素而有所不同。比如，礼节行为在波兰比在法国更受重视，吻手礼至今在波兰的年轻人当中都还很常见。也许这也是为什么波兰年轻人在发短信的时候比法国年轻人更加重视拼写正确。一位受访的二十二岁波兰年轻人曾这样说道：“我不是一个语言纯洁主义者，但我发短信的时候十分注意语法和拼写。”

中国人、法国人和波兰人在短信使用行为多样性方面非常相似，他们的短信使用行为都可以被分为四种类型：实用型、情感型、寒暄型和娱乐型。

短信的实用型使用行为包括约定见面时间和地点、考试作弊、问孩子在干什么、抓出轨等等。表面上看，实用型使用行为几乎是毫无限制的，但实际上，它会受到来自社会互动、经济条件，以及自身对手机短信使用熟练度等方面的制约，比如在我们所观察过的三个国家当中，年轻人远比年长的人更会使用手机的短信功能。

在法国，短信的情感功能主要表现在短信在年轻人建立恋爱关系过程中所扮演的重要角色。比如，对于不住在一起的恋人们来说，短信可以让他们随时取得联系。就像克里斯蒂安·利科普（Christian Lioppe）（2002）说的那样，短信可以让恋爱中的一方感到自己一直都与对方“连”在一起。所以短信有时会像毒品一样让恋爱中的年轻人感到上瘾：“（我和我的另一半）对手机像对毒品般的依赖，如果说吸毒的每五分钟得打一针，那我们就是每五分钟得打一个电话。”

短信的寒暄功能可以有一种日常仪式感，比如某些人会在每天的早上、中午和晚上给自己的另一半发短信。在这种情况下，发短信本身要比短信内容更加重要，它是为了告诉对方自己时刻都在。

与信件、便利贴、电话留言或者电子邮件一样，短信的寒暄功能是具有异步特点的，这与电话或者面对面交流的同步寒暄功能是相对的。在波兰，手机的短信箱有时就像是一本可以随时翻阅的私人日记本：“人们会重复阅读自己收到的短信，好让自己感到拥有一个非常坚固的社会关系网。”短信也可以说是一种短小精悍的、给人带来安全感的记忆工具。

当两个社会行为人之间比较有矛盾时，他们在交流的时候需要特别小心。而手机短信的情感功能指的是，它可以很有效地帮助人们缓解情感上的紧张。一位受访的波兰女生曾告诉我们：“如果我想在别人家或者酒吧里待得久一些，但又不想让我母亲担心，我会给她发条短信或者打电话。”也就是说，在发了短信之后，即便这位女生回家回得特别晚，她的父母也不会特别强烈地指责她。所以说短信可以有效地化解潜在的情感冲突。另外，不管是对于不想见面，还是想见面但是见不到面的人们来说，短信都是一个比较不错的沟通方式。

当家人之间、朋友之间，或者情侣之间有矛盾的时候，短信是一种更能够缓解这些矛盾的交流方式，因为它具有书面表达和口头表达的双重性质。短信首先是一种书写形式，但又是一种很简短的书写形式，所以不像长文那样趾高气扬；但短信同时也是一种口头表达形式，因为它用的是日常说话的口吻，所以它会让交流比较放松。这也是为什么短信在中国人的面子文化当中有着非常积极的作用。一位受访的中国女生曾这样跟我们说："在我看来，发短信比说话更能表达我们内心的想法，因为很多面对面说不出来的话用短信可以表达出来。"

用凯瑟琳·勒加蕾（Catherine lejealle）的话总结就是，话语分为无害型话语和危险型话语。发短信时的无害型话语包括"外面什么天气？""车什么时候来？""你吃了吗？"或者是"别忘了拿巧克力蛋糕"等等。而危险型话语主要是在处理矛盾时、撒谎时，或者讨论敏感话题时说的话："是我给他发短信说'对不起'的。虽然这让我很为难，但比当面跟他说对不起要容易一些。而当他收到我的道歉短信时，他会马上打电话给我。"这段来自受访者的话，表达的便是短信在降低沟通中的情绪成本方面所发挥的作用。

短信的最后一个功能，也就是娱乐功能，主要是在朋友间的短信交流中使用的。在波兰，即便是坐在一起的朋友也会使用到短信的娱乐功能，因为他们会一起读一些有趣的短信。在中国，短信的娱乐功能也很流行，尤其是围绕汉语拼音所进行的短信娱乐。举个关于拼音的例子，我与郑立华以及安妮-索菲·博萨尔（2003）曾在中国做过一项研究，在那次研究中，我们遇到过一件有趣的关于标致车的事情。法国的标致（Peugeot，漂亮的意思）品牌汽车在中国的一个广告口号是："标致为您提供最优越的服务"。但"标致"跟"婊子"的发音非常相似，只不过意思大有不同，因为"婊子"是妓女的意思，所以标致车的广告口号容易被听成"婊子为您提供最优越的服务"。中国人的短信文字游戏用的基本上就是汉语拼音的这一特点。不过，中国人还有其他的一些短信娱乐型使用行为，尽管其中的某些行为有时会招人厌。比如一位受访的年轻中国女士曾告诉我们说她"非常讨厌那些很夸张的短信笑话"，也就是黄色笑话，因为这些笑话会让她觉得很难为情，尤其是当发笑话的人是男的，而且还问她"是不是收到了那条短信"。

虽然短信可以降低情绪成本，但它同时也可能制造或者激化矛盾。总的来说，短信针对的是家庭成员和朋友间的社会交流，而它的灵活性会让人们对短信内容有着各种各样的再解释，这是我们接下来将要探讨的。

间于俳句、留言和字谜之间的手机短信息：中国人、法国人和波兰人的缩略语

就像卡萝尔-安妮·里维埃（Carole-Anne Rivière）（2002）形容的那样，短信的一大特点是它是一种“摘下了神圣面具的书写语言”。这一特点指的就是短信的语言灵活性，这在年轻人的交流当中尤为明显。短信的语言灵活性体现在三种类型的书写形式的灵活选择上，即语音型、创意型和规范型。就像我们在上文中看到的那样，短信书写形式的选择取决于发送者和接收者之间的社会关系的性质。

短信的灵活性和缩略性让短信与其他的一些语言交流形式显得很相似。在卡萝尔-安妮·里维埃看来，短信的缩略性与日本的由三句十七音构成的俳句很相似。另外，短信也跟写在便利贴上的留言很相似，因为它们都是用很简短的语言来传递和记录信息的，而且信息的储存时间通常也都比较短。最后，短信中的表情、数字符号、拟声词或者语音文字等元素又让短信显得像是一种需要破解的字谜。

短信中的特殊语言行为主要是为了实现以下几种目的：节省时间、节省字符空间、挑战权威、个性化信息，以及通过创造一种圈外人难以理解的语言来建立一个个性朋友圈。

短信语言是一种很有创造力的语言。波兰年轻人会用“esemesowac”来形容发短信，翻译成法语便是“essemesser”（发音源自“SMS”）；法国人会用“lancer une flèche（射箭）”来形容省钱的打电话方式，用“se faire attraper par un répondeur（被语音留言箱抓住了）”来形容没有在进入收费语音留言之前把电话挂上、白白浪费了几毛钱的情形。

中国短信用户的语言灵活性主要体现在输入法的使用上。人们要么会用笔画或者五笔输入法编写短信，要么会用拼音输入法，还有些人会使用外语来编写短信。总之，方式很多样。

短信语言灵活性的第三种表现是缩略语的使用。比如，在法语短信当中，“jtm”是说“我爱你（je t'aime）”；“rdv”是说“约会（rendez-vous）”；“pb”是说“问题（problème）”。在波兰语短信当中，“pozdr”是说“情况（pozdrowiena）”；“ja pow”是说“我说（ja powierdzialam）”；“odp”是说“回答我（odpisz）”。

中、法、波三个国家的人们在编写短信的时候也经常会用外文，尤其是英文来替代本国语言中较为复杂的词。比如，法国人在写“今天”的时候会用英文“today”来代替法语的“aujourd'hui”。

在波兰，人们还会通过使用大写字母代替空格来节省字符空间。而中国人会通过删除标点来节省字符空间。

还有种比较复杂和有趣的短信语言行为是拟声词的使用。比如，法国人在说“一直都是我在给你打电话（c'est moi qui t'appelle toujours）”时会写“C moi ki tapel toujours”（参见 Carole-Anne Rivière）。中国人在写“you and me”的时候有时会写“u & me”。

还有一种常见的短信语言行为是具有字谜特点的表情符号的使用。比如，在波兰，“：o）”表示“我很高兴”，“：o（”表示“我不开心”，“;）”表示“我开玩笑”，“：-/”表示“我不确定”，“：-@”表示“我想喊”。

总之，短信中的错字并不总是真的打错了。很多时候，错字的使用是为了挑战权威、节省时间、节省字符空间、建立个性化语言体系，或者是为了让文字更有诗意。

小　结

短信缩略语有一些“缩头术”（jivaro）的意味在里面。有些人觉得短信语言是对传统语言的一种威胁，另外一些人则会认为短信语言是年轻人建立自我归属的一种方式，还有些人会担心短信语言让年轻人在找工作的时候显得无法适应社会。所有这些观点体现的其实都是手机短信的矛盾性：它既是一种创新，也是一种叛逆；既是一种社会身份构建，也是一种社会隔离。

另外，短信也是两种创新技术结合的产物：一个是让交流变得更加通畅的电子书写技术，另一个是让沟通更加有移动性的手机技术。而这也是手机短信既灵活自主又深受限制的原因。另外，手机短信既可以为人们带来独立空间，也可以将人们置于监控当中。

短信也是代沟的一种体现，因为就目前看来，短信的主要使用群体是年轻人。但在性别方面，短信是没有界限的，只不过，短信语言是否有性别差异这一问题并不是特别好回答。另外，短信针对的基本上是朋友间和家人间的交流。

最后要强调的是，虽然中国、法国和波兰这三个国家表面上有很大的文化差异，但通过研究我们可以发现，这三个国家年轻人的短信使用行为的多样性结构非常的相似。三个国家的不同处只是在于手机的普及率和朋友间或者家人间的交流方式有所不同。像大多数新科技产品一样，手机短信的普及并没有打乱已有的家庭、朋友和工作关系，而是很好地嵌入到了其中。

第二十一章

数码经济在法国、中国和非洲的开端（2006）

小　序

“在阅读《国际先驱论坛报》2003年10月27日刊登的一篇文章时我了解到，当当网是中国最重要的网上购书平台之一。当我们登录到当当网的时候，我们还会发现，当当网不仅卖书，它同时还销售各类电子数码产品，比如900元到2300元不等的iPod、1万元左右的戴尔以及IBM电脑、60元左右的成套DVD，以及情趣用品、首饰、箱包等等。”（参见D. Desjeux，2006，L’Harmattan）

当当网：一个关于数码物流平台发展的案例

当当网的创立经过了许多步骤。这些步骤所体现的是任何一个创新技术在获得普及时所必须经历的社会过程。其中一个十分重要的步骤是消费者的接受，它决定了创新技术的存亡。

“当当网是在1999年由一对夫妇共同创办的，他们分别是李国庆先生和俞渝女士。他们参考的模板是电商巨头亚马逊和易趣网……

“当当网创办初期，许多人对此都是持怀疑态度的。一方面，人们不太认为在当时的互联网环境下，电子商务可以顺利地做下去；另一方面，中国消费者和其他许多国家的消费者一样，他们中的绝大多数人对网上购物并不太放心。

“所以，当当网的发展需要经历另外一个步骤，那就是建立扩大网上购物所需的物质、社会和文化条件。

“于是，当当网的创始人先是在北京租了一个厂棚，然后在里面建立了一个拥有二十万本图书的大型实体仓库。同时期，法国的阿尔马丹（L'Harmattan）出版社也建立了一个很大的二手书仓库，用于支持自己的网络销售。事实上，直到 20 世纪 90 年代末，中国人并不比法国人更习惯网上购物（参见 D. Desjeux，F. Clochard，2001）。他们对上网和信用卡支付都不是特别的熟悉，而且对商品的派送都不是特别的信任。"

总之，要想把美国的电商模式搬到中国，就必须重新考量中国人日常消费中的障碍，以及这些日常消费中可能蕴含的机遇。而在 2003 年的时候，俞渝女士发现，中国人爱骑自行车和现金支付的习惯正是一种可以加以利用的机遇。

"由于中国的信用卡支付非常不发达，而且也没有像美国联合包裹运送服务公司（UPS）这样的快递公司，当当网需要让自己的电子商务与中国的实际情况相匹配。'于是他们在中国的十二座城市中与三十多家自行车快递企业合作，并且让快递员直接收取现金，然后再把收取的现金上交给地区总部。'据 David W. Chen 提供的数字，当当网现在（2003 年）拥有 148 名员工，平均每天处理的订单有 4000 份。"

如今，也就是 2017 年，电子商务在非洲的起步与当年当当网的发展模式非常相似。根据 2016 年 11 月 10 日《回声报》周末版刊登的一篇文章我们可以了解到，非洲电商企业吉米亚公司在非洲的发展也遇到了许多物流瓶颈，比如经常性的断电、汽油供给不足、洪水等等。与 21 世纪初的法国网购市场一样，非洲的网上消费在 2016 年的时候只占所有非洲中产消费的 3%到 4%（p. 22）。

与俞渝女士在 2003 年推行的物流模式一样，吉米亚公司在使用本公司内部运输车辆的同时，也与好几家小型的私人运输公司开展了合作，并且"快递司机同时也是收款员"（p. 24）。90%的非洲网购者都选择现金到付。不过，电商的发展似乎也带动了电子支付的发展，比如橙子（Orange）电信公司在非洲推出的移动支付（Mobile Money）。

这里要指出的是，最早的一批电子支付方式在 21 世纪初就已经出现了，也就是说，电子支付的普及需要十五年之久（参见 http：//bit. ly/2001 - 2014 - desjeux-porte-monnaie-electronique）。

如今，随着阿里巴巴的发展，中国消费者已经可以在货到时现场验货，然后决定自己是否要付钱收货。

电商发展的社会条件

物流条件建立之后的下一步是关于消费者的接收方面的推广。“俞渝女士希望通过对仓库和消费者的日常观察来提高当当网的运营质量。在观察中她发现，当当网的典型消费者是‘男士，年龄在25到35岁之间。他们在自己的工作地点进行网购，一般都是在午饭时间或者是下班前的那段时间，但很少在周末期间进行网购’。网上卖得最好的书是关于经商和教育孩子的，小说和烹饪书籍则卖得并不是特别好”。也就是说，网上的畅销书针对的是中国中产阶层当时最关心的两个话题，那就是如何挣钱和如何教育子女。

2001年我们发现，法国家庭的物质条件和社会分层与中国家庭是比较类似的。首先，只有大概30%的法国家庭拥有电脑，而家用电脑是网上购物的一个核心元素。另外，1997年只有4%的法国家庭拥有网络，这一数字在2000年也只达到了14%。这正是为什么在21世纪初的时候，只有3%的法国家庭在网上购买过东西（参见D. Desjeux，Fabrice Clochard，Isabelle Garabuau-Moussaoui，2001）。不过，法国的家庭网络拥有率从2000年的14%迅速攀升到了2011年的77%。所以，到了2015年的时候，使用过网络或者手机购物的法国家庭比例已经达到了64%。

2001年的时候，网络购物还是一个很小众的市场，而且社会门槛比较高。根据生活条件研究观察中心（Credoc）提供的数字显示，在没有大学文凭的法国人口当中，只有11%的人拥有电脑，而在企业或政府从事高管工作的人口当中，电脑拥有率达到了79%。另外，后者中有73%可以在家中或者工作地点上网，而工人阶层中只有13%的人可以上网。最后，法国网络普及率最高的地区是在巴黎。所以说，在法国，网络购物与社会阶层是息息相关的，社会经济地位最高的家庭基本也都是多媒体设备最齐全的家庭。这与玛丽·道格拉斯（Marie Douglas）和巴伦·伊什伍德在1979年发表的研究结果是一致的——他们的研究显示，在英国，经济条件越好的阶层，各种家用设备的普及率就越高。所以，尽管网络购物在21世纪初的时候还是比较少见的，但在这些少有的在网上买东西的消费者当中，经济条件优越的城市人占了绝大多数。

《星期日报》在2001年7月6日刊登的一篇文章显示，在十五年前，“法国人的钱主要花在（按序排）旅游、买光碟和买书上”。在2000年的圣诞节消费中，“41%是唱片影碟消费，37%是电子信息产品消费，27%是图书消费，16%

是玩具消费，10%是文化场所门票消费，9%是电子游戏消费，7%是食品消费，3%是酒消费”。（来源：Taylor Nelson Sofres Interactive，2001 年 1 月）

“富裕阶层和高级中产阶级消费的主要是文化和电子信息产品……各种不同的数据源显示，这部分消费者群体人数在七十万到一百五十万人之间。”（参见 D. Desjeux，Fabrice Clochard，Isabelle Garabuau-Moussaoui，2001）2015 年，服装成了第一大消费品，但图书和电子信息产品消费依然能够排到第二和第三位。旅游消费虽然没有太多的增长，但根据来自英国网站流量监测和广告营销方案提供商特文加公司（Twenga-Solutions）的阿德里安（Adrien）在 2016 年 6 月 8 日提供的数字，我们基本可以断定紧随其后的是旅游消费。

2000 年，法国的创业企业并没有能够腾飞，因为这些创业企业全部都在电子信息领域，而当时家用电脑的普及率还很低。但到了 2006 年左右的时候，法国家用电脑的普及率超过了 50%，这时的法国创业企业得到了迅猛的发展，因为这些没有实体店的小企业比传统的企业更有成本优势。

这些创业企业所代表的是一种新型的数字经济模式。它们的特点是工业资本低、市值高、员工少。与雇佣员工相比，这些企业更倾向于把自己的一些业务外包给别的小公司或者是自由职业者。虽然创业企业付给自由职业者的酬劳很低，但总归能够帮助他们避免失业。数字购物平台的建立要么能够让网上商品的价格降低，要么能够给消费者提供一些由第三方买单的免费礼品，就像奥利维尔·博姆赛尔（Olivier Bomsel）在其 2007 年出版的《免费!》（*Gratuit!*）一书中提到的那样。在这本书中，作者尤其展现了传统工业经济和现代数码经济在投资、运营成本以及价格方面的差别。

但这种新型的数码经济模式是具有两面性的：一方面，它在一定程度上解决了失业问题，并提高了消费者的购买力；另一方面，它牺牲的是本行业中的就业者的社会保障。这在法国和中国都是如此。

这里要指出的是，消费社会在法国辉煌三十年时期的发展主要得益于全民社保体系在战后的建立与完善，因为它让过去习惯于把工资存起来的人们更加倾向于拿工资消费。相比之下，中国家庭的储蓄率依然非常高，即便不储蓄，中国人也更倾向于买房子。

通过比较 21 世纪初的法国、中国，以及 2015 年的非洲，我们可以看到，物流以及物质条件对电子商务的发展是有决定性影响的。如果没有足够的电力能源，没有良好的交通条件，没有电子支付方式，没有电脑或者手机在家庭中的普及，电子商务是很难有所发展的。虽然技术条件并不能够决定消费者对创新产品的使用行为，但它在很大程度上决定了创新产品在消费市场上的被接收程度。

许多学者在比较分析不同国家中产的时候喜欢用“资本主义”这一万能概念来对中产现象进行解释，中国问题专家罗卡（Jean-Louis Rocca）的一篇题目为《比较不可比较的：中国与法国的中产》（2017，*Comparer l'incomparable*：*La classe moyenne en Chine et en France*）的文章便是这类分析的一个代表。然而，上述的案例分析证明，我们是能够通过物质文化和消费视角，通过单纯描写事物发展背后的社会逻辑，来比较分析不同国家的中产阶级的。但要指出的是，罗卡在其文章中很好地分析了一些中国学者是如何从政治角度出发，利用“中产”这一概念来弱化中国社会在进入到21世纪之后所经历的社会变革的。另外，作者在文章中也探讨了一个虽然没有答案但却很有讨论意义的问题，即中产和贫困人口之间的界线问题。但与罗卡不同的是，我认为，如果从消费行为角度出发的话，中、法两国的中产是很有可比性的。

小　结

当当网的发展历程可以从很多方面来帮助我们理解新生事物发展背后的社会逻辑。

“当当网的创始人首先是一个经历过层层挫折和考验的人。这些挫折和考验是他的力量源泉。他也是一个去过许多地方的人，这让他能够在文化的对比中获得宝贵的知识。

“……不过，他最值得称赞的地方还是把图书最初期的网络销售建立在当时中国既存的物流条件之上。”

其实，法国邮政也用过类似的一个策略，当信件业务大大减少的时候，法国邮政看到了网购发展所带来的快递市场，并及时地参与到了其中（参见D. Desjeux 等，2005）。

“至于图书和新型电子产品网络销售的未来发展趋势，我们现在还很难预测。我们现在能够知道的是，由于这些商品的体积较小，很容易被放进信箱，所以邮递业常说的‘最后一米’问题在这里并不是一个很大的问题（参见Desjeux D. Monjaret A. ［dir.］，1999）。

“当当网的案例最主要的一个价值是它让我们看到了，把一个文化中的创新技术以及经营理念移植到另一个文化时，这一过程需要的不仅仅是创业者的个人能力，它同时也需要许多有利的社会条件。”

另外，这个案例还告诉我们，一个创新技术的社会普及是一个相对较长的过程，它至少需要十到十五年的时间。拿网络购物来说，它的推广需要等待物流条件的完善、电子信息设备的普及、电子支付技术的成熟，以及信贷资金的支持。最后，它还需要来自社会财富分配方面的消费条件。

第二十二章

用人类学视角来看 2008 年的全球经济危机（2009）

小　序

自从 2007 年 7 月份、8 月份的次级贷危机诱发了 2008 年 9 月爆发的金融危机以来，我们进入了一个充满不确定性的时期。一切形势都变得模糊了起来，人们会抛出各种各样的问题，也会给出各种各样的答案。

我自己也在尝试建立一套观察体系，目的是在危机中能够更好地掌握风险、把握机遇。但同时，我又会告诫自己不要陷入不管是来自统治者还是被统治者的意识形态陷阱。

为此，我着重观察事物的两面性，并通过观察梯度法来还原事物的多样性，避免对事物做出单一的解释。另外，我也更着重于观察具体的社会行为人，以及他们是如何在互动系统中进行决策的。我所运用的方法是归纳法，它是一种具有探索性和实用性的研究方法。

我在这里要探讨的是当今社会所面临的三大不确定因素。我的目的绝不是要做出一套全面、完整且具有一致性的分析，而是要为大家提供一个对危机的人类学解读。我对逻辑上具有高度一致性的论证是持怀疑态度的，因为一致性并不是科学的特征，而是妄想症的特征。阴谋论便是建立在妄想症解释体系下的一种理论模式，它的特点是给问题的出现找出一个——而且是唯一一个——罪魁祸首。它的另外一个特点是用阴谋来解释负面现象，这种因果链看似一致，实则毫无根据。事实上，一个没有根据的解释理论的特点正是它表面上的无懈可击（就像我在本书第六章提到的那样），我是在研究非洲巫术现象时发现这一点的。用阴谋来解释不幸的思维方式是所有人类社会所共有的，它的作用是缓解人们因为无法确定不幸发生的原因而产生的焦虑。从这个角度上讲，阴谋论是具有一定社会作用的，但同时，它也会诱发专制甚至是集权主义性质的政治势力抬头。

2009 年 1 月，米歇尔·舒克鲁恩（Michel Choukroun）邀请我为一批专门投资商业中心的金融家们做一个关于 2008 年经济危机下、有关消费的人类学报告。本章内容便是源自这份报告。给金融家们做人类学报告绝非易事，但它又是一件让人兴奋的事情。之后，沙维尔·沙彭蒂耶（Xavier Charpentier）将我的这份报告登在了他的自由思想 2.0（FreeThinking 2.0）咨询公司的官网上。本章内容的主要目的是要向读者展示，归纳法如何能够帮助我们在危机之中去分析危机，并发掘危机对未来的影响，而不是要等到十年之后亲眼看到各国进行的贸易战才体会到 2008 年经济危机的深远影响。

当今社会所存在的三种不同性质的不确定性：历史性质、应用性质、社会性质的不确定性

第一种不确定性是关于 2008 年危机的解释分析，尤其是对它与 1929 年危机的相似度的分析，以及对它们强度的分析。后者可以帮助人们判断该危机对消费影响的严重与否。

第二种不确定性关注的是如何解决危机，也就是如何让生产和消费得到恢复，如何让银行、企业、劳动者走出各自的困境，如何在宏观调控和市场调节中重新找到平衡的分析。

最后一种，或许也是最重要的一种不确定性是关于 2008 年危机所造成的社会后果，比如失业、破产、购买力下降等，以及该危机会带来的机遇，比如创新方面的或者可持续发展方面的机遇。

经济危机带来的地缘政治挑战

对于企业来说，它们在未来五、十、二十或者三十年内所要面临的一个巨大挑战是如何从过去的无限增长模式过渡到绿色增长模式。在无限增长模式当中，人们忽略了经济生产所带来的环境损失和资源稀缺性的加剧。而在绿色增长模式中，人们会更加重视环保和节能。但问题是，哪些企业如今能够在保证利润和就业的情况下采用绿色增长模式？目前的答案是很少！

但是，当我们看到许多国家，尤其是金砖国家之间展开的激烈的原材料竞争，当我们看到中东以及亚洲一些国家已经开始租用非洲土地进行小麦、玉米、土豆之类的农作物生产，我们会意识到，绿色增长模式已经变得刻不容缓。

事实上，这些中东和亚洲国家之所以会租借非洲的农业用地是因为它们担心将来的农业用地或能源产地会越来越少。2008 年 12 月 9 日《回声报》刊登的文章显示，日本、中国、印度、约旦、黎巴嫩和埃及正在尝试租借苏丹、乌干达、喀麦隆和莫桑比克等国的农业用地。而韩国也在尝试租下马达加斯加一半的农业用地用来种植玉米（不过后来韩国的这一愿望并没有实现）。

这些国家租借农业用地还有很重要的一个原因，那便是 2008 年的经济危机使农产品价格暴增。所以它们的做法也是为了巩固自己的能源粮食储备，预防会随着能源粮食危机而产生的社会动荡（参见阿兰·卡尔森蒂（*Alain Karsenty*），《回声报》，2009 年 1 月 15 日）

2008 年的前六个月期间，玉米、小麦、大米的价格几乎翻了一番。但随着股市和石油价格在 2008 年末的崩盘，这些农产品的价格也开始暴跌（《解放报》，2008 年 12 月 22 日）。

在我看来，食品能源安全上的不确定性是当下贸易保护主义盛行的主要原因之一，因为各国都希望通过设置贸易壁垒来保证本国的食品能源安全，以及保证本国的就业稳定。从人性角度来讲，贸易保护政策是合情合理的，但它会给地缘政治形势带来消极的影响。

对于在非洲工作过八年，并且在非洲、中国以及巴西等地做过不少调研的我来说，这一轮的国际竞争意味着西方殖民历史的真正结束。在 1885 年的柏林会议上，欧洲国家开启了对全球资源，或者至少是对非洲中部资源的瓜分，并且强行制定了有利于自己的全球社会经济秩序。

火烧圆明园事件便是当时欧洲强权政治的一个体现。时至今日，圆明园的每个角落都能够勾起人们对这个事件的回忆，而且这段历史也并没有完全的结束（比如中国曾要求法国归还流落到那里的圆明园铜像）。历史学所说的欧洲枪炮政策是在 1907 年结束的，但每个国家的人们对此都还记忆犹新。如今，地缘政治中的一个重要目的是建立有效的和平谈判机制，从而避免枪炮政策的再次出现，尽管伊拉克战争似乎预示着这一政策的死灰复燃。

国际和平与否在很大程度上取决于全球自然资源的分配方式，但在当今的国际局势下，任何国家，包括美国，都不可能独自掌握全球自然资源的分配。

事实上，第一次世界大战爆发的一个原因很有可能是 1815 年建立起的不列颠治世没能在殖民地资源分配上满足各工业国的要求，尽管这并没能影响西方国家对第三世界的统治这个总体格局。

然而，如今的地缘政治问题和当年的地缘政治问题并没有根本上的不同，因为它们都是围绕着对能源的争夺展开的，只不过，不列颠治世变成了美国治世。

2008年，中国的国内生产总值达到了35 000亿美元，中国成了世界第三大经济体。排在第二位的是日本，国内生产总值为44 000亿美元。第一是美国，国内生产总值为138 000亿美元。而法国排在第六位，国内生产总值为25 000亿美元。

所以，为了保障中国的经济安全，中国政府在全球最大的矿产企业力拓集团投资了195亿美元，在巴西的石油市场投资了100亿美元。另外，中国在委内瑞拉、非洲和中东的一些国家也都进行了能源方面的投资（参见《国际先驱论坛报》，2009年2月21日）。

在过去的十五年当中，像沃尔玛这样的美国企业从中国进口了大量产品，这让中国拥有了庞大的美元储备。

目前，国际竞争基本上是以和平的经济方式进行的。但是，由于各国对自然资源方面的担忧，资源竞争丝毫没有减弱，而可持续的绿色经济增长模式也一直都还是个未知数。这种强烈的不确定性让发生国际战争的可能依然存在。

生态环境上的不确定性

人们对生态环境的未来也是未知的。纵观全球，有多少国家能够真正地将生态环境问题纳入经济政策当中？又有多少国家能够在生产、消费和减排之间找到平衡？

2008年12月29日的《回声报》在其附页中介绍了地球科学（*Géosciences*）期刊所刊登的一篇跨国研究报告。该报告指出，有一股来自大西洋深层的寒流会在一定程度上缓解全球变暖问题。另外，如果我没有理解错的话，一支来自英国杜伦大学的科学团队也指出，如果该寒流重新开启，格陵兰岛的冰川或许会停止融化。

另外一个环境不确定性是关于石油储量的。2009年1月9日《回声报》的一篇文章指出，自2000年以来，包括加拿大天然沥青在内的新发现的油田让全球的石油储量增加了足足有3300亿桶。但尽管如此，石油资源预计还是会在大约五十年之后枯竭。

总的来说，生态环境之所以是个让人十分担心的问题，更是由于它的问题源有很多种。比如如果我们分析垃圾问题的话，我们会觉得企业生产是垃圾问题的主要原因；而如果我们分析能源浪费问题的话，我们又会觉得家庭是能源浪费的主要来源。但即便是在第二种情况下，我们还要细分，比如，到底是能够自主控制暖气温度的家庭，还是室内温度由供热企业控制的家庭浪费能源多。所以，当我们说对现象的单一解释很容易让我们进入到误区的时候，生态环境问题便是对这一点的很好体现。

社会公正问题

2008 年经济危机带来的同样还有社会公正问题，尤其是关于失业方面的。根据国际劳工组织的数据，2009 年全球的新增失业人数为 5100 万，而失业直接威胁到的便是生计。同时，必需品消费比例的增加也让人们对失业感到更加担心。

法国国家统计局的数字显示，法国家庭的住房消费，比如房租、水电、物业费等，在总的家庭开支中的比例从 1985 年的 18%攀升至了 2005 年的 22%（《解放报》，2008 年 11 月 15 日）。通信费用比例从 1960 年的 0.6%攀升至了 2006 年的 3.3%。而根据媒体与多媒体消费观察家（Observatoire des Dépenses Médias et Multimédias）提供的数字，如果我们单独看多媒体和数码娱乐消费（比如手机、CD、DVD、电子游戏、GPS）的话，这部分支出在家庭总支出中的比例为 8%（《回声报》，2008 年 10 月 20 日）。所有这些数字都表明，在过去的二十到三十年间，法国人的购买力“下降”了 10%到 12%，即便“购买力下降”这种说法其实不是特别确切。而就像恩格尔定律（1857）所能预测的那样，社会底层的“购买力下降”是最为明显的。恩格尔定律是德国统计学家恩格尔在 19 世纪通过分析家庭食品支出总结出来的，而我在研究交通、城郊生活，以及家庭债务时发现，恩格尔定律也同样适用于现代家庭的电费和交通支出。总之，家庭经济条件越差，住房支出、能源支出、交通支出和通信支出等现代生活中的硬性支出所占的比例就越高。

而这也是最触动人们心绪的一个危机后果，因为它直接关系到了我们每个人的日常生活。正是由于危机也有人文关怀方面的影响，这让危机变得更加复杂，也让危机在政治层面的彻底解决变得更加棘手。

关于危机源头和解决方案的不确定性

不管是历史层面、生态环境层面，还是社会层面的不确定性，都让人们对2008年的经济危机感到十分的担忧，尤其是当人们无法找到危机的罪魁祸首时。银行、政客、媒体、工会、为企业干活的科学家都分别扮演过头号罪人的角色，但没有人能够确定谁才是引发危机的真正罪人。而与此同时，没有任何一个决策者知道如何彻底解决危机，因为在全球性的危机当中，没有人能够单独拥有解决危机的杠杆。所以，在一头雾水中，每个人都对未来感到担心。

这也是为什么我们说危机是社会运动的重要导火索。危机中的人们希望通过示威来获得安全感，他们甚至会支持极端政治势力上台，比如左派的"新反资本主义"（NPA），或者是右派的带有波拿巴主义或戴高乐主义色彩的政党。

如今，所有的政治、经济和社会决策者都需要同时在宏观和微观层面上保证经济效率，维护社会公正，以及保障物流安全和网络信息安全。

然而，在总结了所有我所做的关于法国以及关于其他国家的实地调查和文献研究之后，我发现，无论是在全球层面还是在国家层面，都没有一个政治经济中心可以有效地做到上述几点。每个国家都在用着各自的方法解决各自的问题。比如，中国会在原材料和农业用地上下功夫，美国和俄罗斯会在如何获取天然气以及如何打击亚丁湾海盗上动脑筋，澳大利亚最着力应对的则是本国小麦的供给不足，等等。

当然，危机的解决办法也可以在微观层面中找到。比如，瓦特科（Watteco）公司发明的瓦特脉冲交流（WPC）技术可以有效地节省家庭耗能（参见《回声报》，2009年2月11日），而家庭耗能的节省是一个相当重要的能源节省。超市塑料袋的禁用（参见J. Bédier，《回声报》，2008年12月6日）、无包装食品的推广（比如广州的家乐福超市）、Web 2.0的应用、新型宏观金融政策的制定、集体行动的开展等也都是缓解危机的办法。

科技创新中的布朗运动既为有能力的人们带来了机遇，也给处在不利经济地位的人们带来了恐慌。而后者经常是占大多数的，至少在法国是这样的。

2008年危机与1929年危机是否具有相同性质?

加尔布雷斯（Galbraith）所著的于1954年出版，并在2008年由帕约（Payot）出版社再版的《大崩盘》（*Le grand crash*）一书非常值得一读，因为它是在大萧条之后的几年内写的，所以极具洞察力。通过阅读这本书我们会意识到，我们当前所经历的经济危机并非史无前例，而是资本主义在一个半世纪以来所经历的所有周期性危机中的一个。尤其需要指出的是，它与1929年的经济危机一样，都与金融杠杆货币量大而实际资本量小的特点有关。另外，本次危机中银行与国家政府在银行准备金率问题上的分歧也不是头一次，尽管法国金融系统的特点是它在准备金问题上一向谨慎。总之，所有周期性危机背后的机制都是，杠杆力度越大，投资越猛，而因为投资无法回本所引发的危机强度就越高。金融杠杆的这一特点与融通汇票有些相似，尽管二者在运行机制上有所不同，但它们在系统崩溃后产生的多米诺效应是一样的。

另外，每次的危机也都有金融骗子的存在，古有惠特尼（Whitney），今有麦道夫（Madoff）。

而这些周期性危机的最大的共同点是期货价格的下跌。比如现在正在下跌的大米、小麦和玉米价格。除了粮食之外，金属价格在危机中的下跌也很厉害。据2008年12月4日《回声报》所刊登的来自巴克莱资本的数据显示，铜、铅、锌目前的价格下跌幅度甚至超过了1929年危机时的价格下跌幅度。要知道，1932年的时候，铜的价格只有1929年危机爆发前的价格的35%，而且一直到1936年它的价格都没有得到完全的恢复。

金属在很大程度上决定了第二产业规模，但同时也会影响到服务业，尤其是与交通运输有关的服务业。总之，金属价格与能源价格和通货膨胀率一样，都是经济生产的一个重要指标。这一点十分的重要，因为关于2008年危机和1929年危机相似性的争论在一定程度上就是围绕这一点展开的。根据经济历史学家奥克尔（P. C. Hautcoeur）提供的数字，1929年到1933年期间，美国的经济生产下降了25%（参见《解放报》，2009年2月28日）。而就现在的数字来看，整个欧洲的经济生产目前只下降了2%。如果这么比的话，2008年的危机似乎并不是特别严重。

2008年10月开始，工业领域的电消费先是下降了6.7%，接着又下降了14.6%。造成这一现象的原因主要是汽车行业、化工行业和冶炼业的减产。经济生产的另外一个重要指标，也就是空运量，在2008年一年的时间内减少了19.7%（参见《回声报》，2009年2月17日）。同样，企业贷款和房建也从2008年第四季度开始急转直下。另外一个经济衰退的指标，即通货膨胀率，从2008年中期的3.5%下跌到了2008年末的1%（参见《回声报》，2009年1月15日）。这是法国的数字，而同一时期欧元区的通货膨胀率则从4%下跌到了1.5%（《回声报》，2009年1月7日）。最后，原油价格在短短六个月时间内从每桶150美元跌至每桶40美元不到。

石油价格的过低虽然会制约精炼业和可再生能源业的投资发展，但它可以让运输船不必再从苏伊士运河经过，而是从好望角经过，尽管航运时间会因此增加七天。

事实上，由于海盗事故多发，保险公司大幅度提高了亚丁湾地区的航运保险费用。因而，以现在的汽油价格，船运公司从好望角走比从苏伊士运河走要更划算（参见《回声报》，2009年2月9日）。

在《1929年危机》（A. Colin，1973，p. 161，*La crise de* 1929）一书中，作者雅克·内雷（Jacques Néré）认为，1929年的经济危机主要体现在消费价格的下跌，以及失业和破产的增长。价格指数先是在1929年跌到了95.3，接着在1932年跌到了64.8，而在1938年价格指数也只回升到了78.6。更重要的一点是，直到1939年，美国的国内生产总值还没有恢复到1929年的水平。就像雅克·内雷指出的那样，美国经济依靠的是“通过增加财政赤字不断地向市场注入新的购买力”（p. 163）。

事实上，经济学家保罗·克鲁格曼（*Paul Krugman*）在2009年2月17日的《国际先驱论坛报》中也同样指出，当时美国之所以能够走出危机，是因为它增加了大量的公共工程，而其中最为重要的是二战时期的军需生产。

美国在二战时期实现了全面就业，劳动者的工资也得到了提高。与此同时，通货膨胀率控制得比较稳定，私有企业的资金也很充沛，几乎都不需要贷款。当然，克鲁格曼并不是说战争是走出经济危机的一个办法，而且他也认为，就目前来看，第三次世界大战不太有可能爆发。他通过二战的例子想说明的是，增加投资才是走出危机的最好办法，而现在的投资规模还远远不够。

对1929年危机的理解可以帮助我们更好地应对当前的危机，因为这两次危机有着非常多的相似处。比如，股市的下跌、流动资金的缩减、石油价格的下跌、贸易保护主义的抬头、失业的增加、通货膨胀率的降低，以及对增加财政赤字问题的讨论。而两者不同的是危机的严重程度，以及为走出危机而采取的国际协调模式。

小　结

一切数据似乎都在告诉我们，目前的经济危机不会在短时间内得到解决，它会像1929年的那次危机一样以各种各样的形式持续存在十年左右，但同时，这次危机似乎并不会像1929年的经济危机那般严重，尽管对于欧美人来说，这次危机给他们带来的心理打击非常大，因为他们已经习惯了优越的物质条件。

现代全球化结构在18世纪就已经形成，国际原材料竞争也是早期殖民主义发展的一个动力，所以说，这两点都不是2008年经济危机中的新特点。这次危机与以往不同的地方在于以下两点：一个是当今国际势力关系与以前相比发生了很大的变化，另一个是今天的人们似乎更倾向于国家的宏观调控而不是市场的自由调节。

保罗·克鲁格曼指出，在罗斯福上台之前的三十年间，美国是奉行自由经济主义的；罗斯福上台之后的三十年间，美国是奉行国家干预主义的；到了里根的时候，美国再次开始奉行自由经济主义；而三十年后的今天，因为危机的存在，美国选择了奥巴马的国家干预主义。

很多迹象都在表明，在经历了由五月风暴带来的自由主义高潮之后，法国也因为危机的存在而进入了一个以各种禁令出台为标志的国家干预主义时期，比如对在公共场所吸烟、在开车时使用手机、酒驾、超速、线上赌博等行为的禁止，以及为降低肥胖率和癌症率而推行的饮食政策。为了让这些政策得到顺利实施，政府使用的是维护公共健康和公共安全的口号。虽然这些口号很符合人们的道德标准，但它也意味着西方现代“个人主义”意识形态的渐渐消失。

另外，国家也越来越意识到公民对电子新科技在信息监视方面的担忧，所以也出台了许多有利于公民信息保护的政策。

但不管怎样，当国家的社会控制和公民的紧张情绪在危机中相结合的时候，极端宗教势力和强权政治势力就有可能会破坏现有的民主体系。我的感觉是，社会需要尽快地从不确定性和不安感中走出来，否则就会陷入极左或者极右统治的桎梏中。

在危机后的几年里，金融系统开始逐渐稳定，国际贸易也开始回暖。然而，某些因素似乎让国际形势再次回到了危机时的不稳定状态。

第二十三章

全球中产阶层的此消彼长和消费在分析新国际形势中的作用（2011）

小　序

“西方”在19世纪初到20世纪60年代一直都占据着世界中心的位置，但在今天，它的这一地位已经不复存在，尽管它在地缘政治中的角色依然很有分量。就像我在收录了二十多篇文章的《经济危机下机灵的消费者》（*Le consommateur malin face à la crise*）的合辑中的第五章提到的那样，西方世界虽然没有没落，但它已经失去了绝对统治地位。

表面上这是很显而易见的一点，但实际上，要想真正理解这一点，我们还需要很努力地去看清当前新的国际势力关系，以及这背后所有的深层结构变化。在这些变化中，最具战略意义的是全球中产阶级的重新分布，因为它直接关系到全球的原材料和农产品价格，以及欧盟的“共同农业政策”（Politique Agricole Commune）。

除了西方失去了中心地位之外，另外一个很重要的事件是，从2000年开始发展起来的全球中产阶层人口在2010年的时候已经达到了18亿，也就是全球总人口的28%。而2050年的时候，全球中产阶层人口预计会达到50亿。另外，在2010年6月份的《另类经济学》（*Alternatives economiques*）杂志中，经济合作与发展组织在保留意见的前提下援引了路易·马林（Louis Marin）的一个预测，那就是，未来新增的中产阶层主要会集中在亚洲。

而我在本章内容中主要想展现给读者的是，从消费角度去分析全球化现象的话，我们会发现中产阶层在全球范围内被重新划分。一方面，发达国家中最底层的中产阶层的购买力受到了严重的威胁，他们将来在消费上会更加节省；而另一方面，新兴国家的中产阶层的购买力在整体上会得到大幅提高，“他们在

2030年的消费支出会是现在的2.6倍"。预计到2020年的时候，中国会是全球第一大消费市场。而在未来的二十年里，亚洲中产在全球中产阶层人口中所占的比例会从现在的28%攀升到66%，欧洲和北美则会从54%锐减到21%。在这一过程中，全球的饮食消费结构将会发生很大的变化。

全球高级中产阶层人口在21世纪第一个十年中的三倍增长

全球第一大消费群体——高级中产阶层，这一群体在全球范围内的人口数从2000年的两亿增长到了2009年的五亿六千五百万人，这是一个非常巨大的增长。高级中产阶层（在2009年年末）的定义是每年的可支配收入在5300欧元和31 600欧元之间的群体（平均17 530欧）。这一数字看似不多，但从平均上讲，它是中国最低年工资的十倍有余，所以并不是一个小数字。

全球高级中产阶层中的一半来自中国、巴西和俄罗斯为代表的新兴国家。"根据约翰尼斯·朱汀（Johannes Jütting）的预测，虽然中国和印度的消费量目前在全球所占的比例只有10%，但这一数字在2050年将会达到50%。"

从方法论角度上讲，约翰尼斯·朱汀关于中产阶层的数据来自"德国安联保险集团的一份研究报告。这份报告覆盖50个国家（这50个国家的人口和国内生产总值分别占全球的68%和87%），比较的是包括银行存款、股市投资和保险投资，但不包括房产在内的个人私有财产"。（参见http：//extreùecentre. org/2010/11/11/la-classe-moyenne-mondiale-a-triple-en-dix-ans）

不过，在我和王蕾于2011年所做的定性研究中我发现，在我们所采访的中国人当中，不少人有三四套房产。这说明，房产在中国是一个非常重要的资产形式，尤其是在当今中国房价爆炸式增长的情况下。

所有这些数字并不一定能够准确地反映现实，但全球中产阶层人口和消费的暴增是毋庸置疑的。而近十年来，全球经济最大的变化之一便是新兴国家中产阶层的增加和他们购买力的日益增长。

同时，这也让我们回想起过去二百年间军队将农业社会通过武力革命过渡到城市工业和消费社会过程中所扮演的重要政治角色。除了美国内战（参见John Keegan，2011）能够印证这一点之外，20世纪里的土耳其、伊朗、西班牙、阿尔及利亚、埃及、南美和希腊也都见证过军队在经济发展中扮演的角色。

发达国家贫困阶层的硬性支出的增长

在发达国家，经济危机带来的是大批中产阶级的消费降级。根据法国民意测验调查所为《朝圣者》（*Le pèlerin*）周报所做的一份民调结果，几乎每两个法国人当中就有一个人（48%）要么感觉自己生活在贫困当中，要么担心自己会进入贫困状态。2008 年，13%的法国人——也就是 784 万法国人——生活在每月 950 欧元的收入线以下。其中 30%——也就是 160 万人——生活在单亲家庭当中。然而，只有 49%的法国人认为自己没有受到贫困的威胁。

经济统计学家通常把人称为“消费个体”，家庭中的第一个成年家庭成员是 1 个消费个体，第二个成年家庭成员和 13 岁以上的未成年家庭成员是 0.5 个消费个体，13 岁以下的家庭成员是 0.3 个消费个体。按照这些统计概念，法国“1 个消费个体”的月收入中位数是 1590 欧元［参见荷吉·比戈（Régis Bigot），2009，p. 22］。也就是说，法国有一半的人月收入在 1590 欧元以下，另一半的人超过 1590 欧元。如果以家庭为单位算的话，法国底层中产阶级家庭的月收入在 2300 欧元到 3490 欧元之间，这些家庭占了法国总人口的 30%［荷吉·比戈 2009，p. 77］。

表面上显得比较矛盾的一点是，根据雅克·马赛（Jacques Marseille）（2009）提供的数字，法国家庭的可支配收入在近一个半世纪以来是总体增长的。而实际的问题是，这个数字用到的是一个平均数，所以很多法国人其实是在统计上“沾了”财富增长特别快的一小撮富人的“光”。这个数字掩盖的另外一点是，从 2000 年以来，法国人的硬性支出，也就是生活必需品支出遭遇了增长，这意味着他们享受型消费比重的下滑。而在这一过程中，底层中产阶级受到的影响是最大的，他们也是埃里克·莫林（Éric Morin，Seuil，2009）所说的最担心自己“社会降级”的一批人，因为对社会降级的担心在很大程度上是源自硬性支出比例的增加。

根据法国国家统计局的数据，个人月收入少于 900 欧元或者家庭月收入少于 2000 欧元的法国人，也就是法国人口中最贫困的百分之二十，他们的硬性支出——也就是房屋支出、水电气支出、通信支出和饮食支出——的比例从 2001 年的 50%升至 2006 年的 75%。其中，光是“房屋支出比例就从 2001 年的 31%变成了 2006 年的 44%”。这里所说的房屋支出应当是包括房屋保险和取暖费，但不包括按揭买房的月供在内，因为在统计上，月供被视为是投资而不是消费。

然而不可否认的是，月供的存在也是对购买力的一种削减。

多媒体通信和娱乐性消费（手机、VOD、网络、书、DVD、电子游戏、GPS等）在现代生活中也成了一种硬性支出，它在2008年所占的平均比例为8%。但在上述的贫困人口当中，它所占的比例高达17%（参见《回声报》，2008年10月20日）。要知道，在1960年，通信消费只占家庭支出的0.6%，尽管这也是由于当时的通信技术远不如现在发达的缘故。我们之所以可以把多媒体通信和娱乐性消费视为硬性消费，是因为恩格尔定律——按照恩格尔定律，一项支出的比例如果随着收入的下降而增长的话，我们就可以视其为硬性支出。

同样的原因，水电气支出也是硬性支出。如今（2011年），随着新兴国家中产阶级能源需求量的增加，能源价格增长得非常快，这对法国的贫困阶层来说是件非常头疼的事情。

为了应对经济困难，今天的许多人们不得不采用一些特殊的消费策略。我们可以将这些消费策略分为四大类型：尽量少买、尽量买便宜的、尽量DIY、尽量购买节能设备。不过，安装节能设备虽然在长期上是一种省钱的方式，但它的前期投资往往比较大，所以不是任何家庭都能够承担得起的。需要指出的是，这些消费行为并不是2008年危机爆发后才有的，危机前的穷人们其实一直都是这么做的，只不过危机让这些行为变得更加普遍。

能够体现2008年危机严重程度的另外一个现象是具有福利性质的18个市政低息信贷额的大幅增长，该信贷额从2008年的6650万欧元增长到了2011年的1亿欧元（参见《巴黎人报》，2011年3月6日）。还有，2011年4月27日的《巴黎人报》提供的一组数据显示，2011年2月份期间，“法国银行收到的（超负债）案卷与2010年12月份相比增加了17%”。最后，民调机构舆论之路（Opinion Way）在2010年为电商平台法国乐天（Price Minister）和法国邮政所做的一项研究显示，法国乐天平台上的二手商品交易比例在2009年达到了创纪录的77%，而2008年和2010年，这个数字分别为70%和68%（参见Estelle Monraisse等，2010）。

在经济危机和可持续消费的双重挑战下，人们对自己消费的合理规划能力变得越来越有战略意义。而这项能力之所以十分重要还有另外一个原因，那就是新兴国家中产消费需求的增加对西方中产阶级消费造成的压力。

新兴国家中产阶层的壮大和社会政治运动的增多

新兴国家的经济增长带来的是这些国家城市中产阶层的壮大，而这些中产阶层有着非常强烈的社会政治诉求，比如中国中产阶层在食品安全上表现出的诉求，以及埃及、土耳其等中东国家的中产阶层在民主政治上的诉求。

这里非常值得注意的一点是，土耳其和埃及在经历重大政治变革的同时也是2000年以来经济增长最快的伊斯兰国家（参见 Jean Dominique Lafay，《回声报》，2011年3月3日）。这让我们有理由相信，社会运动的增加在一定程度上是因为新生中产在享受经济增长的同时并不认为自己的利益得到了完全的保障。

当然，这并不是说中产会掌握政权，因为与宗教势力和军队势力比起来，中产阶层并不是一个很有组织的政治势力。比如，我们很难想象埃及的中产能够与控制着40%埃及经济的军队势力相抗衡。就像《国际先驱论坛报》在2011年1月29日刊登的一篇文章指出的那样，新兴中产的社会运动体现的也是社会中的代际矛盾。但除此之外，性别矛盾、宗教矛盾（比如逊尼派与什叶派之间的矛盾）和种族矛盾也是这些社会运动的组成部分。总之，消费的增长会激发所有人类社会都具有的四大结构性矛盾，即阶级矛盾、性别矛盾、代际矛盾和文化（包括政治、宗教、种族）矛盾。

欧洲人对自己社会地位和生活水平下降的担心似乎是极端政治势力在欧洲各国——比如比利时、法国、意大利、奥地利、瑞士、匈牙利、保加利亚、芬兰、挪威、丹麦、瑞典等——兴起的一个重要原因，尽管这些宣扬民粹主义和强权政治的政党的发展背后有着一些更为复杂的原因。

消费在全球范围内的增长和国家间的原材料竞争

如今，新兴国家的中产似乎也在经历着他们的“辉煌三十年”，尽管在这一过程中，他们也会经历到20世纪60年代法国人所经历的通货膨胀，甚至是美国人、欧洲人和日本人都经历过的社会运动。亚洲发展银行提供的数据显示，亚洲的食品价格在2011年一年的时间内增长了10%（参见《国际先驱论坛报》，2011年4月26日）。不管是在亚洲国家，还是在欧美发达国家，通货膨胀，尤其是食品领域的通货膨胀，首先威胁到的是贫困人口的生存，因为食品消费是这些人最重要的一笔消费。

概括来讲，中产人口在全球范围内的增长也激化了国家间在原材料领域中的竞争，比如各国对能源尤其是石油能源的争夺，又比如中日两国在 2010 到 2011 年期间对关系到手机工业发展的稀土的争夺，还比如各国在非洲和其他地区展开的对农业用地的争夺。

这些由中产消费增长而带来的国际竞争同时也造成了各种消费品价格的增长。其中比较典型的有食品（尤其是肉制品）价格的增长，汽车价格在中国和印度的增长，以及手机和家用电器价格的增长。

以上这些现象一方面威胁到了发达国家底层中产阶级的购买力水平，并给欧美的极端政治势力提供了温床；另一方面，这些现象推动了新兴国家高级中产阶层的社会运动，他们要求用政治改革的方式来解决消费社会发展过程中的社会不公问题、安全卫生问题、失业问题，以及中国人特别关注的环境问题。

小　结

在本章题目中，我之所以会用到“此消彼长（chassé-croisé）”这个词，是想告诉读者，社会与社会之间是存在着千丝万缕的联系的，所以当政治决策者只希望在本国范围内找到经济突破口的时候，他是很难成功的。2011 年，在金、银、石油、铜、小麦等产品价格飞涨的同时，咖啡价格也达到了 1977 年以来的最高峰。这里面当然有期货投机的成分在内，但来自俄罗斯、印度，甚至巴西和肯尼亚中产阶级的咖啡需求量的增长也是造成这一现象的重要原因。如今，任何政府都无法在不增加财政补贴的情况下去应对物价的上涨，但增加财政补贴会使政府的负债率增加，而以美国为代表的发达国家的负债率其实已经非常高了。这正是为什么，与增强自己的武装力量相比，如今的政府更应该试着提高自己在国际进行和平磋商的能力，以及试着制定合理的可持续发展政策。当然，这些说起来简单做起来难。

第二十四章

中国保健美容市场的三十年变迁（2012）

小　序

中国在宏观社会、政治、经济方面发生的巨变是被人们所熟知的，而中国人在日常消费和家庭关系等方面所经历的巨变却不是那么为人所知。在中国人的日常消费当中，关于中医养生方面和化妆美容方面的消费的研究可以帮助我们理解中国人在家庭生活和职业生活中所经历的变化。我的猜测是，中国人日常生活领域中的变化会直接影响到中国的政治形势。我之所以这么说，其中的一个原因是，前一段时间我发现，中国人日常生活领域中的变化在一定程度上解释了中国社会目前所存在的矛盾。

在最近的十五年里，我分别与郑立华、杨晓敏、安妮-索菲·博萨尔、玛丽安·黛尔本德（Marion Delbende）、王蕾、吴永琴、杨洋、刘小菲、施旭、马菁菁等学者合作，为香奈儿、欧莱雅以及达能集团在中国的各个省市做了一系列的人类社会学实地研究。这期间，我总共参与采访了数百位中国消费者，并观察了许多消费空间，比如洗浴间、按摩院、综合医院、中医馆、购物中心、百货商店等等。本章接下来的内容便是对所有这些研究的一个总结。

20世纪60年代的“灰暗时期”

根据一些受访者的回忆，直到20世纪60年代，中国有很多人还是吃不饱饭的，保健美容消费更是人们连想都不敢想的事情。

那是中国经济的一段“灰暗时期”，不管是在经济生产领域，还是在日常消费领域，物资短缺都是常有的事。那时的消费是计划消费，吃饭靠的是粮票、肉票，穿衣靠的是布票。票的种类倒是不少，但能买到的东西却很少。日化产品的供应也十分有限，不过就是一些国有企业生产的香皂、雪花膏和牙膏。

由于工资很低，那时的中国人只能想着如何维持生计。平时穿的衣服也都是深色的工作服，连雨伞也基本上都是一个颜色——黑色。穿深色的、朴素的衣服是那时的一个社会准则，谁要是不这么穿是会受社会指责的。唯一比较"贵族"的颜色是绿色，因为那是军装的颜色。对于生活在六七十年代的中国年轻人来说，穿上绿色军装、戴上绿色军帽是他们的一个梦想。

而在2012年的时候我们发现，中国年轻人又开始穿上了绿色军装、戴上了绿色军帽，只不过这是拍结婚照时的一种复古时尚。不过，我们倒是在哈尔滨的小剧院里听过一些五六十岁的人唱红歌。

回到刚才说的年代。人们家里的美容保健用品非常少。大多数的人只是会在寒冷干燥季节用一点雪花膏。但这也说明，在这段经济困难时期，中国人依然希望能够至少保护好脸。那时的雪花膏通常是散装的，人们需要自己拿着瓶子去国营店购买。

除了雪花膏，其他很多生活必需品也都是散装销售的，比如大米、酱油、醋、白糖等等。那时人们的家里一般都会有空瓶子，形容一个小孩儿长大了，人们经常会说，这个孩子"到了打酱油的年纪"了。时至今日，许多五六十岁的中国人还有保留空瓶子的习惯。不过，我们在2012年参观广州的一个家乐福超市时发现，超市里面的确有很多东西还是散装销售的，而且中国曾在2010年的时候禁止超市提供塑料袋。事实上，美国和法国的超市也在越来越多地推出散装产品。

最后值得一提的是当时人们的发型。那时的人们不可以留长发，不可以烫发，也不可以染发，因为短发、直发、黑发可以象征一个人有"革命意志"。总之，穿深色工作服、涂简单的雪花膏、留短发是中国六七十年代的美学标准。

20世纪80年代的"彩色时期"

相比之下，20世纪80年代到90年代中期可以说是中国人的一个"彩色时期"。这可以说是属于现在人们所说的"80后"的时代。中国的现代经济改革是从1979年开始的，这也是中国式"辉煌三十年"的开端。尽管那时候提倡"对外开放"，但国外的东西在中国还是很少见。那时的中国人基本上是靠崇拜香港明星来间接感受西方生活的。

改革开放之后，中国中产阶层的收入开始不断提高，很多人也开始“下海”。“下海”是80年代的流行词，用来形容放弃单位的工作自己做生意。

赚钱已经不再是一种禁忌。国内消费市场开始不断扩大，商品种类也越来越多、越来越齐全。人们穿上了不同颜色和不同款式的衣服，用上了各式各样的美容美发产品。总之，中国社会呈现出了更多的色彩。

不过，由于服装业还没有得到完全的发展，80年代的中国人还是会习惯于买布做衣服，所以针线活对于那时候的中国妇女来说是一个必备技能，而缝纫机也几乎是每个家庭都有的一样东西。不仅如此，裁缝铺也是到处都是，人们在露天市场里也能轻易地找到做衣服的人。但如今，他们中的许多都已经消失了。

因为针线活的重要性，那时候甚至有专门为了交流针线活技术而组成的朋友圈，就像现在因为打游戏而聚在一起的人们一样。80年代最流行的是喇叭裤，是从香港和广东那边传过来的。

人们也开始越来越注意自己的发型，烫发成了一种流行趋势。那时候在中产阶层女人当中比较流行的一种发型是把头发烫了以后，再用吹风机把刘海吹到上面。

不过，对于中小学生来说，直到今天，他们还是得穿统一的校服，留朴素的发型。另外，由于课业繁忙，他们的确也不太有时间去关心自己的发型与穿戴，除非他们愿意被别人视为“坏学生”。还有一点，那时的中国人已经开始意识到日化产品，比如烫发药水，可能会对身体带来的伤害，所以出于健康考虑，中国的家长们也不愿意让自己的孩子去用这些东西。

中国女人们的面部彩妆也开始浓了起来，她们会把眉毛描得更黑，脸扑得更粉，嘴唇涂得更红。与60年代的中国人截然不同的是，80年代的中国人认为“彩色的”才是“美丽的”。这也是中国人在经历了提倡“艰苦朴素”之后开始重新掌握保健和美容技巧的年代。随着消费社会从90年代中期以来的快速发展，保健美容市场业也发展迅速，不过，这也为中国人带来了一些代际矛盾。

从90年代中期到今天的富裕时代

1995年到2012年这段时期所呈现出的特点是商品的多样化、丰富化和自然化。这是属于现在人们所说的“90后”和“00后”的时代，这些人大多是独生子女。中国在80年代开启现代经济，在90年代中期进入了高速发展时期。消费产业也飞速增长，包括美容用品在内的商品已经变得琳琅满目。

对于生活在城市里的年轻中产来说，他们在消费方面变得越来越专业，对商品的质量也越来越重视。香港已经不再是中国人唯一的消费标杆，因为日本的高丝、韩国的菲诗小铺、法国的欧莱雅等品牌也都进入了中国中产阶层的视野当中。

在奢侈品牌当中，中国消费者比较倾向于法国的香奈儿和迪奥。2005年以来，像相宜本草这样的中国本土大品牌也开始出现。而从2010年开始，像百雀羚、七日香这样的传统品牌也都强势回归。

美容品消费在中国的发展在很大程度上是受时代影响的，因为就我们的研究来看，中国保健美容市场上最大的消费群体是中产里的年轻一代。他们在美容品消费上很受日剧、韩剧的影响。

除了年轻人之外，一些年长的人也会为了掩盖白头发而去染发。染发在中国是很流行的，不管是男人还是女人，不管是城市人还是农村人，他们对染发都不陌生。另外，如果说染发在90年代的时候还被视为是一种叛逆，21世纪之后，染发已经成了一种再正常不过的行为。

然而，在头发颜色变得鲜艳的同时，中国女人在化妆上却越来越倾心于她们所说的“裸妆”。“裸妆”这种说法似乎是来自澳大利亚的一个叫Nude by nature的天然矿物质化妆品品牌。对于中国女人来说，最理想的面部彩妆是别人看不出来化了妆的妆，因为这能体现出自然美。我们所采访到的中国年轻女消费者告诉我们，“裸妆”是从日本传到中国的。“裸妆”对于化妆品的质量要求很高，而且化妆品颜色也要做到跟肤色保持最高度的一致。在中、日、韩这些亚洲国家，人们喜欢白皮肤。事实上，以前的法国人也绝没有像现在这般喜欢小麦色皮肤，因为那时的法国人觉得这是乡下佬的肤色，而白皙的肤色才是贵族的肤色。

总之，美容成为中国年轻人非常看重的一件事情。人们经常会在同学间、朋友间或者同事间交流美容心得，而且也经常会在杂志上、电视上和网上获取美容方面的信息。

脸也已经不再是中国美容品消费者唯一在乎的部位，手、脖子、脚等也都成为人们日常养护的身体部位。这些身体部位的特点是它们跟脸一样，都是外人可以看得到的。所以说，保健美容也是当今中国人“面子文化”里的重要组成部分（关于中国人的“面子文化”，参见郑立华（Zheng Lihua），1995）。

90年代末也是美容院开始在城市蓬勃发展的时期。在美容院，人们可以使用到一些特殊的美容产品，比如在2005年左右开始流行起来的面膜。人们还可以享受脸部和身体按摩，这是中国人传统上就比较喜爱的。另外，十五年前就已经存在的美甲店在2010年开始了爆炸式增长，其数量甚至已经超过了美容院的数量。在美甲店，人们可以修剪指甲、涂甲油，或者是贴假指甲。

中国人在化妆品的社会使用方面的矛盾性

刚才关于中国保健美容市场的历史回顾告诉我们，中国社会所经历的巨大变化不仅仅是在政治经济层面上的变化，它也是人们，至少是东部城市中产阶层的日常生活上的变化。尤为重要的是，在1978年之后，中国人开始重拾保健美容消费。但这也是为什么，那些如今五六十岁的人们对美容消费并不总是持支持态度。父母与孩子、婆婆与儿媳在化妆问题上的矛盾也因此日益显现。

总之，在中国保健美容市场飞速发展的同时，化妆并不是每个中国女人都可以轻松去做的事情。同时，也并不是所有中国女人都发自内心地喜欢化妆，她们中的很多是因为工作关系而不得不化妆。以至于当有人换了工作之后，如果新工作不要求化妆的话，她们从此便彻底远离化妆。另外，有些中国女人在退休之后、怀孕期间，甚至是有了孩子之后也会放弃化妆，因为她们害怕化妆品会影响到孩子的健康。

所以说，化妆在中国社会是具有矛盾性的。它既是某些中国女人喜欢的，也是另外一些中国女人厌烦的。另外，它也是家庭矛盾的一种缘起。

从社会规范角度来讲，化妆在今天的中国社会是一种被允许的行为，很多时候它也是丈夫或者老板所要求的一种行为，但它也经常是父母、婆婆或者中医大夫所反对的一种行为。还有些人出于对某些中国化妆品质量上的不信任也会反对化妆。

保健美容消费也可以帮助我们分析中国社会的分层现象。社会地位越高，经济条件越好的中国女人，她们的保健美容消费种类和购买的保健美容产品数量就越多；反之亦然，因为经济条件不太好的中国女人们基本上只会做脸部上的保养，也基本不买化妆品。保健美容行为在中国是具有多重性质的：它可以是叛逆，可以是乐趣，可以是强制，可以是冲突与不安的源泉，也可以是阶层分化的标志。总之，它是中国人正在经历着的生活变化的分析器。

强大的社会规范限制下的保健美容消费的生命周期

和在其他国家一样，在中国，人们的保健美容消费是会随着年龄和生命周期的变化而发生变化的。事实上，光靠定性研究，我们有时候很难把握年龄和生命周期对保健美容消费方式的影响。

需要知道的是，在中国，除了大学之外，化妆是所有学校明令禁止的一种行为。即便这种规定变得越来越松，中国学生也绝不可能像欧美学生那样从十一二岁开始便已经能够化妆了。这个年龄的中国学生想要化妆的话，也只能是在学校组织艺术节或歌舞比赛的时候。除了学校活动，还有其他六种与化妆和身体保健有关的启动性事件：上大学、谈恋爱、入职工作、结婚、坐月子、退休。当然，这是针对普通人的，对于特别注重化妆的富裕阶层来说，应该还会有其他的启动性事件。

出生年代不同，人们对自己的保健美容消费的最初记忆也会有所不同。五六十岁的中国女人在这方面基本上没有什么回忆。三四十岁的中国女人能记起的是学校在儿童节或国庆节时举办的庆祝活动，因为那时学校会组织学生参加各种歌舞表演，而表演之前，学生得像大人一样抹腮红、涂口红。当然，学生们化的都是一些比较简单的妆。

对于现在的中国小孩来说，他们的第一次化妆经历也还是学校的这些庆典活动。对于这种化妆场合，父母是完全不会反对的，因为它更像是一种教会小孩如何参与集体生活的社会化方式。在这一过程中，化妆是一种强制性的集体行为。只有当化妆成为一种个人行为时，父母的反对才开始出现。

父母对孩子个人化妆的反对直到孩子上大学之后才会结束。刚开始上大学的时候，孩子的保健美容用品一般都是母亲给买的。因为三鹿事件以及其他一些事件的发生，母亲在挑选日化产品时，尤其是日常用到的沐浴液、洗发水、护肤霜等，会特别注意里面的化学添加成分。为了避免买到有害的日化产品，许多中产阶层家庭的母亲会选择购买价格较贵的日本品牌，因为她们觉得国外品牌，尤其是日本品牌，在安全上比较有保证。

总之，在中国孩子的化妆问题上，来自学校和父母的监管是很严格的。不过，“00后”女生似乎对化妆有着更强烈的意愿，她们时常会与父母在这一问题上产生分歧。

事实上，四五十岁的中国母亲对孩子化妆基本上是持反对意见的。这是为什么为了在母亲面前显得比较“乖”，很多女生会想办法不让母亲知道自己化妆。对许多母亲甚至是父亲来说，小孩化妆，尤其是化浓妆，会让孩子显得“不像好人”。除此之外，他们也会觉得化妆品对孩子的身体有危害。

不过，中国母亲们把化妆品和护肤品分得很清。护肤品，比如润肤水、护肤霜、面膜等等，是她们允许孩子用的，而口红、粉底、睫毛膏、眉笔等化妆品则是禁止或者不建议孩子用的。在中国，直到孩子上大学之前，家长一直都会把自己的孩子视为没有长大。也就是说，在中国文化当中，家长不需要区别对待孩子的幼儿期和少年期。

进入到大学之后，中国的年轻人便不再像之前那样受制于父母，他们开始了一种新的社会生活，即与大学同学之间的社会生活。对于一下子获得自由并且可以独立消费的刚刚升入大学的女生来说，与大学“闺蜜”逛街、分享化妆品、讨论如何美容成了她们的一个重要兴趣。

然而，还是有一些母亲不希望看到自己上大学的女儿用各种各样的护肤品和化妆品“毁自己的脸”，只不过，她们对此通常是束手无策的。跟中国人传统的比较低调的化妆方式相比，大学女生的妆会显得比较浓。她们会比较大胆地尝试各种化妆品，因为她们在化妆问题上受到的约束很少。

但这一切会在女生找到男友之后发生很大的变化。在没有男友之前，女生会拿出不少的时间和金钱用在打扮上，目的是通过比较显眼的打扮来吸引男生的目光。而一旦有了男朋友或者是结婚之后，女生的妆就会淡很多。很多中国男人喜欢自己的另一半化淡妆，因为淡妆显得纯洁、低调。淡妆其实也就是上文所提到的“裸妆”。

对中国人化妆行为的分析也能够让我们看到中国社会对美的传统理解和现代理解之间的对立。在传统中国社会里，“内在美”要比“外在美”更加地重要。而在现实当中，中国人和其他国家的人一样，都习惯以貌取人。所以，有一个姣好的外貌，比如有着白里透红的皮肤，在中国是很重要的。

在听中国母亲们的谈话时，我们会发现，中国女人追求外貌的一个重要原因是为了找到“好丈夫”。至于什么是好丈夫，2008 年我们在成都做调研时偶然发现了一个答案。那天，我与杨晓敏和安妮·卡坦（Annie Cattan）来到了成都的一个公园，公园里有一个专门相亲的地方，只不过聚在那里的并不是单身男女，而是他们的父母。在跟这些人聊天中我了解到，他们的孩子因为要工作所以没时间过来，所以得是他们拿着孩子的信息来这里给孩子相亲。在相亲信息上我们看到，女方想要找的是“有用的老公”，即有房、有车、有高收入的老公。

从大概 2012 年开始，中国的电视相亲节目逐渐多了起来。这些节目也会让我们发现，要想在找到“有用的老公”的竞争中胜出，女人首先得在外貌上下功夫。不过，虽然不化妆不护肤是不行的，但妆化得太过似乎也会起到反作用。

还有些女人是在工作之后才开始第一次化妆的。因为工作原因的化妆在中国并不是一件新鲜事，不少职业，比如服务员职业，早在 80 年代就要求化妆。而如今，很多工作面试都已经开始要求女面试者化妆，因为化妆会显示出面试者对公司的尊重。这时，对于从来没化过妆的女生来说，她们会让自己会化妆的闺蜜来教自己化妆。在中国，我们还能看到一些提供化妆培训的公司。

不过，即便许多公司要求女员工化妆，但当她们怀孕的时候，她们也一定会停止化妆，并且会把这种状态至少一直保持到孩子断奶，因为中国人普遍觉得化妆品里的有毒物质会进入到母乳当中。不过，为了防止皮肤干燥，中国的孕妇或者新妈妈会多少用一点润肤水，但也仅限于此。

有些中国女人在怀孕后并不是暂时而是彻底放弃化妆。她们主要是家庭主妇，因为她们没有来自工作上的化妆需要。退休后的中国女人也通常会选择彻底放弃化妆，因为她们会觉得老人化妆很奇怪。

小　结

通过对中国人保健美容消费的社会学分析我们可以发现，保健美容消费绝不只是为了满足消费者的个人消费欲望，它也会受到来自社会、家庭、朋友、同事、上司、医生等方面的限制。这些限制既可以让消费者增加也可以让他们减少自己的保健美容消费。同时，这些限制也会随着中国城市中产阶层的生活方式和价值观的改变，以及保健美容产品的生产和销售条件的改变而发生变化。

我们所做的研究让我们意外发现，对中国人保健美容消费的分析可以帮助我们更好地理解中国中产阶层的社会构建过程，以及中国目前的婚姻市场结构。由于中国重男轻女的生育观念，中国婚姻市场上的女性人口要远远低于男性人口，所以，用古典民族学的话说就是，中国“新娘的价格”是非常高的。不过，中国不断攀升的离婚率倒是在一定程度上缓解了中国婚姻市场的性别失衡问题，没有结过婚的单身男士可以接受离了婚的单身女士。但不管怎么说，在中国目前的婚姻市场背景下，如果外貌是单身女士的一个社会资本的话，那么护肤美容便是她们巩固这一社会资本的重要方式。

中国女作家某小丫曾发表过一部题目为《妖孽，妖孽》的小说，这本小说后来也出了法语版，题目为《中国女人需要男人吗?》（L'Harmattan，2013，*Les femmes chinoises ont-elles besoin des hommes*?）。这本小说的观点是，如今的许多城市中产阶层女性是可以不依靠男人独立生活的。在小说法语版的序言中我曾这样写道："小说中的男人形象并不是男人们所希望拥有的形象。小说中的他们胆小，不懂浪漫，不懂得如何做一个好父亲，但又时刻担心丢面子。所以，女人们没法指望这些男人，她们只能通过女人之间的团结来应对生活中的困难和打击。她们不相信男人，她们只相信闺蜜。这是一位女权主义者发出的信号，一位经历过家庭矛盾和爱情失败的女权主义者。"

第二十五章

两次能源大爆炸（2013）

小　序

要想更好地理解我们现在所经历的能源结构调整，我们很有必要回顾一下西欧在两个多世纪之前所经历的能源革命。那段时期也是彭慕兰（Kenneth Pomeranz）所说的中欧经济的“大分流”。“大分流”发生之前的13—17世纪，是让-米歇尔·萨勒曼（Jean-Michel Sallmann）在2011年所分析的“世界大融合”时期，而“大分流”所带来的是一个新的全球化格局，即西方经济，尤其是英国经济，对其他地方经济的统治。“大分流”的最显著的特点，就是它产生的根本原因是能源原因。

如今，中国的经济取得了一定的发展。然而，与18世纪末的“大分流”相比，新兴国家的经济腾飞和消费发展伴随着一些全新的全球化问题，其中尤为突出的是自然资源的再生问题和碳排放问题。

[2012年10月26日，我应邀参加了由玛丽-克里斯蒂娜·泽莱姆（Marie-Christine Zélem）和克里斯多夫．贝斯雷（Christophe Beslay）组织的，在图卢兹大学召开的第一届能源社会学交流会。之后，我的演讲内容以文章形式收录在了2015年法国国家科学研究院出版社出版的《能源社会学——政府管理与社会行为》（*Sociologie de l'énergie*：*Gouvernance et pratiques sociales*）一书中。本章接下来的内容便是出自这篇文章。]

人力能源在三千年“无碳经济”中的核心地位

如今的工业和农业发展水平，以及现代人所享受到的物质条件完全是得益于化石燃料在18世纪开始的大规模应用。建立在化石燃料基础上的工业革命也带来了以化肥为标志的农业生产革命。这在很大程度上解决了人口增长所带来的粮食危机，但与此同时，环境污染问题、全球变暖问题，以及不发达国家的赤贫化问题也日益严重起来。所以说，跟所有的科技创新一样，能源革命也是有两面性的：在解决一个问题的同时，它总会带来另外的问题。

就像我在前几章内容中已经指出的那样，在工业革命之前的两到三千年之间，人类社会所使用的能源主要是人力能源（我们尤为不能忘记地上的奴隶和海里的船役犯在其中扮演的重要历史角色）、动物能源、水能、风能、太阳能，以及用于取暖和建造的木材。也就是说，在过去的三千年，不同社会之间的能源结构是相似的，也都是比较弱的，只是在具体的能源类型上会因为所处的生态系统不同而有所不同。

在那段时期，一个国家能否成为布罗代尔（Braudel）在全球历史研究中所说的“地区中心”，这在很大程度上是取决于该国的社会政治条件是否有利于将有限的能源用于科技开发，以此提高自己的领土、贸易和军事扩张能力上。

更笼统一点说的话就是，在人类的“无碳经济”时期，“地区中心”国的出现在很大程度上是因为这些国家在经济生产、商业贸易、军事战争等领域能够更为有效地利用本国的人力能源。

让-马克·扬科维奇（Jean-Marc Jancovici）在2012年12月9日的《新经济学人报》（*Le Nouvel Economiste*）刊登的一篇文章中指出，“一个人在一年当中只凭自己身体的力量所能提供的能源量是100千瓦，而现在的人均耗能是每年60 000千瓦”。这是一组非常有趣的数字，它向我们展示了人类社会在近两个世纪以来所实现的能源飞跃，尽管以前社会的人均年耗能不会只有100千瓦，因为这100千瓦只是指一个人自身所能提供的能源量，并不包括一个人通过利用和消耗外界能源所能提供的能源量。

另外，这组数字也能体现出现代社会在能源结构调整中所面临的一个两难局面：人力能源和其他“自然”能源虽然更“清洁”，但它们成本高、效率低，而且不稳定；化石燃料或者核能虽然更高效，但它们的环境风险大。日本最近发生的福岛事件便是其中的一个例子。另外，帕特里克·拉加德克（Patrick Lagadec）在其1981年出版的《风险文明》（*La civilisation du risque*）一书中也曾分析过高效能源的环境危害。

能源结构调整过程中的另外一个困难是，人们在能源问题的讨论当中，要么只强调化石燃料或者其他能源的优点，要么只强调它们的缺点。而事实上，近两个世纪的能源发展史告诉我们，任何能源都有积极和消极的一面。当然，我们的确可以认为，化石燃料所带来的全球变暖、海水酸化、土地盐碱化、缺水、空气污染等问题迫使我们急需减少化石燃料的使用，但这并不意味着我们可以忽视化石燃料在生产和消费发展方面所具有的优势。也就是说，如果清洁能源并不能够达到足够高的经济效率的话，那么即便它能够在整体上拯救人类，但处于不利社会地位的人们的生活还是会受到威胁，所以它还是会带来社会动荡，甚至是战争。

煤炭与棉花：历史上曾解决人口增长压力的两大资源

对彭慕兰（2009，2010）的“大分流”理论的回顾可以帮助我们更好地意识到自然资源，尤其是煤炭资源，在全球经济格局演变过程中所发挥的关键性作用。同时，我们也能更好地理解现代国家在原材料、能源和高蛋白食物领域中展开的激烈竞争（关于大豆的地缘政治重要性，参见 D. Desjeux，2012）。

彭慕兰在自己的比较分析当中运用的是一种“比例协调”的比较方法。也就是说，他并不是从整体上比较中国和西欧经济，而是在它们的“核心地区”之间，比如法兰德斯、荷兰省、巴黎盆地、英格兰、长江三角洲、岭南等地区进行比较。

跟当时的许多欧洲“核心地区”一样，长江三角洲的经济基础是水稻种植以及纺织和金属的准工业生产。日本历史学家早见晃曾提出过“工艺革命”（révolution industrieuse）这一概念。之后，让·德弗里斯发展了这一概念。在“大分流”之前，英国和中国实际上都已经完成了自己的“工艺革命”，但在彭慕兰看来，“工艺革命”并不会必然带来“工业革命”。

通过在西欧“核心地区”和包括日本关东地区在内的亚洲“核心地区”之间做同级别比较，彭慕兰得出了亚欧经济在18世纪发展程度相似的结论，这是之前的历史学家从整体上比较亚欧经济所无法得出的一个结论。

另外，不管是在17世纪还是在18世纪，中国许多地区的人均木炭拥有量是超过欧洲水平的。法国人的平均寿命在18世纪70年代和90年代分别是二十七岁半和三十岁，而同时期的中国和日本也是差不多的水平。相比之下，印度一个地区的平均寿命在19世纪初的时候也才只有二十到二十五岁。因为英国直到19世纪初的时候还是用人力纺织，而长江三角洲地区的人均布产量在1750年左右便已经达到了英国在19世纪初的水平。事实上，中国很早便发明了非常先进的纺织机，这些纺织机“只在一个技术环节上落后于哈格里夫斯（Hargreaves）发明的‘珍妮机’以及约翰·凯发明的飞梭”（2010，p. 101）。这也就是说，即便是在科技方面，欧洲也几乎没怎么领先中国。彭慕兰还写道：“总的来说，中国和日本两国的核心地区在1750年的时候与西欧核心地区的农业、商业和工业发展水平没有太大差别。（中国）甚至在这些领域中更有优势。所以，我们需要在别的地方去寻找东西经济水平分化的原因。”（2010，p. 51）

对于东西方经济为何在18世纪末发生了“大分流”，彭慕兰给出的解释有两点：一个是英国用煤炭代替了木炭，另一个是英国在海外获得了殖民地。因为这两件事情分别解决了限制欧洲经济发展的两大因素，即能源短缺和土地短缺。要知道，西欧当时的人口增长及其带来的消费需求增长还在很大程度上激化了西欧的能源和土地短缺问题（关于18世纪的西欧消费情况，参见McKendrick，1982，第十二章；John Brewer和Roy Porter，dir.，1993）。

在彭慕兰之前，对英国经济在18世纪末的腾飞的传统解释要么是把它跟工业革命联系在一起，要么是像韦伯在《新教伦理与资本主义精神》一书中那样把它跟新教文化联系在一起，要么是把它跟中国所没有的英国君主立宪制度联系在一起。而彭慕兰则是通过一种类似于人类学策略分析的方式对英国经济的腾飞做出了另外一种更为合理的解释。彭慕兰的分析方式也比较接近于彼得·伯格（Peter Berger，1988）的分析理念，即不把文化作为集体行动的解释原因，而是把文化视为社会行为人在为自己的行为进行辩解时会用到的说辞体系。

当然，彭慕兰并没有完全否定对英国经济腾飞的传统解释，只不过，他强调：“虽然煤炭能源并不能解释工业革命中各种发明的出现，但如果没有煤炭能源的话，这些发明的经济效益会大打折扣。”（2009，p. 61）总之，彭慕兰想要证明的是煤炭能源革命在“大分流”中的重要性，从这个角度上讲，他与列宁的一个经济观点倒是有点类似，因为列宁曾经说过：“革命，就是苏维埃加上电”……

为了支撑自己的观点，彭慕兰参考了马尔萨斯（Malthus）（1766—1834）的用来分析人口增长带来的土地压力的理论模板。在马尔萨斯的理论中，人们需要拥有足够多的土地才能够满足四大生活需求：“吃饭、取暖、穿衣、居住”（2009，p. 46）。首先，人口增加，衣服的需求量就会增加，生产衣服需要羊毛，绵羊的饲养需要有牧场，而建设牧场则需要土地。其次，取暖和盖房都需要木材，而建设林场也需要土地。最后，人口的增长势必也会带来食品需求量的增加，而不管是扩大种植业还是畜牧业都需要有更多的土地。

彭慕兰的分析中可能会让人感到矛盾的一点是，由于水稻生产条件比较先进，中国的粮食生产效率要高于英国。另外，与林木资源相对丰富的中国岭南地区相比，英国还存在木材短缺的问题（2009，p. 48）。总之，在“大分流”之前，英国的人口土地形势比中国的更为严峻。然而，正是由于没有太大的危机，中国并没有足够多的动力去实现创新。用一个现代概念来说，中国只是满足于传统农业的“增量发展”。而经济形势相对严峻的英国则更希望通过创新发展来走出困境。

不过，与中国的长江三角洲相比，英国有一个非常大的自然优势，那就是它的煤矿资源距离位于曼彻斯特和兰开夏郡的纺织工业区非常近（2009，p. 23）。英国还有另外一个优势，那就是它在北美洲的南部有殖民地，在那里，它可以用非洲的奴隶劳动力进行棉花生产，这在很大程度上解决了英国的土地不足问题。英国的这一海外生产模式即便在美国宣布独立后也依然能够持续进行，因为英国可以从美国那里自由进口包括棉花在内的各种工业生产资料。

煤炭能源的发展带动的是蒸汽机的发展。瓦特的出现将原先蒸汽机的效率提高了三倍（参见 P. Minard，in Pomeranz，2009，p. 18），这也让纺织机的效率大大提升，以至于英国从此不再需要用本国的羊毛而是用美国的棉花进行纺织生产。“1760 到 1840 年间，英国的棉花净消费增长了将近二百倍”（2009，p. 23）。与使用羊毛相比，棉花的使用帮助英国在 1815 年节约了 240 万公顷的土地，在 1830 年节约了 623 万公顷的土地。彭慕兰在分析中称这些节约下来的土地为“幽灵之地”（2010，p. 461-462，据彭慕兰称，“幽灵之地”这个词来自埃里克·琼斯（Éric Jones），2009，p. 105）。总之，棉花的使用让英国不再需要为饲养绵羊而发展牧地，而煤炭的使用则让英国不再需要为使用木炭而发展林地。

就像菲利普·米纳德（Philippe Minard）说的那样：“大英帝国的优势首先在于它能够通过自己在北美和安的列斯群岛所拥有的殖民地农业资源来弥补本国的资源不足问题。”（2009，p. 25）总之，彭慕兰的分析结论是，在中国还在为长江三角洲地区的人口增长和土地不足犯愁的时候，英国的煤炭发展一方面缓解了英国的土地压力，另一方面，它也为英国带来了“蒸汽机的发展、交通领域的革命、钢铁工业的扩大，以及军事力量的增强”（2009，p. 106）。但最值得我们记住的一点依然是，西方历史上的经济发展在很大程度上依靠的是殖民地的土地和原材料。

在当今的国际政治环境下，殖民地政策，至少是原先的那种殖民地政策，已经成为了一种不可能。而中国的优势在于它跟 18 世纪末的英国一样，拥有大量的煤炭资源。

综上所述，经济发展的一个重要条件是扩大领土。而扩大领土要么是靠军事战争，这是人类历史上一直在做的事情，要么是靠贸易交换。而贸易交换也有两种形式，一种是弗朗索瓦·吉普鲁（François Gipouloux）（2009）以地中海、波罗的海的港口城市为例所分析的那种建立在军事威胁或经济威胁基础上的贸易交换，另一种是建立在藩属国系统基础上的贸易交换。

彭慕兰的分析也涉及政治制度和经济效率之间的关系问题。他的研究表明，虽然英国的君主立宪制和中国的君主专制有很大的不同，但两国在工业革命之前的经济发展水平是非常接近的。这个结论是很有意义的，它让我们明白，决定经济效率的并不是政治制度，而是情境。

情境不光能够决定经济效率，它其实也能够决定政治制度。这在自然能源领域中体现得尤为明显。比如，通过研究历史我们可以发现，地理上适合发展灌溉农业的国家往往会比较有利于专制制度的发展，因为水利工程的修建和水资源的分配非常需要强权政治的存在（参见 D. Desjeux（dir.），1985）。

小 结

我于 20 世纪 70 年代在马达加斯加和撒哈拉以南非洲所做的关于当地农业社会的研究（参见本书第四和第五章）引起了我对人力能源与生产的关系、能源与劳动的性别分工和代际的关系、能源与地方政治权力的关系，以及能源与地缘政治和战争的关系等问题的关注。

从二战结束的 1945 年开始，大部分国家都陆陆续续地进入了能源结构调整的第一个阶段，即“工业”能源的使用阶段［参考 1945 年首映和 2001 年再映的影片《法尔比克》（*Farrebique*）］。这其中包括机械、化肥和农药在农业上的应用（关于非洲的发展计划，参见 D. Desjeux，1986），电和煤气在家庭中的出现，家用汽车和保健美容产品的大众化工业生产，以及，比如，核能在法国和中国的开发，还有页岩气在美国的开发，等等。

在 2012 年的图卢兹大学能源社会学交流会结束后，我在网上登了一组照片，用来简短回顾第一次能源革命的全球化发展过程（参见 http：//bit.ly/2012-desjeux-conferenceenergie-photos）。它先是从 18 世纪末在英国开始的，之后又见证了美国经济在 20 世纪初的崛起、西欧的“辉煌三十年”，以及以中国为代表的国家的经济腾飞。

“辉煌三十年”的消费经济模式先是从以欧莱雅为代表的护肤美容产品的发展开始的，之后又为大众消费者们带来了家用汽车、洗衣机、电冰箱、吸尘器、Moulinex 料理机、富美家材料，以及女性避孕药等等。电力能源在家庭中的广泛应用让妇女们得到了一定程度上的解放，因为家用电器让家务劳动变得轻松了许多。所以说，能源与家务劳动的性别分工有着很大的关系。但在家电解放了妇女们的同时，像特百惠这样的“兰杜式”企业也会更希望让女人们都成为家庭主妇。

除了人力能源外，我在非洲所做的研究也让我看到了动物能源、水能和木炭在传统农业中的重要性。如今，许多第三世界国家的人们依旧十分依靠这些传统能源模式，他们的生活方式和人均年耗能为 65 000 千瓦的欧美人的生活方式相去甚远。

20 世纪 90 年代也是中国式“辉煌三十年”开展得如火如荼的时候。人们对保健美容产品、电冰箱、洗衣机、微波炉、电视、电脑、电话、家用汽车、电梯等都已经习以为常。他们接下来将要经历的是以城市自行车为标志的新一轮的能源结构调整。

当今能源经济中的一个趋势是，全球人口越老龄化，能源价格就越高。而另外一个现象是，当今绝大多数的国家依然对工业能源的使用十分“上瘾”。这就带来了一个问题：我们如何能够保证在现有的能源生活条件至少不变的基础上，为了保护环境而减少我们的工业能源消耗？这是一个很难回答的问题。不过，好在中国有句古话是这样说的：千里之行，始于足下。所以说，办法总是在行动中找到的。

结　论

在回顾了法国的官僚主义现象、马达加斯加的殖民现象、刚果的巫术现象之后，我们又通过对城郊购物中心、美国人的后院、城市暴动，和一对丹麦年轻情侣的日常生活的归纳法分析，描绘了西方中产阶级的生活状态。而随着以中国为代表的新兴国家在20世纪末21世纪初的崛起，可以说，中产的生活方式已经成为一种全球化的生活方式。但随之而来的是各国在能源、原材料和高蛋白食物领域中的激烈竞争，这些竞争既促进了某些国家之间的国际合作，又造成了另外一些国家之间的国际矛盾。

从收入和受教育程度角度来看，全球中产阶级也是有内部分化的，全球高级中产阶级和全球底层中产阶级之间是有着明显差距的。尽管如此，我们还是可以从消费这一角度将全球中产阶级视为一个整体。在它之上，是那些只占全球人口的0.004%，但却拥有全球财富13%的二十万顶级富豪（参见*FranceInfo*，2014年11月21日），以及除了他们之外，在2008年瓜分了全球44%的新财富，但数目比例只占全球5%的富裕家庭（参见Branco Milanovic，2016，p. 25）；而在全球中产阶级之下，则是每天收入不到两美元的28亿贫困人口。

全球中产阶级人口大概在30亿左右。2008年的数字显示，全球中产阶级中的核心部分有18亿人，也就是全球人口的28%，其中的5.6亿组成了全球高级中产阶级。而根据经合组织预测，全球中产阶级总人口数在2050年预计会达到50亿。

新增中产阶级人口会主要集中在亚洲。亚洲中产阶级在全球中产阶级中的比例预计会从2010年的28%增长到2050年的66%，而北美和欧洲的比例届时会从54%降到21%。就像我在本书第二十三章提到的那样，我们如今正经历着全球中产阶级的此消彼长。这一过程的特点是，新兴国家中曾经的贫困人口如今越来越多地进入到了全球中产阶级行列，而发达国家的底层中产阶级的购买力却停滞不前。但不管是在新兴国家还是在发达国家，这一过程都造成了贫富差距的拉大。另外，新中产阶级的出现一方面加剧了各国在能源、原材料和高蛋白食物领域中的竞争，另一方面也加剧了环境污染和气候变暖问题的严重性。

2017年2月20日的《回声报》刊登了纪尧姆·德·卡利农（Guillaume de Calignon）给布兰科·米拉诺维奇（Branco Milanovic）于2016年出版的《全球贫富差距》（*Global inequality*）一书所写的书评。米拉诺维奇的这本书着重描写了全球中产阶级在1988年到2008年间的快速增长。书的第11页有张叫作“大象”的图表，图表显示，除了全球人口中最富的1%之外，收入增长速度最快的是来自中国、印度、泰国、越南和印度尼西亚的中产，尽管他们目前的收入水平依然低于欧美的中产（p. 19）。至于后者，他们的收入增速是最低的（p. 20），因此也可以说他们是全球化过程中的失意者。尽管没有十足的把握，但我们有理由认为，欧美民粹主义政党从20世纪90年代以来的兴起主要得益于来自这些收入增长缓慢的中产阶级的选票。

然而，民粹主义政党提出的许多经济政策都是具有贸易保护主义性质的。这些民粹主义政党完全能够体会到欧美中产阶级，尤其是底层中产阶级，在面对消费降级时所产生的忧虑。这种体会本身是无可厚非的，但民粹主义政党想利用这种中产阶级忧虑来推行他们的贸易保护主义政策，而贸易保护主义最后是会危害到底层中产阶级的利益的，因为贸易保护主义会让全球的关税水平提高，从而使人们的生活成本提高。

当我们说全球中产阶层人口占全球总人口的大约30%的时候，这里的中产阶层概念的定义是很模糊的。不过，从他们在线上和线下社会互动背景下的物质文化生活方式角度看的话，他们在很大程度上还是形成了一个整体。在对中国、巴西、美国和欧洲等地区的城市发展和家庭消费的实地和归纳研究中，我们也能够发现这一点。

中产阶层的内部分化主要体现在收入、文化和对消费生活的理解方面。这种同质性和异质性的共存，使中产阶层的状态十分不稳定。中产阶层的确能够在很大程度上决定世界的未来发展方向，但到底是往可持续的方向发展还是往非可持续的方向发展，这我们就不得而知了。

以手机和其他新型电子通信设备发展为标志的社会网络（réseaux sociaux）的发展可以让我们意识到，中产阶层现象并不是一个通过收入分析便能够理解的现象，它与社会网络现象和政治侍从主义现象也是息息相关的。这里所说的政治侍从主义，是一个既非褒义亦非贬义的描绘性概念，它存在于不管是东方的还是西方的绝大多数国家的政治系统当中，只不过程度不一样而已。就像我们在本书第二和第三章内容中能够看到的那样，没有任何一个国家政府的运转能够脱离人际关系网。即使是在美国这样的以法治著称的国家，人治也是相当重要的。另外，在一次记者采访中，一位受访的法国镇政府公务员说道，他们镇的政府越来越“左倾”了。当记者问他为什么这么说时，他的回答是，因为镇政府再也不聘请他的亲戚当公务员了。当然这只是一个很小的例子，但它却很生动地告诉我们，不管是对于百姓还是对于政客来说，社会关系网都是很重要的。

回首我的归纳法研究生涯，我看到，是消费现象让我一步一步地看清原本模糊的中产阶级现象的。的确，人们的消费方式与收入有很大联系，是收入决定了人们到底可以高消费、普通消费，还是只能低消费。这也是为什么底层中产阶层对自己的购买力限制特别敏感，尤其是关于住房、能源、健康、网络、电话、电脑等硬性消费方面的购买力。另外，家庭收入水平也关系到孩子的教育条件，而不管是在广州、圣保罗、首尔、特拉维夫，还是在伊斯坦布尔，孩子的受教育程度都是中产阶层父母最为关心的事情之一。

然而，就像我们在本书中已经看到的那样，收入并不是消费行为的唯一解释因素。文化、民族或者宗教方面的社会从属，性别和性取向，出生年代，生命周期，受教育程度，居住环境等都是消费的影响因素，也正是这些因素让消费行为具有多样的特点。

同理，个人心理动机也不是影响消费选择的唯一因素。尽管从微观个人梯度出发，我们的确能够观察到消费者的个人消费欲望，但有了消费欲望并不意味着就一定会有消费行为。而当我们从社会互动或者行动系统的视角出发观察消费行为时，行为中的个人心理动机成分甚至经常会显得十分渺小。我们的社会是由个体行动者和集体行动者交织构成的，它是处在不停运动当中的。社会的发展方向是不确定的，因为推动社会发展的各方力量是难以琢磨的。我们只需要想一下让-查尔斯·雷纳迪尔（Jean-Charles Leynadier）所说的社会的“数字平台化”（plateformisation），想一下特朗普在美国总统选举中的胜出，想一下伊斯兰极端势力的出现，想一下巴黎气候变化大会，或者是想一下创业企业的飞速发展，就会很容易地意识到社会发展的不确定性。

政治，实际上就是去把握推动社会发展的各方力量，为行动找到最合适的时机。所谓的政治远见，其实也就是政治家不把自己的组织、国家、盟友和整个地球置于险境，知道何时进何时退的能力。优秀的政治家也是能够在人们的救世论和末世论信仰中找到平衡的人。

自从一万年前的农业革命开始以来，人类社会经历的最大的一次变化便是中产阶级在最近两个半世纪以来的飞速发展。19 世纪的时候，中产阶级还只是手工业和工业劳动者当中的“精英”阶层。虽然新兴国家的中产阶级依然还有很多来自于第二产业，但如今，越来越多的中产阶级是来自第三产业的，也就是来自于服务业。在享受现代消费的同时，中产阶级对电力能源的依赖也越来越强。

概括来说，中产阶级是居住在市区内或者城郊的城市人口。他们的日常生活路线是由三个点连接起来的，即居住地点、工作地点和消费地点（比如饭店、酒吧、电影院、健身中心等）。对于高级中产阶级来说，我们还可以加入另外一个他们时常会去到的地点，那就是旅游地点。不管是有工作的还是赋闲在家的，不管是在公司上班还是在家工作的，不管是工作时间固定还是工作时间自由的，中产阶级的物质生活都是由三大物品系统组成的，即商店商品、汽车用品和家庭设备。

福特T型车在20世纪20年代的美国的风靡开启了汽车的大众化消费。紧接着便是家用电器。罗伯特·高登（Robert Gordon）在2016年回顾道，通用电气公司在1917年的广告宣传中曾这样形容家用电器：家用电器是“肌肉结实的”、会做家务的“电动仆人”（p. 121）。的确，家用电器的出现在很大程度上缩减了中产阶级的体力劳动。但这也是为什么从1945年开始，家庭居所成为一个重要的经济生产区域，因为人们发现自己在家里可以做比以前多得多的事情。

对于中产阶级，尤其是在城郊拥有别墅住宅的中产阶级来说，DIY、修草坪、整理花园是他们最明显的消费标志，尽管像美国的家得宝、法国的乐华梅兰这样的家装建材超市并没有在所有国家都能取得成功。这些消费现象的兴起带来的也是曾经在家中无所事事的男人们在家庭生活中的新地位。总之，中产阶级家庭的共同特点是，他们会通过对居住场所内部和外部的装饰来表现自己的中产阶级社会地位，并与其他社会阶层区别开来。

厨房是中产阶级变化最大的家庭空间之一，因为那里是家用电器最集中的地方。除了冰箱和电炉等电器之外，许多法国人把洗衣机也安装在厨房，尽管这对美国人来说是很难接受的。除了厨房用的电器之外，缝纫机、电熨斗之类的电器的出现也标志着重体力家务活的终结。或许这才是石器时代的真正完结。另外，食品工业的发展也是中产阶级生活方式的一个标志。

洗浴间和大型超市的出现让保健美容市场得到了发展。这个市场的发展先是从面部护肤开始的。由于文化的不同，人们使用的要么是美白产品，要么是美黑产品。如今，面部护肤已经仅仅是这个市场的一小部分，睫毛膏、眉笔、口红、头发拉直、指甲油、打耳洞、文身等消费品或消费行为都陆续出现。

随着离婚率成倍地上升，婚姻市场发生了很大的变化，而化妆品消费是这一变化的一个很好的分析器。可以说，以护肤霜、睫毛膏、口红为代表的女性化妆品成了现代女性在婚姻市场上巩固自己外貌资本的重要工具。当然，面对激烈的婚姻市场竞争，男性也越来越多地开始重视自己的外貌资本。

除了厨房和洗浴间之外，另外一个最能代表中产生活方式的家庭空间就是起居室。在所有我们观察过的国家，比如法国、丹麦、美国、巴西、中国等，起居室都是电视、电话、游戏机、电脑、平板、手机等电子科技产品最为集中的地方。不过，如今的许多电子科技产品都十分便携，人们可以拿着它们在不同的房间走动，所以这些产品也在一定程度上打破了家庭空间的传统界限，尤其是私密空间和公共空间之间的界限。塞尔日·蒂斯罗（Serge Tisseron）（2001）在分析青少年的社交网络时提出的“外密”（extimité）概念便是对这一现象的一个很好的表达。

随着网络的发展，家庭居所如今已经成为集信息获取、购物、办公、能源管理、娱乐等功能于一身的大型“集成器”（参见 D. Desjeux，2017）。这一变化中最引人注目的无疑是中国阿里巴巴集团旗下的淘宝网的飞速发展。而今天的中国人似乎也越来越习惯于足不出户便能买到一切的生活。总之，如今的阿里巴巴已经有了与亚马逊相抗衡的实力。

社会其实是一个庞大的集体行动系统。在这个系统里面，物质会随着生产企业、行政机构、零售巨头、物流公司等集体行动者之间的社会互动，以商品、消费品、废品等不同形式不断地流通着。上述“四个集体行动者对能源、交通、金融、科技、军事领域中的风云变化非常敏感。而我们需要知道的是，社会变化既可以从宏观社会领域，也可以从微观社会领域中出现”（参见 D. Desjeux，2017）。

手机的个人使用和它带来的环境问题是现代社会中个人生活向公共生活渗透的一个很好体现。手机的使用虽然是人们的个人行为，但这些个人行为的叠加造成了很大的地缘政治影响。首先，手机屏幕的生产需要从稀土中采集出大量的硅原料。中国目前控制着全球80%的已开发的稀土资源，这是为什么当中国在2010年与日本发生领土分歧时，中国能够在一段时间内阻断日本的手机进口。但稀土的开发对环境的污染是很严重的。另外，手机业的发展带来了电力需求量的增加，而这也就带来了碳排放增加的问题，因为目前的电力生产还普遍依靠化石燃料的使用。

手机的这个例子可以让我们看到，微观社会视角下的日常家庭生活和宏观社会视角下的地缘政治之间是有着千丝万缕的联系的。2017年，美国、中国、澳大利亚、日本、韩国因为太平洋问题而提高了军费预算（参见 Pascal Lamy，Nicole Gnesotto 和 Jean Michel Baer，2017），这与中产阶层消费也是不无关系的，尽管中产阶层并不会有意识地去影响地缘政治形势。总之，中产阶层消费是宏观社会层面的地缘政治、中观社会层面的消费市场行动系统，以及微观社会层面的日常消费互动之间的交汇处。

21世纪以来，全球范围内的社会政治矛盾开始不断增加，而中产阶层在其中扮演了重要角色。除了民主诉求之外，各国中产阶层也都在以医疗、交通和教育为主的公共服务问题上进行着抗议。人们，尤其是男人们，希望能有一个救世主可以帮助他们巩固家庭主人的地位，保证他们的人身财产安全，以及为他们提供就业保障。

本书所回顾的出自不同年代和不同地点的研究主要告诉我们，社会既是建立在消费基础上的一个整体，也是由许多不同的、处在互动关系中的、难以捉摸的单位组成的，所以社会是不会受任何单一完整逻辑所支配的。当今全球中产阶级地缘政治中的一个重要方面是“保守派”和“改革派”之间的对立。前者崇尚边界封锁和地方贸易保护，后者向往开放与自由交换。双方在相互依存的同时，却都觉得对方是自己的绊脚石。

这便是中产阶级现象的矛盾性所在——它既会催生民粹主义，也会带动现代化运动。但不管是往第一种方向还是往第二种方向发展，中产阶级都不是许多人误以为的被动消费者，而是能够决定人类社会未来发展方向的行动者。当然，这并不是说中产阶级的发展让社会变得更加民主了，传统主义极端政治势力在欧洲乃至全球的兴起便是一个反例。总之，人类社会是不会有救世主的，它唯一拥有的是围绕权力而展开的永不停息的社会斗争。这些斗争为的是中产阶级的幸福，但中产阶级未必会因此获得幸福。

参考书目

Aglietta Michel, Bai Guo (éds.), 2012, La voie chinoise, Odile Jacob

Alami Sophie, Taponier Sophie, Desjeux Dominique, 1996, Le développement de l'offre de services à la clientèle des particuliers, Argonautes, contrat Centre EDF-GDF services Paris-Nord

Alami Sophie, Desjeux Dominique (dir.), 2006, Les pratiques des jeunes en Europe par rapport à l'argent, contrat Mission Recherche de La Poste, Interlis, Magistère de sciences sociales (http://bit.ly/2006-alami-argent-jeune-Europe)

Alami Sophie, Desjeux Dominique (dir.), 2006, Le jeu des codes dans l'entreprise et des marques de la féminité, contrat Inter-Elles Magistère de sciences sociales (http://bit.ly/2006-desjeux-femmecadre)

Alami Sophie, Desjeux Dominique (dir.), 2006, Les pratiques de collection de timbres en France, contrat Mission Recherche de La Poste, Magistère de sciences sociales, (http://bit.ly/2006-desjeux-alami-timbre-cycledevie)

Allemand Sylvain, Ruano-Borbalan Jean-Claude, 2008, La mondialisation, Le cavalier bleu

Al-Saleh, 2017, à propos du livre d'Etienne Bimbenet, L'invention du réalisme, dans Aux frontières du réel, La Vie des idées, 30 mars 2017. ISSN: 2105-3030. URL: http://www.laviedesidees.fr/Aux-frontieres-du-reel.html.

Appadurai Arjun (éd.), 1986, The social life of things. commodities in a cultural perspective, Cambridge University Press

Arnould Eric, Wallendorf Melanie 1994, "Market-oriented ethnography: interpretation building and marketing strategy formulation," Journal of Marketing Research, 31 (November), pp 484-504.

Baba Meta, 1994, "The evolution of the american home: stability of traditional female roles and the changing landscape of the kitchen", New York, Whirpool's Great Expectations Event

Bachmann Christian, Le Guennec Nicole, 1995, Violences urbaines. Ascension et chute des classes moyennes à travers 50 ans de politique de la ville, Albin Michel

Badot Olivier, Cova Bernard, 1992, Le nouveau marketing, ESF

Badot Olivier, Marc Benoun (eds.), 2005, Commerce et distribution: prospectives et stratégies, Economica

Badot Olivier, Moreno Dominique, 2017, Commerce et urbanisme commercial. Les grands enjeux de demain, EMS édition

Barney G. Glaser, Anselm A. Strauss, 2010, La découverte de la théorie ancrée. Stratégies pour la recherche qualitative, Armand Colin (1967, édition anglaise)

Battistella Dario, 2006, Retour de l'état de guerre, Armand Colin

Baudrillard Jean, 1968, le système des objets, Gallimard

Baudrillard Jean, 1970, La société de consommation, Gallimard

Baudelot Christian, Establet Roger, 1994, Maurice Halbwachs, consommations et société, PUF

Bauer Gérard, Roux Jean - Michel, 1976, La rurbanisation ou la ville éparpillée, Seuil

Belk Russel, 2003, Les chaussures et le soi, (http://bit. ly/2003 - belk - chaussure-soi)

Benavent Christophe, 2016, Plate - formes. Site collaboratif, marketplace, réseaux sociaux… Comment ils influencent nos choix, fyp éditions

Benewick Robert, Donald Stephanie, 1999, Atlas de la Chine contemporaine, Autrement

Berger Peter L., Hsiao Hsin-Huang Michael (eds.), 1988, In search of an east asian development model, Transaction Publisher

Bernard Claude, 1938, Morceaux choisis, préface de Jean Rostand, Gallimard

Berthoz Alain, 2003, La décision, Odile Jacob

Bigot Régis, 2010, Fins de mois difficiles pour les classes moyennes, CREDOC/L'Aube

Bourgne Patrick (éd.), 2013, Marketing: remède ou poison? Les effets du marketing dans une société en crise, EMS

Bosc Serge, 2008, Sociologie des classes moyennes, La Découverte

Bosc Serge, 2013, Tous en classe moyenne? La Documentation Française

Boisard Anne Sophie, Desjeux Dominique, Yang Xiaomin, Zheng Lihua, 2002, Anthropologie du bricolage en Chine, à Guangzhou, in Zheng Lihua, Desjeux Dominique (EDS) Entreprise et vie quotidienne en Chine. Approche interculturelle, l'Harmattan, pp. 135-164

Boisard Anne Sophie, 2007, Les usages du SMS en Chine, in Le logement dans la Chine urbaine contemporaine: un lieu d'analyse stratégique pour les pratiques de consommation de la nouvelle classe moyenne cantonaise, Université Paris Descartes, Sorbonne Paris Cité, thèse sous la direction de Dominique Desjeux

Boserup Ester, 1970, Evolution agraire et pression démographique, Flammarion

Boltanski Luc, 2012, Enigmes et complots, Gallimard

Boltanski Luc, Eve Chiapello, 1999, Le nouvel esprit du capitalisme, Gallimard

Bomsel Olivier, 2007, Gratuit! Du déploiement de l'économie numérique, Gallimard

Bonnet Michel, Desjeux Dominique, (éds.), 2000, Les territoires de la mobilité, PUF

Boudon Raimond, 1973, L'inégalité des chances, La mobilité sociale dans les sociétés industrielles, A. Colin

Boudon Raimond, 1976, Les méthodes en sociologie, PUF, Que sais-je? (1ère éd. 1969)

Boudon Raymond, 1984, La place du désordre, PUF

Bouffartigue, Gadea Charles, Pochic Sophie, éds., 2011, Cadre, classe moyenne: vers l'éclatement?, Armand Colin

Bourdieu Pierre, Dardel Alain, Rivet Jean-Paul, Seibel Claude., 1963, Travail et travailleurs en Algérie. Mouton

Bourdieu Pierre (dir.), 1965, Un art moyen, Essai sur les usages sociaux de la photographie, Minuit

Bourdieu Pierre, Passeron Jean Claude, 1967, Les héritiers, Minuit

Bourdieu Pierre, 1979, La Distinction, Critique sociale du jugement, Minuit

Bourdieu Pierre, 1982, Ce que parler veut dire. L'économie des échanges linguistiques, Fayard

Bourdieu Pierre1984, L'homo academicus, Minuit

Brewer John, Porter Roy (éds.), 1993, Consumption and the world of goods, Routledge

Bronner Gérald, 2007, Coïncidences, nos représentations du hasard, Edition Cécile Defaut

Bronner Gérald, 2013, La démocratie des crédules, PUF

Brook Timothy, 2010, Le chapeau de Vermeer. Le XVIIème siècle à l'aube de la mondialisation, Payot

Brown Lester, 1997, Vers une crise alimentaire en Chine et dans le monde? interview par Jean-Pierre Cabestan, 8 septembre 1997, in Perspectives Chinoises numéro 42, p. 12.

Cai Hua, 1997, Une société sans père ni mari: les Na de Chine, PUF

Campbell Colin, 1987, The romantic ethic and the spirit of modern consumerism, Blackwell

CarrollRaymonde, 1991, Evidences invisibles. Américains et Français au quotidien, Seuil

Caillé Alain, 1989, La critique de la raison utilitaire, La Découverte

Cardon Dominique, Casilli Antonio, 2015, Qu'est-ce que le digital labor?, Ina édition

Caro François, Cardot Fabienne, 1991, Histoire de l'électricité en France, Fayard

Carton de Grammont, Sarah, 1996, Changement de décor à Moscou. Enquête ethnographique sur des manières d'habiter en contexte de transition, Maîtrise d'ethnologie, Paris V Sorbonne, sous la direction de Jean-Pierre Warnier et d'Anne Raulin

Casilli Antonio, 2010, Les liaisons numériques, Le Seuil

Casotti Leticia, Suarez Mariebel, Dias Campos Roberta, 2008, O Tempo da beleza. consumo. e comportemento. feminino. novos. Olhares, Senac Nacional (Préface Dominique Desjeux)

Castel Robert, 1995, Les métamorphoses de la question sociale, Gallimard

Cayol Christine, 2003, L'intelligence sensible, Village Mondial

Chatriot Alain, Chessel Marie-Emmanuelle, Hilton Matthew (éds.), 2005, Au nom du consommateur. Consommation et politique en Europe et aux États-Unis au XXe siècle, La Découverte

Charpentier Xavier, 2015, Je me suis bien plu ici, Plein jour

Chauvel Louis, 2006, Les classes moyennes à la dérive, Seuil

Chauvel Louis, 2016, La spirale du déclassement. Essai sur la société des illusions, Seuil

Chellaney Brahma, 2013, China's hydro - hegemony, in Herald Tribune du 8 février

Chessel Marie Emmanuelle, 2012, Histoires de la consommation, La Découverte

Cicchelli Vincenzo, 2001, La construction de l'autonomie, Paris, PUF

Cicchelli Vincenzo et Catherine (éds.), 2004, Ce que nous savons des jeunes, Paris, PUF

Clark Alison, 1999, Tupperware. The promise of plastic in1950s America, Smithsonian

Cline Eric H., 2015, 1177 avant J. -C. Le jour où la civilisation s'est effondrée, La Découverte

Clochard Fabrice, Desjeux Dominique, (éds.), 2013, Le consommateur malin face à la crise, tome 2 et tome 2, L'Harmattan

Clochard Fabrice, 2013, La passion automobile: Approche anthropologique des formes de l'attachement, EMS

Cochoy Franck (éd.), La captation des publiques. C'est pour mieux te séduire mon client…, Presses universitaires du Mirail

Cohen Elie, 1989, L'Etat brancardier. Politiques du déclin industriel (1974-1984), Calmann-Lévy

Collier John, Collier Malcolm, 1992, Visual anthropology: Photography as a research method, University of New Mexico Press, (1ère éd., 1967)

Cova Bernard, Kozinets Robert, Shankar Avi (éds.), 2007, Consumer tribes, Elsevier/BH

Crozier Michel, 1963, Le phénomène bureaucratique – Essai sur les tendances bureaucratiques des systèmes d'organisation modernes et sur leurs relations en France avec le système social et culturel, Le Seuil

Crozier Michel, 2002, Ma belle époque: mémoires [1], 1947–1969, Fayard

Cuche Denys, 1996, La notion de culture dans les sciences sociales, La Découverte

Csaba Fabian, 1999, Design of the retail entertaiment complex. Marketing, space and the mall of America, PhD, Southern Denmark University

Damon Julien, 2013, Les classes moyennes, PUF

Daziano Laurence, 2014, Les pays émergeants. Approche géo économique, Armand Colin

Deborah Davis (ed.), 2000, The consumer revolution in urban China, University of California Press

De La Ville Inès, 2005, L'enfant consommateur ; Variations interdisciplinaires sur l'enfant et le marché, Vuibert

Delisle Guy, 2004, Shenzen, L'association (Bande dessinée, 4ème édition)

Denny Rita, Sunderland Patricia (éds.), 2014, Handbooks of anthropology in business, Left Coast Press

Desjeux Cyril, 2006, Homosexualité et procréation: les prémices d'un matriarcat? Analyse stratégique du processus de décision d'avoir un enfant dans un couple homosexuel, L'Harmattan

Desjeux Dominique, 1971, Le Corps des mines ou un nouveau mode d'intervention de l'État, mémoire de Maitrise, université Paris X, directeur Michel Crozier, (1973, AUDIR, micro–Hachette)

Desjeux Dominique, 1975, bureaucratique et développement des rapports marchands ὰ Madagascar, thèse de troisième cycle, Université Paris 5, directeur Alain Touraine

Desjeux Dominique, 1979, La question agraire ὰ Madagascar. L'Harmattan

Desjeux Dominique, 1980, Le Congo est–il situationniste? 20 ans de politique congolaise, in Le Mois en Afrique, pp. 16–40 (http: //bit. ly/1980–desjeux–congo –situationiste)

Desjeux Dominique (éd.), 1984, l'eau. Quels enjeux pour les sociétés rurales?,

L'Harmattan (http: //bit. ly/1984-eau-enjeux-rural)

Desjeux Dominique, 1984, Qu'est - ce qu'une décision rationnelle? Revue Agriscope n°4, http: //www. argonautes. fr/1984-dominique-desjeux-quest-ce-quune-decision-rationnelle/

Desjeux Dominique, 1986, La multiplication des projets de développement en Afrique Noire, in le Mois en Afrique n° 249-250 ; 251-252, (http: //bit. ly/1987-desjeux-projetdeveloppement-Afrique)

Desjeux Dominique, 1987, Stratégies paysannes en Afrique Noire, L'Harmattan (thèse d'Etat, directeur Georges Balandier)

Desjeux Dominique, Laacher Smain, Taponier Sophie, 1989, Les manèges à bijoux Leclerc, Argonautes, contrat Optum

Desjeux Dominique, Taponier Sophie, Le Van Duc Anne-Christine, Bourrier Mathilde, avec la collaboration de Carole Blancher et Caroline Buresi, 1990, Étude des pratiques et des représentations des entrées de ville, Argonautes, contrat Optum, colloque Architecture commerciale et urbanisme (http: //bit. ly/1990ENTREE-VILLE)

Desjeux Dominique, Orhant Isabelle, Taponier Sophie, 1991, L'édition en sciences humaines: la mise en scène des sciences de l'homme et de la société, L'Harmattan

Desjeux Dominique, Taponier Sophie, Favre Sophie, 1991, Promodès, enseigne Champion. Stratégies de différenciation et axe de communication, contrat Champion, Argonautes, (http: //bit. ly/1991-desjeux-grandesurface)

Desjeux Dominique, Alami Sophie, Taponier Sophie, Pavageau Jean, Schauffhauser Philippe, 1992, Etude des effets de lintervention de lORSTOM dans quatre pays tests, Mexique, Cameroun, Congo, Niger, CNER, Argonautes

Desjeux Dominique, Taponier Sophie, 1993, ENITA Bordeaux, Création et développement du laboratoire systèmes dinformation, ministère de l'Agriculture, Argonautes.

Desjeux Dominique (dir.), Taponier Sophie, 1996, Les conditions de développement de la gestion technique individuelle (GTI) cunicole, et de la centralisation des données, ministère de l'Agriculture/ITAVI, Argonautes.

Desjeux Dominique, Medina Patricia, Berthier Cécile, 1994, Pratiques et imaginaire de la consommation de Pastis, Argonautes, contrat Pernod Ricard, (http: //bit. ly/1994-desjeux-pastis)

Desjeux Dominique (dir), Varga Laurence, Bouniatian Serge et coll., 1994, Comment les parisiens réagissent à une coupure de courant de 5 à 25 heures (http: // bit. ly/1994-desjeux-coupure-courant)

Desjeux Dominique, Alami Sophie, Garabuau Isabelle, Sicot Laurence, Taponier Sophie, 1995, Permanences et évolutions du média papier comme support de communication, La Poste/ Mission Recherche (http: //bit. ly/1995-desjeux-alii-anthropologie-du-papier)

Desjeux Dominique, 1996, Tiens bon le concept, j'enlève l'échelle…d'observation ! in revue UTINAM n° 20, pp.

Desjeux Dominique, Berthier Cécile, Jarrafoux Sophie, Orhant Isabelle, Taponier Sophie, 1996, Anthropologie de l'électricité. Les objets électriques dans la vie quotidienne en France, L'Harmattan

Desjeux Dominique, 1997, L'ethnomarketing, une approche anthropologique de la consommation: entre fertilisation croisée et purification scientifique, Revue UTINAM n°21-22, pp. 111-147 (http: //bit. ly/1997-desjeux-ethnomarketing)

Desjeux Dominique, Taponier Sophie, à Louis, Garabuau Isabelle, 1997, L'ethnomarketing: une méthode pour comprendre la construction de la rencontre entre l'offre et la demande. Le cas de la domotique dans un quartier urbain en France, Colloque Penser les usages , Archachon, France Telecom, pp. 250-258 (http: //bit. ly/1997-desjeux-alii-domotique)

Desjeux Dominique, Taponier Sophie, Monjaret Anne, 1998, Quand les français déménagent, PUF

Desjeux Dominique, Alami Sophie, Taponier Sophie, 1998, Les pratiques d'organisation du travail domestique: 'une structure d'attente spécifique', in Michel Bonnet, Yvonne Bernard, 1998, Service de proximité et vie quotidienne, PUF, pp. 75-88

Desjeux Dominique, Taponier Sophie, ZHENG Lihua etcoll., 1998, les pratiques et les représentations de la mémoire à Guangzhou (Chine), contrat Beaufour Ipsen international (http://bit. ly/1998-desjeux-alii-memoire-chine)

Desjeux Dominique, 1998, "Testimony of a Left-wing Liberal in May 68 at Nanterre in France", French Politics and Society, Vol 16, Number 3, Summer 1998, Center for European Studies at Harvard University, Cambridge MA, pp. 57-64

Desjeux Dominique, Ras Isabelle, Taponier Sophie, 1998, Enquête anthropologique. Diversité des usages et des fonctions du post-it dans le milieu domestique et dans le milieu professionnel, Argonautes, contrat CNET, France Telecom

Desjeux Dominique, Jarvin Magdalena, Taponier Sophie, 1999, Regard anthropologique sur les bars de nuit, L'Harmattan

Desjeux Dominique, Garabuau - Mousaoui Isabelle, Ras Isabelle, Taponier Sophie, 1999, Expérimentation d'un accès Internet sur réseau ADSL, France Telecom, CENT (http://bit. ly/1999-desjeux-alii-ADSL)

Desjeux Dominique, Draebel Tania, Testut Nina, Horn Ray, Pires Joao, 1999, Ethnographic qualitative field study of a hewlett packard calculator in four countries (The United States, New York; Brazil, Sao Paolo; Norway, Oslo; France, Paris), contrat Hewlett Packard, Argonautes, (http://bit. ly/1999-desjeux-calculette)

Desjeux Dominique, Monjaret Anne (dir.), 1999, La boite aux lettres, objet banal, objet social, enquête collective du Magistère de la Sorbonne, Paris 5, contrat mission Recherche de La Poste

Desjeux Dominique, Magdalena Jarvin, Sophie Taponier etcoll., 2000, La nuit, l'énergie et le contrôle social, Consommations et Sociétés n°1, Paris, l'Harmattan, pp. 79-91 (http://bit. ly/2000-desjeux-nuit-energie-controle)

Desjeux Dominique, Clochard Fabrice, 2001, La vente à distance (VAD), Les Trois Suisses, (http://bit. ly/desjeux-clochard-venteadistance)

Desjeux Dominique, Clochard Fabrice, Garabuau-Moussaoui Isabelle, 2001, The social logic of the spread of E-business to the home, in the light of scales of observation, in 8th Interdisciplinary Conference on Research in Consumption, 25-29 juillet, Actes du colloque, Paris, Sorbonne, pp 17-24, (http://bit. ly/2001-desjeux-garabuau-clochard-e-commerce)

Desjeux Dominique (éd..), Garabuau-Moussaoui Isabelle, Pavageau Cécile, Ras Isabelle, Sokolowski Esther, 2003, La consommation et les objets du quotidien comme analyseur des trajectoires de la précarité des SDF, in Collectif, Représentations, trajectoires et politiques publiques, PUCA, pp. 89-105 (http://bit.ly/2000-SDF-reinsertion)

Desjeux Dominique, 2003, La cathédrale, le caddie , et la caméra: les voies cachées de l'institutionnalisation de la consommation. in Agrobioscience, L'Almanach 2003 (http://bit.ly/2003-Desjeux-institution-consommation)

Desjeux Dominique, 2004, Les sciences sociales, PUF, Que sais-je

Desjeux Dominique, Sophie Alami, Olivier le Touzé, Isabelle Ras, Sophie Taponier, Isabelle Garabuau-Moussaoui, Élise Palomares, 2005, La poste en mutation, in Olivier Badot, Marc Benoun, 2005, Commerce et distribution: prospectives et stratégies, Economica, pp. 87-108

Desjeux Dominique, 2005, La fidélité du consommateur entre effet d'usage, effet de cycle de vie et effet de marque, in A Laborde (éd.), Fidélisation et personnalisation. Les nouvelles formes de relations consommateurs/entreprises, Communication & Organisation, pp 61-72 (http://bit.ly/2005-desjeux-fidelite-consommateur)

Desjeux Dominique, 2005, Comment analyser des marchés ethniques, (http://bit.ly/2005-Desjeux-marche-ethnique)

Desjeux Dominique, 2006, La consommation, PUF, Que sais-je?

Desjeux Dominique, Alami Sophie, Marnat Daphné, 2006, Les sens anthropologiques de la mobilité ou la mobilité comme brouilleur des bornes de la ville, in Michel Bonnet et Patrice Aubertel (éds.), La ville aux limites de la mobilité, PUF, pp. 33-45

Desjeux Dominique, 2006, Invention technique, innovation sociale et réinterprétation des usages: le cas de dangdang. com en Chine, in Zheng Lihua, Yang Xiaomin (éds.), France - Chine. Migration de pensées et de technologie, L'Harmattan, pp. 285-288

Desjeux Dominique, 2007, Deux approches anthropologiques de la consommation. La méthode des itinéraires et la méthode des cycles de vie, (http://bit.ly/2007-desjeux-itineraire-cycledevie)

Desjeux Dominique, 2008, La Sociologie de l'art au crible des échelles d'observation in Florent Gaudez (éd.), Les arts moyens aujourd'hui, L'Harmattan (http: //bit. ly/2008-desjeux-echelles-culture)

Desjeux Dominique, 2009, film sur Carrefour à Guangzhou (http: //bit. ly/2009-desjeux-carrefour-Chine).

D. Desjeux (dir.), 2010, Enquête sur la consommation économe, Diplôme Doctoral Professionnel ; (www. argonautes. fr/sections. php? op = viewarticle&artid = 760)

Desjeux Dominique, 2012, Modes de vie, contraintes et rapports au logement. Les mutations anthropologiques des marchés du bricolage (http: //bit. ly/2012-desjeux-bricolage)

Desjeux Dominique, 2012, La révolution mondiale de la consommation alimentaire: l'émergence d'une nouvelle classe moyenne chinoise in Oléagineux, Corps Gras, Lipides. Volume 19, Numéro 5, 299-303, Septembre-Octobre

Desjeux Dominique, 2014, Le porte-monnaie électronique des années 2000, un modèle transposable de construction sociale de la diffusion de la monétique sans contact en 2014, inPensée plurielle 2014/3 (n° 37), pp. 27 à 41 (https: //www. cairn. info/revue-pensee-plurielle-2014-3. htm)

Desjeux Dominique, 2014, "Professional anthropology and training in France", in Denny Rita, Sunderland Patricia, éds., 2014, Anthropology in Business, Left Coast Press, pp. 100-115

Desjeux Dominique, 2015, "de Certeau Michel", in Daniel Thomas Cook, J. Michael Ryan, éds., The wiley blackwell encyclopedia of consumption & consumer Studies, Willey Blackwell

Desjeux Dominique, 2017, Le logement un nouveau hub domestique (http: //bit. ly/2017-Desjeux-logement-hub-Domestique), (https: //theconversation. com/les-metamorphoses-du-consommateur-producteur-distributeur-72162).

Denny Rita, Sunderland Patricia, éds., 2014, Anthropology in business, Left Coast Press

de Vries Jan, 2008, The industrious revolution. consumer behavior and the household economy, 1650 to the present, Cambridge

Diamond Jared, 2005, Effondrement. Comment les sociétés décident de leur disparition ou de leur survie, Gallimard (2006, éditions françaises)

Diasio Nicoletta, La science impure. Anthropologie et médicine en France, Grande-Bretagne, Italie, Pays-Bas, Puf, 1999

Dichter Ernest, 1961, La stratégie du désir, Fayard (1960, éd. anglaise)

Dion Delphine, Béji-Bécheur Amina, Bernard Yohan, Dias Campos Roberta, Lombart Cindy, et coll., A la recherche du consommateur, Nouvelles techniques pour mieux comprendre le client, Dunod

Dortier Jean François, 1990, L'ethnomarketing, Revue Sciences Humaines n°1/Interview de D. Desjeux et S. Taponier (http://bit.ly/1990-desjeux-taponier-dortier-ethnomarketing)

Douglas Mary, 1971, De la souillure, Maspero

Douglas Mary, Isherwood, 1996, The world of goods, towards an anthropology of consumption, Routledge (1ère édition 1979))

Dubet François, 2002, Le déclin des institutions, Seuil

Dubreuil Hyacinthe, 1924, Standards. Le travail américain vu par un ouvrier français, Bernard Grasset

Dujarier Marie-Anne, 2008, Le travail du consommateur. De McDo à eBay: comment nous co produisons ce que nous achetons, La Découverte

Dubuisson-Quellier Sophie (éd.), 2016, Gouverner les conduites, Les presses de SciencesPo

Dupuy François, Thoenig Jean-Claude, 1986, La loi du marché: l'électroménager en France, aux Etats-Unis et au Japon, L'Harmattan

Duval Maurice, 1986, Un totalitarisme sans Etat. Essai d'anthropologie politique à partir d'un village burkinabé, L'Harmattan

Eisner Will, 2005, Le complot. L'histoire secrète des protocoles des Sages de Sion, Grasset

Fanardjis Lionnel, 1997, Comportement vestimentaire d'adolescents Yvelinois. De la casquette à la basket, Paris 5, Sorbonne (maîtrise sous la dir. de D. Desjeux)

Fabian Csaba, 1999, Designs of the retail entertainment complex. Marketing, space and the mall of America. Ph. D. -dissertation, Odense: University of Southern Denmark.

Fagan Brian, 2017, La grande histoire de ce que nous devons aux animaux,

Vuibert (édition anglaise 2015)

Filleule Olivier (éd.), 1993, Sociologie de la protestation. Les formes de l'action collective dans la France contemporaine, (préface de Pierre Favre), L'Harmattan

Flesher Fominaya Christina, 2014, Social movements & globalisation, how protests, occupations & uprisings are changing the world, Palgrave Macmillan

Fine Ben, Leopold Ellen, (1993), The world of consumption, Routledge

Finkelstein Éric A., Zuckerman Laurie, 2008, The fattening of America, how the economy makes us fat, if it matters, and what to do about it, Wiley

Frankopan Peter, 2015, The silk road. A new history of the world, Bloomsbury

Friedberg Erhard, avec la collaboration de Desjeux Dominique, 1970, Le Ministère de l'industrie et son environnement, Centre de Sociologie des Organisations, (1973, AUDIR, micro-Hachette)

Friedberg Erhard, avec la collaboration de Desjeux Dominique, 1971, Le système d'intervention de l'Etat en matière industrielle et ses relations avec les milieux industriels, Centre de Sociologie des Organisations, (1973, AUDIR, micro-Hachette)

Friedberg Erhard, Desjeux Dominique, 1972, Fonction de l'État et rôle des grands corps: le cas du corps des Mines, in Annuaire international de la fonction publique, 1971-1972, pp. 567-585

Gaglio Gérald, 2005, La pratique du SMS en France: analyse d'un comportement de consommation en tant que phénomène social, Paris, Consommations et société n°4, revue électronique, www. argonautes. fr

Galbraith, 1954, La Crise économique de 1929, Payot, 2008 (1re éd. 1970)

Galula David, 2008, Contre insurrection. Théorie et pratique, préface du général d'armée, David Petraeus, Economica (1964, éd. américaine)

Gamarra Pierre, 2000, Vie et prodiges du grand amiral Zheng He (Roman), édition Mazarine

Garabuau-Moussaoui Isabelle, 2002, Cuisine et indépendance, jeunesse et alimentation, L'Harmattan

Garabuau-Moussaoui Isabelle, 2004, Jeune et consommation in Cicchelli Vincenzo et Catherine (éds.), Ce que nous savons des jeunes, PUF

Renaud Garcia-Bardidia, 2014, Se débarrasser d'objets sur leboncoin. fr. Une pratique entre don et marché?, in Consommer, donner s'adonner, La Découverte, Revue MAUSS

Gaullier Xavier., 1988, La deuxième carrière. Âges, emplois, retraites, Seuil,

Gelber Steven M., 1997, "Do-It-Yourself: constructing, repairing domestic masculinity", in American Quaterly, Vol. 49, N°1, (March 1997), pp. 66-112

Gilli Frédéric, Deux France se feraient face? C'est un peu rapide !, Le Monde, 28/04/2017

Gipouloux François, 2009, La Méditerranée asiatique. Villes portuaires et réseaux marchands en Chine, au Japon et en Asie du Sud-Est, XVIe - XXIe siècle, CNRS éditions

Girard Alain, 1961, La réussite sociale en France. Ses caractères, ses lois, ses effets. PUF/INED

Girard Alain, 1964, Le Choix du conjoint. Une enquête psycho-sociologique en France, PUF/INED

Gnaba Abdu, 2016, Bricole-moi un mouton. Le voyage d'un anthropologue au pays des bricoleurs, L'Harmattan

Goffman Erving, 1974, Les rites d'interaction, Minuit (1967, éd. anglaise)

Goldenberg Miriam, 2009, The body as capital, www. vibrant. org. br/downloads/v7n1_ goldenberg. pdf

Goody Jack, 2010, Le vol de l'histoire. Comment l'Europe a imposé le récit de son passé au reste du monde, Gallimard (2006, éd. Anglaise)

Goody Jack, 1999, L'Orient en Occident, Seuil (1996, éd. anglaise)

Gordon Robert J., 2016, The rise and fall of american growth. The U. S. standard of living since the civil war, Princeton

Gottdiener Mark (ed.), 2000, New forms of consumption. consumers, culture and commodification, Rowman and Littlefield Publishers

Guilly Christophe, 2000, Atlas de fractures françaises, L'Harmattan

Guilly Christophe, Noyé Christophe, 2004, Atlas des nouvelles fractures sociales. Les classes moyennes oubliées et précarisées, Autrement

Guilly Christophe, 2010, Fractures françaises, François Bourin

Gobatto Isabelle, Simongiovanni Joëlle et coll., D. Desjeux, 1994, Chronique et analyse des violences urbaines de Chelles (avril 1994), Argonautes, Magistère de Paris Descartes, IHESI

Gravier Jean François, 1947, Paris et le désert français, Flammarion (6e mille)

Grémion Catherine, 1969, Vers une nouvelle théorie de la décision, Sociologie du travail n°4

Grémion Pierre, 1976, Le pouvoir périphérique: Bureaucrates et notables dans le système politique français, Seuil

Griffiths Mickael, 2013, Consumers and Individuals in China, Routledge

Guillot Agathe, 2004, De l'adolescence au monde du travail: changer de tenue, Paris 5, Sorbonne, maîtrise sous la dir. de D. Desjeux

Gurvitch Georges, 1958, Traité de sociologie, PUF

Haddad Gérard, 2015, Dans la main droite de Dieu, psychanalyse du fanatisme, Premier Parallèle

Halbwachs Maurice, 1912, La classe ouvrière et les niveaux de vie, Félix Alcan (1970, ed. Gordon et Breach)

Hamburger Jean, 1984, La raison et la passion, réflexion sur les limites de la connaissance, Seuil

Harari Yuval Noah, 2015, Sapiens, une brève histoire de l'humanité, Albin Michel, (2011, en hébreu) (http: //bit. ly/sapiens-notelecture)

Harper Douglas, 1997, "The old game", in sociology, exploring the architecture of everyday life, David N. Newmann (éd.), Pine Forge

Heiman Rachel, Freeman Carla, Liechty Mark, coll., 2012, The global middle class. theorizing through ethnography, SAR Press

Heinich Nathalie, 2017, Des valeurs. Une approche sociologique, Gallimard

Benoît Heilbrunn, 2014, La marque, Que-sais-je?, PUF

Hetzel Patrick, 2002, Planète Conso ; marketing expérientiel et nouveaux univers de consommation, éditions d'organisation

Hoffer Eric, 2010, The true believer, Harper Perrenial (1ère édition en anglais 1951)

Hofstadter Richard, 2012, Le style paranoïaque, théorie du complot et droite radicale en Amérique. François Bourin Editeur (1952/1965, ed. américaine)

Hobsbawn Éric, 2012, The age of empire, 1875–1914, Abacus (première édition anglaise, 1987)

Hugon Philippe, 2016, Afriques. Entre puissance et vulnérabilité, Armand Collin

HU Shen, 2015, La loterie en Chine: Etat-croupier et joueurs-coolies Jeux de hasard et mutation sociétale, l'Harmattan

Huchet Jean-François, 2016, La crise environnementale en Chine, Les presses de Sciences-po

Israelevitch Eric, 2005, Quand la Chine change le monde, Grasset

James William, 2010, La psychologie de la croyance et autres essais pragmatistes (1878 ed. anglaise), Edition Cécile Defaut

Kamieniczna Malgorzata, 2004, Les usages du téléphone portable chez les Polonais, Université Paris 5, Sorbonne, Maîtrisesous la direction de Dominique Desjeux

Kaufmann Jean Claude, 1992, La trame conjugal. Analyse du couple par son linge, Nathan

Kaufmann Jean Claude, (éd.), 1996, Faire ou faire faire, PUR

Keegan John, 2011, La guerre de Sécession, Perrin

Kempf Hervé, 2013, Fin de l'Occident, naissance du monde, Seuil

Lagadec Patrick, 1981, La civilisation du risque, Seuil

Lahire Bernard, 2012, Monde pluriel, Seuil

Latour Bruno, 1989, La science en action, (1987, éd. anglaise), La Découverte

Latour Bruno, Woolgar Steve, 1988, La vie de laboratoire, La Découverte, (1979, ed. anglaise)

Latour Bruno, Michel Callon, 1991, La science telle qu'elle se fait, La Découverte

Lejealle Catherine, 2003, Téléphone portable, SMS et emails: de nouveaux outils au service de la relation amoureuse naissante, Université Paris 5, Sorbonne, DEA sous la direction de François de Singly

Le Witta Béatrice, Segalen Martine, (éds.), 1993, " Chez soi. Objets et décors: des créations familiales?", Paris, Autrement n°137

Levesque Claire Marie, 1998, Reflets aquatiques et expressions corporelles. Etudes des pratiques et des représentations de l'espace et du corps dans la salle de bain, Mémoire de maîtrise sous la direction de Dominique Desjeux, Paris v Sorbonne, Magistère de Sciences Sociales.

Lewis Sinclair, 1947, Babbitt, Stock, (1930 pour l'édition américaine)

Li Cheng (éds.), 2010, China's emerging middle class. Beyong economic transformation, The Brookings Institution

Licoppe Christian, 2002, Sociabilité et technologie de la communication. Deux modalités d'entretien des liens personnels dans le contexte du déploiement des dispositifs de communication mobiles, in Réseaux, n° 112-113

MA Jing jing, YANG Xiao min, Berchon Anne, Desjeux Dominique, 2016, Pratiques, usages sociaux et dimensions symboliques des boissons industrielles dans les familles urbaines chinoises (sous presse)

Maffesoli Michel, 1988, Le temps des tribus. Le déclin de l'individualisme dans les sociétés de masse, Méridiens Klincksiek

Mamère Noël Farbiaz Patrice, 2008, La tyrannie de l'émotion, Edition Gawsewitch Jean-Claude

Maréchal Jean-Paul, 2011, Chine/USA. Le climat enjeux, Choiseul

Margolin Jean-louis, Markovits Claude, 2015, Les Indes et l'Europe. Histoires connectées XVe-XXIe siècle, Gallimard Folio histoire

Marks Robert B., 2006, Tigers, rice, silk & silt. Environment in late imperial south China, Cambridge (1998, 1ère edition)

Marks Robert B., 2007, The origins of the modern world. A global and ecological narrative from the fifteen to the twenty-first century, Rowman & Littelfield publishers (seconde édition)

Marseille Jacques, 2009, L'argent des français, Perrin

Martin Corinne, 2003, Téléphone portable chez les jeunes adolescents et leurs parents: quels légitimation des usages?, in deuxième Workshop de Marsouin, Brest, ENST Bretagne,

Mattelard Armand, Neveu Erik, 2003, Introduction au Culural Studies, La Découverte

Mariampolski Hy, 2006, Ethnography for marketers. A guide to consumer immersion, Sage

Maurin Eric, 2009, La peur du déclassement? Seuil

McCracken Grant, 1990, Culture and consumption, Indiana University Press

McKendrick Neil, Brewer John, Plumb J. H., 1982, The Birth of a consumer society. The commercialization of eighteen-century England, Europa Publication Limited

Melbin Murray, 1987, Night as frontier. Colonizing the world after dark, Free Press

Mendras Henri, 1967, La fin des paysans. Innovations et changement dans l'agriculture française, Futuribles, SEDEIS

Menger Michel, 2003, Portrait de l'artiste en travailleur: Métamorphoses du capitalisme, La république des idées

Menzies Gavin, 2012, 1421, L'année où la Chine a découvert l'Amérique, Edition Intervalles

Meynaud Jean, 1964, les consommateurs et le pouvoir, Etudes de Sciences Politiques n°8, Lausanne

Michaud Yves (éd.), 2003, La Chine aujourd'hui, Paris, O. Jacob

Miller Daniel, 1994, Modernity. An ethnographic approach. Dualism and mass consumption in trinidad, Berg

Miller Daniel, 1998, A Theory of shopping, Polity Press

Miller Daniel, Slater Don, 2000, The internet. an ethnographic approach, Berg

Mintz Sidney W., 1986, Sweetness and power. The place of sugar in modern society history, Penguin Books

Moati Philippe, 2016, La société malade de l'hyperconsommation, Odile Jacob

Moati Philippe, 2001, L'avenir de la grande distribution, Odile Jacob

Monjaret Anne, 1996, Les communications téléphoniques privées sur les lieux du travail: partage sexué des rôles dans la gestion des relations sociales et familiales . Traverse, n° 9, p. 53-63.

Monraisse Estelle (Alter'Com Conseil), Durand Anaïs, Desjeux Dominique, 2010, La revente des cadeaux de Noël en 2010" et Comment interpréter la revente des cadeaux de Noël? (www. argonautes. fr)

Morin Edgar, 1969, La rumeur d'Orléans, Seuil

Murray Charles, 2013, Coming Apart. The state of white America, 1960-2010, Crown Forum

Myers Fred R. (éd.), 2009, The empire of things. Regimes of value and material culture, SAR Press

Ndione Emmanuel, 1992, Le don et le recours. Ressort de l'économie urbaine, ENDA, Dakar

Ndione Emmanuel, 1987, Dynamiques urbaines d'une société en grappe. Le cas de Dakar, ENDA, Dakar

Néré Jacques, 1973, La crise de 1929, A. Colin.

Neumann Marc, 1999, On the rim. Looking for the Grand Canyon, University of Minesota Press

Norel Philippe, 2009, L'histoire économique globale, Seuil

Noris Pippa, Inglehart Ronald, 2014, Sacré versus sécularisation. Religion et politique dans le monde, (2004 pour la première édition en anglais)

Oudin-Bastide Caroline, Steiner Philippe, 2015, Calcul et morale, coûts de l'esclavage et valeur de l'émancipation (XVIIIe-XIXe siècle), Albin Michel

Panofsky Erwin, 1967, Architecture gothique et pensée scolastique, Minuit (1951, éd. en anglais)

Pavageau Jean, 1981, Jeunes paysans sans terre, l'exemple de Madagascar, L'Harmattan

Pestre Dominique, 2014, Le gouvernement des technosciences, La Découverte

Pessis Céline, Topçu Sezin, Bonneuil Cristoppe (éds.), 2013, Une autre histoire des Trente Glorieuses. Modernisation, contestation et pollution dans la France d'après-guerre, La Découverte

Pinçon Michel, Pinçon Monique, 1989, Dans les beaux quartiers, Seuil

Picquart Pierre, 2004, L'empire chinois, Favre

Pomeranz Kenneth, 2010, Une grande divergence. La Chine l'Europe et la construction de l'économie mondiale, Albin Michel (2000, édition anglaise)

Pomeranz Kenneth, 2009, La force de l'empire. Révolution industrielle l'écologie, ou pourquoi l'Angleterre a fait mieux que la Chine, édition ERE (introduction de Philippe Minard)

Puel Caroline, 2011, Les 30 ans qui ont changé la Chine. 1980 – 2010, Bucher-Chastel

Qiu Jack Linchuan, 2016, Goodbye islave. A manifesto for digital abolition, University of Illinois Press

Quatrepoint Jean Michel, 2008, La crise globale. On achève bien les classes moyennes et on n'en finit pas d'enrichir les élites, Mille et une nuit

Raulin Anne, 2000, L'ethnique est quotidien. Diasporas, marchés et cultures métropolitaines, L'Harmattan

Raymond Henri, Haumont Nicole, Raymond Marie Geneviève, Haumont Antoine, 1966, L'habitat pavillonnaire, Centre de Recherche d'Urbanisme et Institut de Sociologie Urbaine (Préface de Henri Lefèvre)

Rémy Eric, Robert-Demontrond Philippe (éds.), 2014, Regards croisés sur la consommation. Tome 1 – Du fait social à la question du sujet, EMS

Revel Jacques (éd.), 1996, Jeux d'échelles. La micro-analyse à l'expérience, Gallimard/Seuil

Rioux Jean-Pierre, 1971, La révolution industrielle, Seuil

Ritzer George, 1993, The McDonaldization of Society, Pine Forge Press

Rivière Carole Anne, 2002, La pratique du mini-message, une double stratégie d'extériorisation et de retrait de l'intimité dans les interactions quotidiennes, in Réseaux, n° 112-113

Rocca Jean-Louis, 2016, Comparer l'incomparable: la classe moyenne en Chine et en France in Société Politique Comparées, n°39, mai-août 2016, 21 p.

Roche Daniel, 1997, Histoire des choses banales, Fayard

Rochefort Robert, 1995, La société des consommateurs, O. Jacob

Rosnay (de) Joël, 1975, Le macroscope, Seuil

Rousseau Yann, Gresillon Gabriel, 2013, Une nouvelle guerre froide menace l'Asie, in Le Monde du 13 février

Roux Dominique, Nabec Lydiane (eds.), 2016, Protection des consommateurs. Les nouveaux enjeux du consumérisme, EMS

Ruano-Borbalan (éds.), 2000, L'identité. L'individu, le groupe, Editions Sciences Humaines

Ruffier Jean, 2006, Faut-il avoir peur des usines chinoises? Compétitivité et pérennité de " l'atelier du monde", L'Harmattan

Ross Kristin, 1997, Aller plus vite, laver plus blanc. La culture française au tournant des années soixante, Edition Abbeville (1995, pour l'édition anglaise).

Sallmann Jean Michel., 2011, Le grand désenclavement du monde 1200-1600, Payot

Schivelbush Wolfang, 1986, The railway Journey. The industrialization of time and space in the 19th century, The University of California Press (1977, ed. allemande)

Schneider Linda, Silvernman Arnold, 2003, Global sociology, McGrawHill (3ème édition)

Scott Jenkins Virginia, 1994, The Lawn. A history of an American obsession. Smithsonian

Sherry John F. (éd.), 1995, Contemporary marketing and consummer behavior. an anthropological sourcebook, Sage

Shiffman Ron, Bell Rick, Brown Lance Jay, Elisabeth Lynne et coll., 2012, Beyong Zuccotti Park. Freedom of assembly and the occupation of public space, New Village Press

Siblot Yasmine, Cartier Marie, Coutant Isabelle, Masclet Olivier, Renahy Nicolas, 2015, Sociologie des classes populaires contemporaines, Armand Colin

Silverstone Roger, Hirsch Eric, (éds.), (1994), Consuming technologies. Media and information in domestic spaces, Routledge

Singly François (de), (1996), Le soi, le couple et la famille, Nathan

Stoclet Denis, 1994, Les fausses pistes des théories de la consommation, La société française en mouvement, Sciences Humaines H. S. n°6, Septembre-Octobre, p. 57

Sunderland Patricia, Denny Rita, 2007, Doing anthropology in consumer research, Left Coast Press

Schwab Klauss, 2016, The fourth industrial revolution, World Economic Forum

Stillerman Joel, 2015, The sociology of consumption. A global approach, Polity

Sunderland, Patricia, and Rita Deny. 2007. Doing anthropology in consumer research, Thousand Oaks, CA: Sage

Swift John, 1975, Une économie nomade sahélienne fasse à la catastrophe, Les Touaregs de l'Adrar des Ifoghas (Mali), in J. Copans, Sécheresse et famines du Sahel, Maspero, Tome 2 pp. 87-101.

Tafferant Nasser, 2007, Le Bizness, une économie souterraine, (Préface de Gérard Mauger) PUF/Le Monde

Taleb Nassim, 2012, Le cygne noir. La puissance de l'imprévisible, Les belles lettres

Taponier Sophie, Le Gac Sylvie, Desjeux Dominique, Orhant Isabelle, 1996, Le développement de l'offre de téléservices dans le secteur résidentiel, Argonautes, contrat, EDF, direction des études et recherches, département GRETS

Tisseron Serge, 2001, L'Intimité surexposée, Ramsay

Todorov Tzvetan, 1998, Eloge du quotidien. Essai sur la peinture hollandaise du XVIIe siècle, Adam Biro

Trentmann Franck, 2016, Empire of things. How we became a world of consumers, from the fifteeth century to the twenty-first, Allen Lane

Turner Victor, 1971, Les tambours d'affliction. Analyse des rituels chez les Ndembu de Zambie, Gallimard (1968, éd. anglaise)

Veblen Thorsten, 1970, Théorie de la classe de loisir, Gallimard (1899, 1ère édition en anglais)

Vance J. D., 2016, Hillbilly. A memoir of a family and culture in crisis, HarperCollins

Waast Roland, 1974, les concubins de Soalala, in cahiers du Centre d'Etudes des Coutumes, n°10, Antananarivo, pp. 8-46

Wagner Anne-Catherine, 2007, Les classe sociales dans la mondialisation, La Découverte

Wang Lei, 2015, Pratiques et sens des soins du corps en Chine. Le cas des cosmétiques, l'Harmattan

Warnier Jean Pierre, 1999, Construire la culture matérielle. L'homme qui pensait avec ses doigts, PUF

Warnier Jean-Pierre, Rosselin Céline, (éds.), 1996, Authentifier la marchandise. Anthropologie critique de la quête d'authenticité, L'Harmattan

Weber Eugen, 1983, La fin des terroirs, Fayard (1975, édition américaine).

Weber Max, 1964, L'éthique protestante et l'esprit du capitalisme, Plon (1905, édition allemande)

Weber Max, 1959, Le savant et le politique, Plon

Welzer Harald, 2008, Les guerres du climat. Pourquoi on tue au XXIe siècle, Gallimard

Wieviorka Michel, 1977, L'État, le patron et les consommateurs, PUF

Wills Gordon, Cheese John, Kennedy Sherril, Rushton Angela, 1984, Introducing marketing, Pan Business Marketing

Worms Jean-Pierre, 1966, Le Préfet et ses notables, in Sociologie du travail n° 3, pp. 249-275.

Yang Xiaomin, 2006, La fonction sociale des restaurants en Chine, L'Harmattan

Zheng Lihua, 1995, Les Chinois de Paris et leurs jeux de face, L'Harmattan

Zheng Lihua, Desjeux Dominique (éds.), 2000, Chine-France. Une approche qseainterculturelle, L'Harmattan

Zheng Lihua, Desjeux Dominique (éds.), 2002, Entreprises et vie quotidienne en Chine. Approche interculturelle, L'Harmattan

Zheng Lihua, Desjeux Dominique, Boisard Anne Sophie, 2003, Comment les chinois voient les européens, Paris, PUF